应用高等数学(上)

石丽君　编著

同济大学 出版社
TONGJI UNIVERSITY PRESS

内容提要

本书根据教育部制订的"高职高专教育高等数学教学基本要求",结合编者多年高职教学经验,以"应用为主,够用为度"的原则编写而成.全书分上下两册,共9章,整体结构合理,语言叙述通俗.上册的主要内容包括函数极限与连续、导数与微分、导数的应用、不定积分、定积分及其应用.本书概念、定理以及理论叙述准确精炼,符号使用标准规范,例题习题典型.本书突出内容的"适用性"和"实用性",着眼于基本概念、基本理论和基本方法,注重可读性,深入浅出,将数学知识与专业技能紧密地融为一体,注重数学的人文内涵,充分体现高等数学作为通识课程的作用.

本书主要是为高职高专非数学专业学生编写,也可作为各类需要提高数学素质和能力的人员使用.

图书在版编目(CIP)数据

应用高等数学.上 / 石丽君编著. -- 上海:同济大学出版社,2017.8
ISBN 978-7-5608-7323-7

Ⅰ.①应… Ⅱ.①石… Ⅲ.①高等数学—高等职业教育—教材 Ⅳ.①O13

中国版本图书馆 CIP 数据核字(2017)第 203168 号

应用高等数学(上)

石丽君　编著

责任编辑 李小敏	责任校对 徐春莲	封面设计 潘向蓁

出版发行　同济大学出版社　　www.tongjipress.com.cn
　　　　　(地址:上海市四平路 1239 号 邮编:200092 电话:021-65985622)
经　销　全国各地新华书店
印　刷　江苏句容市排印厂
开　本　787mm×960mm　1/16
印　张　12.75
字　数　255 000
版　次　2017 年 8 月第 1 版　　2017 年 8 月第 1 次印刷
书　号　ISBN 978-7-5608-7323-7

定　价　29.80 元

目　　录

第 1 章　函数、极限与连续

函数描述了客观世界中量与量之间的依赖关系,它是高等数学重要的基本概念之一,也是高等数学研究的主要对象. 极限是研究函数的一种基本方法,极限的思想与理论,是整个高等数学的基础,连续、微分、积分等重要概念都归结于极限. 因此掌握极限的思想与方法是学好高等数学的前提条件. 连续性则是函数的一种重要属性.本章将在初等数学的基础上,介绍极限与连续的概念.

1.1　函数

1.1.1　函数的概念

1. 邻域的概念

邻域是常用的一类区间.

设 x_0 是一个给定的实数,δ 是某一正数,称数集. $\{x \mid x_0 - \delta < x < x_0 + \delta\}$ 为点 x_0 的 δ 邻域,记作 $U(x_0, \delta)$. 即

$$U(x_0, \delta) = \{x \mid x_0 - \delta < x < x_0 + \delta\}.$$

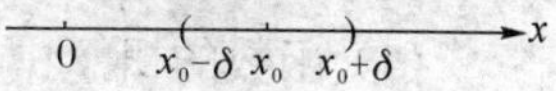

称点 x_0 为该邻域的中心,δ 为该邻域的半径(图 1-1).
称 $U(x_0, \delta) - \{x_0\}$ 为 x_0 的去心 δ 邻域,记作 $\mathring{U}(x_0, \delta)$,
即

图 1-1

$$\mathring{U}(x_0, \delta) = \{x \mid 0 < |x - x_0| < \delta\}.$$

下面两个数集

$$\mathring{U}(x_0^-, \delta) = \{x \mid x_0 - \delta < x < x_0\},$$
$$\mathring{U}(x_0^+, \delta) = \{x \mid x_0 < x < x_0 + \delta\},$$

分别称为 x_0 的左 δ 邻域和右 δ 邻域.当不需要指出邻域的半径时,用 $U(x_0)$,$\mathring{U}(x_0)$ 分别表示 x_0 的某邻域和 x_0 的某去心邻域,$\mathring{U}(x_0^-, \delta)$,$\mathring{U}(x_0^+, \delta)$ 分别表示 x_0 的某左邻域和 x_0 的某右邻域.

2. 常量与变量

在日常生活、生产活动和经济活动中,常常会遇到各种各样的量. 例如身高、体重、温度、浓度、产量、成本、收入、面积、体积等. 这些量可以分为两类,一类量在考察过程中是不断变化的,可以取得各种不同的数值,我们把这一类量叫做**变量**;另一类量在考察过程中保持不变,它取同样的数值,我们把这一类量叫做**常量**. 例如,一段时间内银行的资金运作过程中,借贷资金的数额不断变化,是变量,而利率不变是常量. 某种商品的价格,某个班的学生人数在一段时间内保持不变,它们都是常量,而一天中的气温,生产过程中的产量都是不断变化的,它们都是变量. 常量习惯用字母 a, b, c, d 等表示,变量习惯用字母 x, y, z, t, u, v, w 等表示.

3. 函数的定义

在同一个自然现象或技术过程中,往往同时存在着几个变量,这些变量不是彼此孤立的,而是按照一定的规律相互联系着,其中一个量变化时,另外的变量也跟着变化;前者的值一旦确定,后者的值也就随之唯一确定. 这种变量间的相依关系,正是函数关系的客观背景. 将变量间的这种相依关系抽象化并用数学语言表达出来,便得到了函数的概念.

定义 1 设 x 和 y 为两个变量,D 为一个给定的非空数集,如果按照某个法则 f,对每一个 $x \in D$,变量 y 总有唯一确定的数值与之对应,那么 y 叫做 x 的函数,记作 $y = f(x)$,$x \in D$. 其中变量 x 叫做**自变量**,变量 y 叫做**函数**或**因变量**,自变量的取值范围 D 叫做函数的**定义域**.

所有函数值组成的集合 $W = \{y \mid y = f(x), x \in D\}$ 称为函数 $y = f(x)$ 的**值域**.

关于函数概念,我们提出以下三点注释:

(1) 函数的概念中涉及定义域、对应规律和值域三个要素. 在这三个要素中,最重要的是定义域和因变量关于自变量的对应规律,这二者常称为函数的二要素. 只有定义域与对应规律都相同的两个函数才是相同的函数.

(2) 表示函数的方法有许多,最常见的有表格法、图像法及解析法(又称公式法).

表格法:把自变量的一系列数值与对应的函数值列成表来表示它们的对应关系.

图像法:用一条平面曲线表示自变量与函数的对应关系,它是函数关系的几何表示.

解析法:用数学式子表示自变量与函数的对应关系. 本书所讨论的函数常用公式法表示.

(3) 上述定义中所说的函数只有一个自变量,这样的函数就称为**一元函数**. 而且对于自变量 x 在定义域 D 中的每一个值,因变量 y 有唯一确定的值与之对应

(而不是两个或两个以上值),故称这样的函数为**单值函数**,如果对于自变量 x 在定义域 D 中的每一个值,因变量 y 的对应值不止一个,则称 y 是 x 的**多值函数**. 在没有特别声明的情况下,以后凡提及的函数,均指一元单值函数.

例 1　求下列函数的定义域.

(1) $y = \dfrac{1}{(x-1)(x+4)}$.

分析:因为是分式,所以要求分母不等于零.

解　$(x-1)(x+4) \neq 0$,定义域为 $x \neq 1$,且 $x \neq -4$,用区间表示,即

$$D = (-\infty, -4) \bigcup (-4, 1) \bigcup (1, +\infty).$$

(2) $y = \sqrt{3-x}$.

分析:因为是二次根式,所以要求被开方数 $3-x$ 必须大于等于零.

解　$3-x \geqslant 0$,所以定义域为 $x \leqslant 3$,用区间表示,即 $D = (-\infty, 3]$.

(3) $y = \dfrac{1}{x}\ln(x+1)$.

分析:首先有分式,要求分母 x 不等于零,其次有对数,要求真数 $x+1$ 大于零,所以,定义域是二者的公共部分.

解　由 $\begin{cases} x \neq 0, \\ x+1 > 0, \end{cases}$　解得 $\begin{cases} x \neq 0, \\ x > -1. \end{cases}$

所以定义域为 $x > -1$ 且 $x \neq 0$,用区间表示,即 $D = (-1, 0) \bigcup (0, +\infty)$.

(4) $y = \arcsin \dfrac{x}{3}$.

分析:反三角函数要求 $\dfrac{x}{3}$ 必须满足 $-1 \leqslant \dfrac{x}{3} \leqslant 1$.

解　由 $-1 \leqslant \dfrac{x}{3} \leqslant 1$,得定义域为 $-3 \leqslant x \leqslant 3$,用区间表示,即 $D = [-3, 3]$.

应当指出,在实际应用问题中,除了要根据解析式子本身来确定自变量的取值范围外,还要考虑到变量的实际意义,一般而言,经济变量往往取正值,即变量都大于零.

例 2　设 $f(x) = \dfrac{1}{x}\sin\dfrac{1}{x}$,求 $f\left(\dfrac{2}{\pi}\right)$,$f(x+1)$.

解　$f\left(\dfrac{2}{\pi}\right) = \dfrac{\pi}{2}\sin\dfrac{\pi}{2} = \dfrac{\pi}{2}$;　　$f(x+1) = \dfrac{1}{x+1}\sin\dfrac{1}{x+1}$.

例 3　下列各对函数是否为同一函数?

(1) $f(x) = x$,$g(x) = \sqrt{x^2}$;　　　(2) $f(x) = \sin^2 x + \cos^2 x$,$g(x) = 1$;

(3) $y = f(x)$, $u = f(t)$;　　　　(4) $f(x) = \dfrac{x}{x}$, $g(x) = 1$.

解 (1) 不相同. 因为对应规律不同, 事实上 $g(x) = |x|$.

(2) 相同. 因为定义域与对应规律都相同.

(3) $y = f(x)$ 与 $u = f(t)$ 是表示同一函数, 因为对应规律相同, 函数的定义域也相同.

(4) 不相同, 因为定义域不同.

由此可知一个函数由定义域与对应规律完全确定, 而与用什么字母表示无关.

4. 分段函数

分段函数是在其定义域的不同子集上, 分别用几个不同的式子来表示对应关系的函数. 分段函数经常作为主角出现在函数的应用中——如通讯话费、计程车计费、银行利率、邮资、个人所得税等问题.

例 4 邮电局规定信函邮包重量不超过 50 g 支付邮资 0.80 元, 超过部分按 0.40 元/g 支付邮资, 信函邮包重量不得超过 5 000 g, 则邮资 y (单位:元) 与邮包重量 x (单位:g) 的关系可由解析表达式表示为

$$y = \begin{cases} 0.80, & 0 < x \leqslant 50, \\ 0.80 + 0.40(x - 50), & 50 < x \leqslant 5\,000. \end{cases}$$

该函数的定义域为 $(0, 5\,000]$, 但它在定义域内不同的区间上是用不同的解析式来表示的, 这样的函数称为分段函数.

例 5 某市出租车的计价标准是:3 km 以内 (含 3 km) 10 元;超过 3 km 但不超过 18 km 的部分 1 元/km;超出 18 km 的部分 2 元/km.

(1) 如果某人乘车行驶了 20 km, 他要付多少车费? 某人乘车行驶了 x km, 他要付多少车费?

(2) 如果某人付了 22 元的车费, 他乘车行驶了多远?

解 (1) 乘车行驶了 20 km, 付费分三部分, 前 3 km 付费 10(元), 3 km 到 18 km 付费 $(18-3) \times 1 = 15$(元), 18 km 到 20 km 付费 $(20-18) \times 2 = 4$(元), 总付费 $10 + 15 + 4 = 29$(元).

设付车费 y 元, 当 $0 < x \leqslant 3$ 时, 车费 $y = 10$;

当 $3 < x \leqslant 18$ 时, 车费 $y = 10 + (x - 3) = x + 7$;

当 $x > 18$ 时, 车费 $y = 25 + 2(x - 18) = 2x - 11$.

故　　　　　$y = \begin{cases} 10, & 0 < x \leqslant 3, \\ x + 7, & 3 < x \leqslant 18, \\ 2x - 11, & x > 18. \end{cases}$

(2) 付出 22 元的车费,说明此人乘车行驶的路程大于 3 km,且小于 18 km,前 3 km 付费 10 元,余下的 12 元乘车行驶了 12 km,故此人乘车行驶了 15 km.

注意:分段函数是由几个关系式合起来表示一个函数,而不是几个函数. 对于自变量 x 在定义域内的某个值,分段函数 y 只能确定唯一的值. 分段函数的定义域是各段自变量取值集合的并集.

练习

1. 求下列函数的定义域.

(1) $y = \dfrac{1}{\sqrt{2x-3}}$;   (2) $y = \dfrac{1}{x} + \ln(x^2 - 4)$;   (3) $y = \arcsin\dfrac{x-1}{3}$.

2. 设函数 $f(x) = \begin{cases} x+1, & x \leqslant 0, \\ x^2 - 2, & x > 0. \end{cases}$ 求 $f(0)$,$f(-2)$,$f(x-1)$.

3. 寻找日常生活中分段函数的实例,要求:①实情描述清楚;②设好未知量;③写好分段函数的解析式.

1.1.2 函数的几种特性

1. 函数的有界性

定义 2 设函数 $y = f(x)$ 在集合 D 上有定义,如果存在正数 M,对于一切 $x \in D$,都有 $|f(x)| \leqslant M$,则称函数 $f(x)$ 在 D 上是**有界**的. 否则称函数 $f(x)$ 在 D 上是无界的.

函数 $y = f(x)$ 在区间 (a, b) 内有界的几何意义是:曲线 $y = f(x)$ 在区间 (a, b) 内被限制在 $y = -M$ 和 $y = M$ 两条直线之间. 如 $y = \sin x$ 与 $y = \cos x$ 都在 $(-\infty, +\infty)$ 内有界.

注意:

(1) 一个函数在某区间内有界,正数 M(也称界数)的取法不是唯一的. 例如,$y = \sin x$ 在 $(-\infty, +\infty)$ 内是有界的,$|\sin x| \leqslant 1 = M$,我们还可以取 $M = 2$.

(2) 有界性跟区间有关. 例如,$y = \dfrac{1}{x}$ 在区间 $(1, 2)$ 内有界,但在区间 $(0, 1)$ 内无界. 由此可见,笼统地说某个函数是有界函数或无界函数是不确切的,必须指明所考虑的区间.

2. 函数的奇偶性

定义 3 设函数 $y = f(x)$ 的定义域 D 关于原点对称,如果对任意的 $x \in D$,有 $f(-x) = f(x)$,则称 $f(x)$ 为**偶数**;若有 $f(-x) = -f(x)$,则称 $f(x)$ 为**奇函数**.

例如,$y = \cos x$,$y = x^2$ 是偶函数;$y = \sin x$,$y = x^3$ 是奇函数;$y = \sin x + \cos x$ 是非奇非偶函数.

可以证明,奇函数的图像关于原点对称,如图 1-2(a)所示;偶函数的图像关于 y 轴对称,如图 1-2(b)所示.

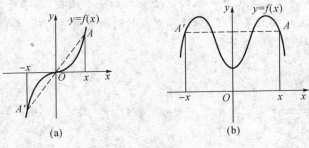

图 1-2

例 6 判断函数 $f(x) = x + \sin x$ 的奇偶性.

解 函数 $f(x) = x + \sin x$ 的定义域是 $(-\infty, +\infty)$,且有 $f(-x) = -x + \sin(-x) = -(x + \sin x) = -f(x)$,所以函数 $f(x)$ 是奇函数.

3. 函数的单调性

定义 4 设函数 $y = f(x)$ 在区间 (a, b) 内有定义,如果对于任意的 $x_1, x_2 \in (a, b)$,当 $x_1 < x_2$ 时,有 $f(x_1) < f(x_2)$,则称函数 $f(x)$ 在 (a, b) 内单调增加;若 $f(x_1) > f(x_2)$,则称函数 $f(x)$ 在 (a, b) 内单调减少.如图 1-3 所示.

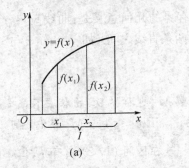 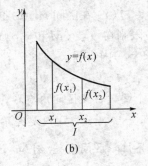

图 1-3

例如,函数 $f(x) = x^2$ 在区间 $[0, +\infty)$ 内是是单调增加的,在区间 $(-\infty, 0]$ 内是单调减少的;在区间 $(-\infty, +\infty)$ 内函数 $f(x) = x^2$ 不是单调的.又如,函数 $f(x) = x^3$ 在区间 $(-\infty, +\infty)$ 内是单调增加的.

4. 函数的周期性

定义 5 对于函数 $y = f(x)$,如果存在正数 T,使得对于任意 $x \in D$,必有 $x \pm T \in D$,并且使 $f(x) = f(x \pm T)$ 恒成立,则称此函数 $f(x)$ 为周期函数,T 称为 $f(x)$ 的周期.周期函数的周期通常是指满足该等式的最小正数 T.

对周期为 l 的周期函数,如果把其定义域分成长度为 l 的许多区间,那么在每个区间上,函数图形有相同的形状,如图 1-4 所示.

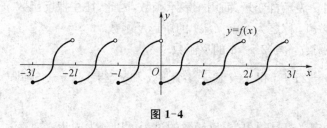

图 1-4

通常所说的周期函数的周期,是指它们的最小正周期. 如 $y = \sin x$ 的周期是 2π,$y = \tan x$ 的周期是 π,$y = A\sin(wx + \varphi)$ 的周期是 $\dfrac{2\pi}{w}$. 函数 $y = c$(c 为常数)是周期函数,但不存在最小正周期,此类函数称为平凡周期函数.

练习

1. 判别函数 $y = \dfrac{1}{x}$ 在下列区间内的有界性.

(1) $(-\infty, -2)$;   (2) $(-2, 0)$;   (3) $(0, 2)$;   (4) $(1, 2)$;

(5) $(2, +\infty)$.

2. 判断下列函数的奇偶性.

(1) $y = x^2 \cos x$;   (2) $y = \dfrac{1}{2}(e^x - e^{-x})$;

(3) $f(x) = \begin{cases} -x, & x < -1, \\ 1, & |x| \leqslant 1, \\ x, & x > 1. \end{cases}$

1.1.3 反函数

1. 反函数

在函数中,自变量与因变量的地位是相对的,任意一个变量都可根据需要作为自变量. 例如,在自由落体运动规律中,t 是自变量,s 是因变量. 则有公式 $s = \dfrac{1}{2}gt^2$($t \geqslant 0$),由公式可算出 t 时间内物体下落的路程 s. 但有时也需要根据物体所经过的路程 s 来确定经过这段路程所需要的时间 t,这只要从上式中算出 t,就得到 $t = \sqrt{\dfrac{2s}{g}}$($s \geqslant 0$),这里 s 是自变量,t 就是因变量. 上面两式反映了同一过程中两个变量之间地位的相对性,我们称它们互为反函数.

定义 6 设 $y = f(x)$ 是定义在 D 上的函数,值域为 W. 如果对于任意的

$y \in W$,有唯一的一个 $x \in D$ 与之对应,并使 $y = f(x)$ 成立,则得到一个以 y 为自变量,x 为因变量的函数,称此函数为 $y = f(x)$ 的**反函数**,记作 $x = f^{-1}(y)$.

习惯上用 x 表示自变量,而用 y 表示函数,因此,往往把反函数 $x = f^{-1}(y)$ 改写成 $y = f^{-1}(x)$,称之为 $y = f(x)$ 的矫形反函数.

例7 求函数 $y = 2x + 1$ 的反函数.

解 由 $y = 2x + 1$ 得 $x = \dfrac{y-1}{2}$,交换 x 和 y,得 $y = \dfrac{x-1}{2}$,即为 $y = 2x + 1$ 的反函数.

从上面的定义容易得出,求反函数的过程可以分为两步:

第一步:从 $y = f(x)$ 解出 $x = f^{-1}(y)$;

第二步:交换字母 x 和 y.

注意:(1)如果一个函数存在反函数,它的对应关系必定是一一对应的.单调函数一定存在反函数.

(2) 可以证明,在同一直角坐标系中,函数 $y = f(x)$ 的图像与反函数 $y = f^{-1}(x)$ 的图像关于直线 $y = x$ 对称,如图 1-5 所示.

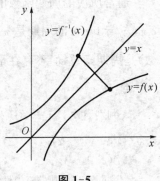

图 1-5

2. 反三角函数

常用的反三角函数有:**反正弦函数** $y = \arcsin x$（图 1-6）;**反余弦函数** $y = \arccos x$（图 1-7）;**反正切函数** $y = \arctan x$（图 1-8）;**反余切函数** $y = \operatorname{arccot} x$（图 1-9）.

它们分别称为三角函数 $y = \sin x$,$y = \cos x$,$y = \tan x$ 和 $y = \cot x$ 的反函数.

这四个函数都是多值函数.严格来说,根据反函数的概念,三角函数 $y = \sin x$,$y = \cos x$,$y = \tan x$ 和 $y = \cot x$ 在其定义域内不存在反函数,因为对每一个值域中的数 y,有多个 x 与之对应.但这些函数在其定义域的每一个单调增加（或减少）的子区间上存在反函数.例如,$y = \sin x$ 在闭区间 $\left[-\dfrac{\pi}{2}, \dfrac{\pi}{2}\right]$ 上单调增加,从而存在反函数,称此反函数为反正弦函数 $\arcsin x$ 的主值,记作 $y = \arcsin x$.通常称 $y = \arcsin x$ 为反正弦函数.其定义域为 $[-1, 1]$,值域为 $\left[-\dfrac{\pi}{2}, \dfrac{\pi}{2}\right]$.反正弦函数 $y = \arcsin x$ 在 $[-1, 1]$ 上是单调增加的,它的图像如图 1-6 中实线部分所示.

类似地,可以定义其他三个反三角函数的主值 $y = \arccos x$,$y = \arctan x$ 和 $y = \operatorname{arccot} x$,它们分别简称为反余弦函数,反正切函数和反余切函数.

反余弦函数 $y = \arccos x$ 的定义域为 $[-1, 1]$,值域为 $[0, \pi]$,在 $[-1, 1]$ 上是单调减少的,其图像如图 1-7 中实线部分所示.

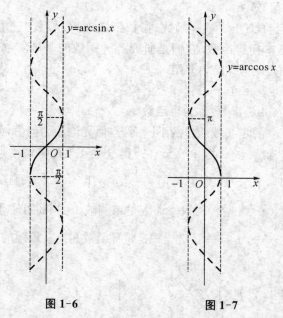

图 1-6　　　　　　　　图 1-7

反正切函数 $y = \arctan x$ 的定义域为 $(-\infty, +\infty)$,值域为 $\left(-\dfrac{\pi}{2}, \dfrac{\pi}{2}\right)$,在 $(-\infty, +\infty)$ 上是单调增加的,其图像如图 1-8 中实线部分所示.

反余切函数 $y = \operatorname{arccot} x$ 的定义域为 $(-\infty, +\infty)$,值域为 $(0, \pi)$,在 $(-\infty, +\infty)$ 上是单调减少的,其图像如图 1-9 中实线部分所示.

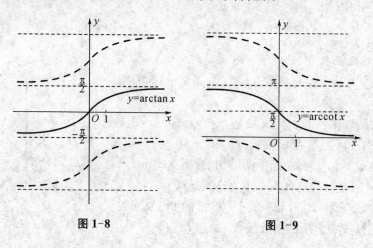

图 1-8　　　　　　　　图 1-9

1.1.4 初等函数

1. 基本初等函数

初等数学里已详细介绍了幂函数、指数函数、对数函数、三角函数、反三角函数,以上统称为**基本初等函数**. 它们是研究各种函数的基础. 为了读者学习的方便,下面再对这几类函数作简单介绍.

(1) 幂函数

函数 $y = x^{\mu}$ (μ 是常数) 称为**幂函数**.

幂函数 $y = x^{\mu}$ 的定义域随 μ 的不同而异,但无论 μ 为何值,函数在 $(0, +\infty)$ 内总是有定义的. 当 $\mu > 0$ 时, $y = x^{\mu}$ 在 $[0, +\infty)$ 上是单调增加的,其图像过点 $(0, 0)$ 及点 $(1, 1)$,图 1-10 列出了 $\mu = \dfrac{1}{2}$, $\mu = 1$, $\mu = 2$ 时幂函数在第一象限的图像. 当 $\mu < 0$ 时, $y = x^{\mu}$ 在 $(0, +\infty)$ 上是单调减少的,其图像通过点 $(1, 1)$,图 1-11 列出了 $\mu = -\dfrac{1}{2}$, $\mu = -1$, $\mu = -2$ 时幂函数在第一象限的图像.

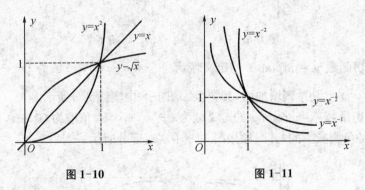

图 1-10   图 1-11

(2) 指数函数

函数 $y = a^{x}$ (a 是常数且 $a > 0$, $a \neq 1$) 称为**指数函数**.

指数函数 $y = a^{x}$ 的定义域是 $(-\infty, +\infty)$,图像通过点 $(0, 1)$,且总在 x 轴上方.

当时 $a > 1$, $y = a^{x}$ 是单调增加的;当 $0 < a < 1$ 时, $y = a^{x}$ 是单调减少的,如图 1-12 所示.

以常数 $e = 2.71828182\cdots$ 为底的指数函数 $y = e^{x}$ 是科技中常用的指数函数.

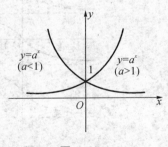

图 1-12

（3）对数函数

指数函数 $y = a^x$ 的反函数，记作 $y = \log_a x$（a 是常数且 $a > 0$，$a \neq 1$），称为**对数函数**.

对数函数 $y = \log_a x$ 的定义域为 $(0, +\infty)$，图像过点 $(1, 0)$. 当 $a > 1$ 时，$y = \log_a x$ 单调增加；当 $0 < a < 1$ 时，$y = \log_a x$ 单调减少，如图 1-13 所示.

科学技术中常用以 e 为底的对数函数 $y = \log_e x$，它被称为**自然对数函数**，简记作 $y = \ln x$. 另外以 10 为底的对数函数 $y = \log_{10} x$，也是常用的对数函数，简记作 $y = \lg x$.

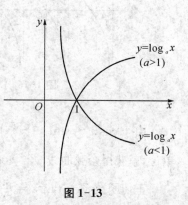

图 1-13

（4）三角函数

常用的三角函数有正弦函数 $y = \sin x$，余弦函数 $y = \cos x$，正切函数 $y = \tan x$，余切函数 $y = \cot x$. 其中自变量 x 以弧度作单位来表示.

它们的图形如图 1-14，图 1-15，图 1-16 和图 1-17 所示，分别称为**正弦曲线**、**余弦曲线**、**正切曲线**和**余切曲线**.

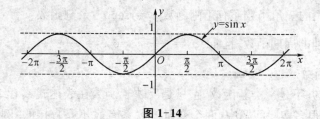

图 1-14

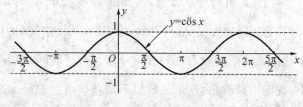

图 1-15

正弦函数和余弦函数都是以 2π 为周期的周期函数，它们的定义域都为 $(-\infty, +\infty)$，值域都为 $[-1, 1]$. 正弦函数是奇函数，余弦函数是偶函数.

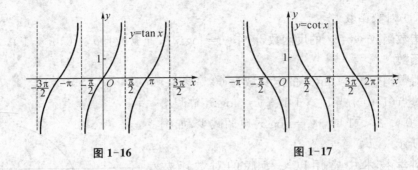

图 1-16   图 1-17

由于 $\cos x = \sin\left(x + \dfrac{\pi}{2}\right)$，所以，把正弦曲线 $y = \sin x$ 沿 x 轴向左移动 $\dfrac{\pi}{2}$ 个单位，就获得余弦曲线 $y = \cos x$.

正切函数 $y = \tan x = \dfrac{\sin x}{\cos x}$ 的定义域为 $D(f) = \{x \mid x \in \mathbf{R}, x \neq (2n+1)$，$n$ 为整数$\}$.

余切函数 $y = \cot x = \dfrac{\cos x}{\sin x}$ 的定义域为 $D(f) = \{x \mid x \in \mathbf{R}, x \neq n\pi$，$n$ 为整数$\}$.

正切函数和余切函数的值域都是 $(-\infty, +\infty)$，且它们都是以 π 为周期的函数，且都是奇函数.

另外，常用的三角函数还有正割函数 $y = \sec x$；余割函数 $y = \csc x$. 它们都是以 2π 为周期的周期函数，且 $\sec x = \dfrac{1}{\cos x}$，$\csc x = \dfrac{1}{\sin x}$.

2. 复合函数

复合函数并不是一类新函数，它只是反映了函数在表达式或者结构方面有着某些特点. 在很多实际问题中，两个变量的联系有时不是直接的. 例如，质量为 m 的物体，以速度 v_0 向上抛，由物理学知道，其动能 $E = \dfrac{1}{2}mv^2$，即动能 E 是速度 v 的函数；而 $v = v_0 - gt$，即速度 v 又是时间 t 的函数(不计空气阻力)，于是得 $E = \dfrac{1}{2}m(v_0 - gt)^2$，这样就能把动能 E 通过速度 v 表示成了时间 t 的函数. 又如，在函数 $y = \sin 2x$ 中，我们不难看出，这个函数值不是直接由自变量 x 来确定，而是通过 $2x$ 来确定的. 如果用 u 表示 $2x$，那么函数 $y = \sin 2x$ 就可以表示成 $y = \sin u$，而 $u = 2x$. 这也说明 y 与 x 的函数关系是通过变量 u 来确定的. 我们给出下面的定义：

定义 7 设函数 $y = f(u)$ 的定义域为 D_f，函数 $u = \phi(x)$ 的值域为 W_ϕ，若 W_ϕ 与 D_f 的交集不等于空集，则对于任一 $x \in W_\phi \bigcap D_f$，通过 $u = \phi(x)$ 可将函数

$y=f(u)$ 表示成 x 的函数 $y=f[\phi(x)]$，这个新函数称为 x 的复合函数.

通常称 $f(u)$ 为外层函数，称 $\phi(x)$ 为内层函数，u 称为中间变量.

例 8　设 $f(x)=x^3$，$g(x)=3^x$，求 $f[g(x)]$，$g[f(x)]$.

解　$f[g(x)]=[g(x)]^3=(3^x)^3=3^{3x}$，　$g[f(x)]=3^{f(x)}=3^{x^3}$.

注意:(1) 只有当 $W_\phi \bigcap D_f \neq \varnothing$ 时，两个函数才可以构成一个复合函数. 例如，$y=\ln u$ 与 $u=-x^2-2$ 就不能构成复合函数，因为 $u=-x^2-2$ 的值域 $u<0$ 与 $y=\ln u$ 的定义域 $u>0$ 的交集为空集.

(2) 复合函数还可以由两个以上的函数复合而成，即中间变量可以有多个. 例如，$y=\lg u$，$u=\sin v$，$v=\dfrac{x}{2}$，则 $y=\lg\sin\dfrac{x}{2}$，这里的 u，v 都是中间变量.

(3) 利用复合函数的概念，可以把一个较复杂的函数分解为若干个简单函数 (即基本初等函数，或由基本初等函数经过有限次四则运算而成的函数).

下面举例分析复合函数的复合过程，正确熟练地掌握这个方法，将会给以后的学习带来很多方便.

方法:从最外层开始，层层剥皮，逐层分解，有几层运算就能分解出几个简单函数.

例 9　写出下列复合函数的复合过程.

(1) $y=2^{\sin x}$；

(2) $y=\lg(1-x)$；

(3) $y=\tan^3(2x^2+1)$；

(4) $y=\sqrt{\ln(a^x+3)}$.

解　(1) 由外层 $y=2^u$ 和内层 $u=\sin x$ 构成.

(2) $y=\lg u$，$u=1-x$.

(3) $y=u^3$，$u=\tan v$，$v=2x^2+1$.

(4) $y=u^{\frac{1}{2}}$，$u=\ln v$，$v=a^x+3$.

3. 初等函数

由基本初等函数经过有限次四则运算及有限次复合运算构成，并且可用一个解析式表示的函数称为**初等函数**.

例如，$y=3x^2+\sin 4x$，$y=\sqrt[3]{x^2+1}$，$y=(1+\sin x)^2$，$y=\arccos\sqrt{1-x}$，$y=\ln(x+\sqrt{1+x^2})$ 等都是初等函数. 分段函数一般不是初等函数，有些分段函数也可以不分段而表示出来，分段只是为了更加明确函数关系而已. 例如，绝对值函数也可以表示成 $y=|x|=\sqrt{x^2}$，因此这种分段函数也属于初等函数.

初等函数虽然是常见的重要函数，但是在工程技术中，非初等函数也会经常遇到. 例如，符号函数，取整函数 $y=[x]$ 等分段函数就是非初等函数. 在微积分运算中，常把一个初等函数分解为简单函数来研究，学会分析初等函数的结构是十分重要的.

练习

1. 作出下列函数的图像.

(1) $y=\sqrt{x}$；　(2) $y=\dfrac{1}{x}$；　(3) $y=x^4$；　(4) $y=x^{\frac{1}{4}}$；　(5) $y=x^{-4}$；　(6) $y=e^x$；

(7) $y=\ln x$.

2. 下列函数可以看成由哪些简单函数复合而成？

(1) $y=2^{\cos x}$；　　(2) $y=\lg(1-3x^2)$；　　(3) $y=\cot^5(2x^3+1)$；

(4) $y=\sqrt[3]{\ln(a^x+3x^2)}$；　　(5) $y=\sin x^5$；　　(6) $y=\sin^5 x$；

(7) $y=\arcsin 5x$.

3. 求证下列各题.

(1) 证明：$\dfrac{\tan x-\sin x}{\sin^3 x}=\dfrac{1-\cos x}{\cos x\sin^2 x}$；

(2) 分子有理化：求证 $\dfrac{\sqrt{x+4}-2}{x}=\dfrac{1}{\sqrt{x+4}+2}$.

1.1.5 常用经济函数及市场均衡与盈亏平衡分析

1. 需求函数

对某一商品来说，消费者对它的需求量（购买此商品的数量）受诸多因素影响，如该商品的市场价格，其他同类商品的价格，消费者的收入及消费者的偏好等. 其中该商品的市场价格是影响需求量的一个主要因素，为方便起见，我们忽略其他因素的影响，即假定该商品的市场需求量只与其价格有关，则需求量 Q 可视为其价格 p 的函数，称为**需求函数**，记作

$$Q=Q(p).$$

一般来说需求量 Q 是价格 p 的单调减少函数. 即商品价格下降会使需求量逐步增加；价格上升会使需求量逐步减少.

根据市场统计资料，常见的需求函数有以下几种类型：

(1) 线性需求函数

$$Q=a-bp \quad (a>0,b>0);$$

(2) 二次需求函数

$$Q=a-bp-cp^2 \quad (a>0,b>0,c>0);$$

(3) 指数需求函数

$$Q = ae^{-bp} \quad (a > 0, b > 0).$$

需求函数 $Q = Q(p)$ 的反函数就是价格函数,记作

$$P = P(q),$$

也反映商品的需求与价格的关系.

例 10　当某种洗衣机每台售价为 500 元时,每月可销售 2 000 台,每台售价降为 450 元时,则每月可增销 400 台,试求洗衣机的线性需求函数.

解　设洗衣机的线性需求函数为 $Q = a - bp$,由题意有

$$\begin{cases} 2\,000 = a - 500b, \\ 2\,400 = a - 450b. \end{cases}$$

解得 $a = 6\,000, b = 8$,所求供给函数为 $Q = 6\,000 - 8p$.

2. 供给函数

所谓供给是指商品供应者对市场提供的商品量,通常情况下,商品的市场供给量 S 也受商品价格 p 的制约,价格上涨将刺激生产者向市场供给更多的商品,使得供给量增加;反之,价格下跌将使供给量减少. 如果忽略其他因素,当供给量只与价格有关时,供给量 S 为价格 p 的函数,称为**供给函数**,记为

$$S = S(p).$$

供给函数为价格 p 的单调增加函数,即商品的供给量随着商品价格的升降而升降.

常见的供给函数有线性函数、二次函数、幂函数、指数函数等. 其中,线性供给函数为

$$S = -c + dp \quad (c > 0, d > 0).$$

例 11　当鸡蛋收购价为 4.5 元/kg 时,某收购站每月能收购 5 000 kg. 若收购价提高 0.1 元/kg,则收购量可增加 400 kg,求鸡蛋的线性供给函数.

解　设鸡蛋的线性供给函数为 $S = -c + dp$,由题意有

$$\begin{cases} 5\,000 = -c + 4.5d, \\ 5\,400 = -c + 4.6d. \end{cases}$$

解得 $d = 4\,000, c = 13\,000$,所求供给函数为

$$S = -13\,000 + 4\,000p.$$

3. 市场均衡分析

在西方经济学中,均衡最一般的意义是指经济事物中有关的变量在一定条件下的相互作用所达到的一种相对静止的状态. 一种商品的**市场均衡价格**是指该商

品的市场需求量和市场供给量相等时的价格,在均衡价格水平下相等的供求数量被称为**市场均衡数量**.

设某商品的需求函数为 $Q = ap + b$,供给函数为 $S = -c + dp$,联立方程组

$$\begin{cases} Q = ap + b, \\ S = -c + dp. \end{cases}$$

利用市场均衡的条件 $Q = S$,可得

$$ap + b = -c + dp,$$

从而解得市场均衡价格 $P_0 = \dfrac{-c-b}{a-d}$,市场均衡数量 $q_0 = \dfrac{ac+bd}{d-a}$.

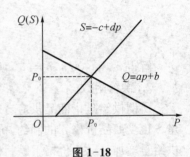

图 1-18

从图 1-18 可以看出,当市场价格高于均衡价格时供给量大于需求量,此时出现"供过于求"现象;而当市场价格低于均衡价格时,需求量大于供给量,此时出现"供不应求"的现象.

例 12 设某商品的需求函数与供给函数分别为 $D(P) = \dfrac{5\,600}{P}$ 和 $S(P) = P - 10$.

(1) 找出均衡价格,并求此时的供给量与需求量;

(2) 在同一坐标中画出供给与需求曲线;

(3) 何时供给曲线过 P 轴,这一点的经济意义是什么?

解 (1) 令 $D(P) = S(P)$,则 $\dfrac{5\,600}{P} = P - 10$,解得:$P = 80$.

故均衡价格为 80,此时供给量与需求量为:$\dfrac{5\,600}{80} = 70$.

(2) 供给与需求曲线如图 1-19 所示.

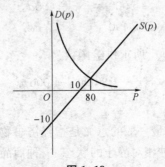

图 1-19

（3）令 $S(P) = 0$，即 $P - 10 = 0$，$P = 10$，故价格 $P = 10$ 时,供给曲线过 P 轴,这一点的经济意义是当价格低于 10 时,无人供货.

练习

1. 某种品牌的电视机每台售价为 500 元时,每月可销售 2 000 台,每台为 400 元时,每月可多销 800 台,试求该电视机的线性需求函数.

2. 已知某产品的需求函数是 $Q = \dfrac{100}{3} - \dfrac{2}{3}p$,供给函数是 $S = -20 + 10p$,求该商品的市场均衡价格.

4. 成本函数

从事生产,就需要有投入,也就是成本,如需要有场地、机器设备、劳动力、能源、原材料等. 某种产品的总成本(成本投入)大体可分为两部分,其一是在短时间内不发生变化或变化很小或不明显随产品数量增加而变化的,如厂房、设备的折旧费、保险费等,称为**固定成本**,常用 C_0 表示. 其二是明显随产品数量 q 增加而变化的部分,如原材料费、燃料费、动力费、提成奖金等,称为**可变成本**,常用 C_1 表示. 可变成本一般随产量的增加而增加,它是产量的函数,即变动成本 $C_1 = C_1(q)$.

所以生产者投入的总成本 C 也是产量的函数,称为**成本函数**. 即

$$C = C(q) = C_0 + C_1(q).$$

当 $q = 0$ 时,总成本就是固定成本,即 $C(0) = C_0$.

在讨论总成本的基础上,还要进一步讨论均摊在单位产量上的成本,称为平均成本,记作

$$\bar{C}(q) = \frac{C(q)}{q} = \frac{C_0 + C_1(q)}{q}.$$

例 13 已知某产品的总成本函数为 $C(q) = 3\,000 + \dfrac{q^2}{2}$,求生产 100 个时的总成本和平均成本.

解 依题意,产量为 100 个时的总成本为

$$C = 3\,000 + \frac{100^2}{2} = 8\,000,$$

产量为 100 个时的平均成本为

$$\bar{C}(q) = \frac{8\,000}{100} = 80.$$

5. 收入函数

商品售出后的全部收入称为**总收入**,显然有：总收入＝销售量×价格.

若设商品的销售量为 q,价格为 p,总收入为 R,则收入函数 $R＝R(q)＝q \cdot p$.

若价格 p 为常数,则 R 为 q 的正比例函数;若考虑产品销售时的附加费用、折扣等因素,这时作为平均值的单价 p 受产量变化的影响,不再为常量,记为 $p＝p(q)$. 则有

$$R(q) = qp(q).$$

例 14 已知某商品的需求规律为 $q＝200-4p$,其中 q 是商品的需求量,p 是价格,求总收入函数及销售 10 个单位商品时的总收入.

解 由题设需求函数为 $q＝200-4p$,从而价格函数为 $p＝50-\dfrac{1}{4}q$,

于是总收入函数为 $R＝q\left(50-\dfrac{1}{4}q\right)$.

故销售 10 个单位商品时的总收入为

$$R = 10\left(50-\dfrac{10}{4}\right) = 475.$$

例 15 某工厂生产某种产品,年产量为 x,每台售价 250 元,当年产量为 600 台以内时,可以全部售出,当年产量超过 600 台时,经广告宣传又可再多售出 200 台,每台平均广告费 20 元,生产再多,本年就售不出去了,建立本年的销售总收入 R 与年产量 x 的函数关系.

解 (1)当 $0 \leqslant x \leqslant 600$ 时,$R＝250x$.

(2) 当 $600 < x \leqslant 800$ 时,$R＝250x-20(x-600)＝230x+1.2\times10^4$.

(3) 当 $x > 800$ 时,$R＝800 \cdot 250-20\times200＝1.96\times10^5$.

故 $$R(x)=\begin{cases}250x, & 0 \leqslant x \leqslant 600, \\ 230x+1.2\times10^4, & 600 < x \leqslant 800, \\ 1.96\times10^5, & x > 800.\end{cases}$$

6. 利润函数

利润是生产者收入扣除成本后的剩余部分,把收入与成本之差称为**利润函数**. 若把利润记为 L,则

$$L = L(q) = R(q) - C(q).$$

例 16 每印一本杂志的成本为 1.22 元,每售出一本杂志仅能得 1.20 元的收入,但销售额超过 15 000 本时还能取得超过部分收入的 10% 作为广告费收入,试问应至少销售多少本杂志才能保本? 销售量达到多少时才能获利达 1 000 元?

解　设 x 为销售量,则成本 $C = 1.22x(x > 15\,000)$.

$$收益\ R = 1.20x + (x - 15\,000) \times 1.20 \times 10\%.$$

令 $C = R$,则 $1.22x = 1.20x + (x - 15\,000) \times 1.20 \times 10\%$,　解得 $x = 18\,000$.
故至少销售 18 000 本杂志才能保本.

$$L = R - C = 1.20x + (x - 15\,000) \times 1.20 \times 10\% - 1.22x$$
$$= 0.1x - 1\,800.$$

令 $L = 1\,000$,则 $0.1x - 1\,800 = 1\,000$,解得 $x = 28\,000$.
故销售量达到 28 000 时才能获利达 1 000 元.

例 17　收音机每台售价为 90 元,成本为 60 元,厂方为鼓励销售商大量采购,决定凡是订购量超过 100 台以上的,每多订购 100 台售价就降低 1 元,但最低价为每台 75 元.

(1) 将每台的实际售价 P 表示为订购量 x 的函数;

(2) 将厂方所获的利润 L 表示成订购量 x 的函数;

(3) 某一商行订购了 1 000 台,厂方可获利润多少?

解　(1) 当 $0 \leqslant x < 100$ 时,$P(x) = 90$. 当 $x \geqslant 100$ 时,由题意 P 是 x 的一次函数.

设 $P = ax + b$, 当 $x = 100$ 时,$P = 90$, 当 $x = 200$ 时,$P = 89$.

故 $\begin{cases} 90 = 100a + b, \\ 89 = 200a + b, \end{cases}$　解得 $\begin{cases} a = -0.01, \\ b = 91, \end{cases}$　故 $P = 91 - 0.01x$.

但 $P \geqslant 75$, 故 $91 - 0.01x \geqslant 75$, 即 $x \leqslant 1\,600$.
故当 $100 \leqslant x \leqslant 1\,600$ 时,$P = 91 - 0.01x$.
当 $x > 1\,600$ 时,$P = 75$.

故　　　　$$P = \begin{cases} 90, & 0 \leqslant x < 100, \\ 91 - 0.01x, & 100 \leqslant x \leqslant 1\,600, \\ 75, & x > 1\,600. \end{cases}$$

(2)（ⅰ）当 $0 \leqslant x < 100$ 时,$P = 90$,收益 $R = Px = 90x$,成本 $C = 60x$,
故利润 $L = R - C = 90x - 60x = 30x$.

（ⅱ）当 $100 \leqslant x \leqslant 1\,600$ 时,$P = 91 - 0.01x$,收益 $R = (91 - 0.01x)x$,成本 $C = 60x$.
故利润 $L = R - C = (91 - 0.01x)x - 60x$.

（ⅲ）当 $x > 1\,600$ 时,$P = 75$,收益 $R = 75x$,成本 $C = 60x$.
故利润 $L = R - C = 75x - 60x = 15x$.

$$
\text{故利润 } L = \begin{cases} 30x, & 0 \leqslant x < 100, \\ (91-0.01x)x - 60x, & 100 \leqslant x \leqslant 1\,600, \\ 15x, & x > 1\,600. \end{cases}
$$

(3) 当 $x = 1\,000$ 时，$L = (91 - 0.01 \cdot 1\,000) \cdot 1\,000 - 60 \cdot 1\,000 = 21\,000$.

故厂方可获 21 000 元的利润.

练习

1. 某工厂生产某种产品，每月最多生产 80 个单位，它的月固定成本为 15 万元，生产一个单位产品的可变成本为 2 万元，求该工厂的月成本函数.

2. 某产品的价格与销售量的关系为 $P = 1\,000 - Q$，求销售量为 20 时的总收入和平均收入.

3. 某厂生产的手掌游戏机每台可卖 110 元，固定成本为 7 500 元，可变成本为每台 60 元.

(1) 要卖多少台手掌机，厂家才可保本(收回投资)；

(2) 卖掉 100 台的话，厂家赢利或亏损了多少？

(3) 要获得 1 250 元利润，需要卖多少台？

7. 盈亏平衡分析

盈亏平衡分析是在一定的市场、生产能力的条件下，研究成本与收益平衡关系的方法，常用于企业经营管理中各种定价或生产决策. 对于一个项目而言，盈利与亏损之间一般至少有一个转折点，称这个点为盈亏平衡点. 在盈亏平衡点上，销售收入与生产支出相等，即 $R = C$，不亏损也不盈利，即利润 $L = R - C = 0$.

假设成本函数和收入函数都是线性函数，即

$$C(q) = C_0 + C_1 q, \quad R(q) = pq.$$

此时，C_1，p 均为常数，成本函数和收入函数用两条直线来表示，如图 1-20 所示.

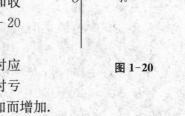

图 1-20

当 $C_1 < p$ 时，两条直线的交点所对应的横坐标 q_0 就是盈亏平衡点，$q < q_0$ 时亏损，$q > q_0$ 时盈利，且利润随产量的增加而增加.

根据已知的成本函数和收入函数，由盈亏平衡条件 $R = C$ 得到

$$pq = C_0 + C_1 q,$$

解出盈亏平衡点 q_0，即 $q_0 = \dfrac{C_0}{P - C_1}$.

　　但是,如果两条直线出现图 1-21 所示的情况,两条直线没有交点,则没有盈亏平衡点.

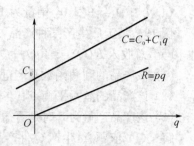

图 1-21

　　为了得到盈亏平衡点,可以采取两种手段:提高价格 p 和降低单位变动成本 C_1,如图 1-22,图 1-23 所示.这两种手段都可以重新找到盈亏平衡点.由于受到市场竞争的制约,事实上第一种方案不易实行,因为价格的上调有可能会使商品失去市场;第二种方案较为可行,例如采用新的工艺技术、减少不必要的开支等都可以降低单位变动成本.

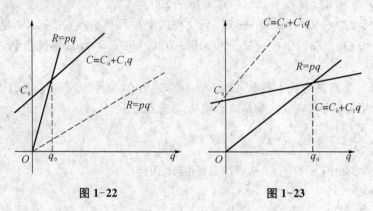

图 1-22　　　　　　　　　　　　　图 1-23

　　例 18　某商品的成本函数与收入函数分别为 $C(q) = 21 + 5q$, $R(q) = 8q$,求:

　　(1) 该商品的盈亏平衡点;

　　(2) 该商品的利润函数;

　　(3) 销量为 4 时的总利润及平均利润;

　　(4) 销量为 10 时是盈利还是亏损?

　　解　(1) 因 $C(q) = 21 + 5q$, $R(q) = 8q$,故由 $C(q) = R(q)$,得 $21 + 5q = 8q$,解之得 $q = 7$,该商品的盈亏平衡点是 $q = 7$.

　　(2) $L(q) = R(q) - C(q) = 8q - (21 + 5q) = 3q - 21$,

　　该商品的利润函数为 $L(q) = 3q - 21$.

　　(3) $L(4) = -9$, $L(4) = -\dfrac{9}{4}$,

　　销售为 4 时的总利润为 -9,平均利润为 $-\dfrac{9}{4}$.

(4) $L(10) = 9 > 0$，销量为 10 时盈利.

例 19 某工厂生产某种产品，固定成本为 200 元，每生产一单位产品，成本增加 10 元，总收入 $R(Q) = 40Q - Q^2$，求：

(1) 该产品的利润函数及产量为 15 时的总利润；

(2) 该产品的盈亏平衡点；

(3) 该产品产量为 5 时是否盈利？

解 (1) 依题意，生产 Q 件产品时的总成本 $C(Q) = 200 + 10Q$.

总利润函数

$$L = R - C = 40Q - Q^2 - (200 + 10Q) = -Q^2 + 30Q - 200.$$

当 $Q = 15$ 时，$L = -15^2 + 30 \times 15 - 200 = 25$.

(2) 令 $L = -Q^2 + 30Q - 200 = 0$，得两个盈亏平衡点 $Q_1 = 10$，$Q_2 = 20$.

(3) 当 $Q = 5$ 时，$L = -5^2 + 30 \times 5 - 200 = -75 < 0$，故不能盈利，此时亏本 75 元.

思考 某商品的成本函数与收入函数分别为 $C(q) = 50 + 3q$，$R(q) = 5q$，求：
(1)该商品的平均利润；(2)该商品的盈亏平衡点.

习 题 1-1

1. 下列各题中，函数 $f(x)$ 和 $g(x)$ 是否相同？为什么？

(1) $f(x) = \ln x^2$，$g(x) = 2\ln x$；

(2) $f(x) = \sqrt{x^2}$，$g(x) = |x|$；

(3) $f(x) = \sqrt{1 - \sin^2 x}$，$g(x) = \cos x$；

(4) $f(x) = \sqrt[3]{x^4 - x^3}$，$g(x) = x \cdot \sqrt[3]{x - 1}$.

2. 求下列函数的定义域.

(1) $y = \arcsin(x - 3)$；　　　　(2) $y = \ln \dfrac{1+x}{1-x}$；

(3) $y = \sqrt{\ln(x - 2)}$；　　　　(4) $y = \sqrt{x^2 + x - 6} + \arcsin \dfrac{2x+1}{7}$.

3. 下列函数可以看成由哪些简单函数复合而成？

(1) $y = \sqrt{3x - 1}$；　　　　(2) $y = (1 + \lg x)^5$；

(3) $y = e^{-x}$；　　　　(4) $y = \ln(1 - x)$；

(5) $y = \ln\sqrt{1 + x}$；　　　　(6) $y = \arccos(1 - x^2)$；

(7) $y = e^{\sqrt{x+1}}$；　　　　(8) $y = \sin^3(2x^2 + 3)$；

(9) $y = \ln\sin(2x + 1)^2$；　　　　(10) $y = \arctan^2\left(\dfrac{2x}{1 - x^2}\right)$.

4. 已知某种商品的需求函数是 $q = 200 - 5p$，求该商品的收入函数.

5. 设生产某种商品 q 件时的总成本为 $C(q)=20+2q+0.5q^2$（万元），若每售出一件该商品的收入是 20 万元，求生产 20 件时的总利润.

1.2　函数极限

极限是微积分中最基本的概念. 极限的方法是人们从有限中认识无限，从近似中认识精确，从量变中认识质变的一种数学方法，它是微积分的基本思想方法. 微积分学中其他的一些重要概念，如导数、积分、级数等，都是用极限来定义. 极限是贯穿高等数学各知识环节的主线.

本节首先讨论数列的极限，然后推广到一般函数的极限.

1.2.1　数列极限

1. 数列的定义

定义 1　以正整数 n 为自变量的函数，把它的函数值 $x_n=f(n)$ 依次写出来，就叫做一个数列，即 x_1，x_2，x_3，$\cdots$，x_n，$\cdots$，记作 $\{x_n\}$. x_n 称为数列的通项.

在高中阶段，我们已经接触过一些数列，如等比数列、等差数列等.

（1）等比数列（如以 0.88 为公比的等比数列）

某轿车的售价约为 36 万元，年折旧率约为 12%，那么该车从购买当年算起，逐年的价值依次为：36，36×0.88，36×0.88^2，36×0.88^3，$\cdots$

（2）等差数列（如以 2 为公差的等差数列）

$$1,\ 3,\ 5,\ \cdots,\ 2n-1,\ \cdots \quad \text{或} \quad \{2n-1\}.$$

2. 数列的极限

定义 2　对于数列 $\{x_n\}$，当项数 n 无限增大时，数列的相应项 x_n 无限逼近常数 A，则称 A 是数列 $\{x_n\}$ 的**极限**，记为

$$\lim_{n\to\infty}x_n=A \quad \text{或} \quad x_n\to A(n\to\infty),$$

并称数列 $\{x_n\}$ **收敛**于 A. 若数列 $\{x_n\}$ 没有极限，则称数列 $\{x_n\}$ 是**发散的**.

例如（1）数列 $\left\{\dfrac{1}{n}\right\}$：$1$，$\dfrac{1}{2}$，$\dfrac{1}{3}$，$\dfrac{1}{4}$，$\cdots$，$\dfrac{1}{n}$，$\cdots$

（2）数列 $\left\{\dfrac{n}{n+1}\right\}$：$\dfrac{1}{2}$，$\dfrac{2}{3}$，$\dfrac{3}{4}$，$\dfrac{4}{5}$，$\cdots$，$\dfrac{n}{n+1}$，$\cdots$

现在来考察 n 无限增大时，这两个数列的变化趋势. 为清楚起见，我们把这两个数列的前 n 项 x_1，x_2，$\cdots$，x_n 分别在数轴上表示出来（图 1-24，图 1-25）.

由图 1-24 可以看出，当 n 无限增大时，表示 $x_n=\dfrac{1}{n}$ 的点逐渐密集在点 $x=0$

的右侧,且 $x_n = \dfrac{1}{n}$ 无限接近于 0;由图 1-25 可以看出,当 n 无限增大时,表示 $x_n = \dfrac{n}{n+1}$ 的点逐渐密集在点 $x = 1$ 的左侧,且 $x_n = \dfrac{n}{n+1}$ 无限接近于 1.

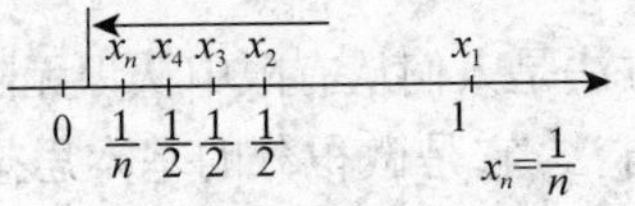

图 1-24 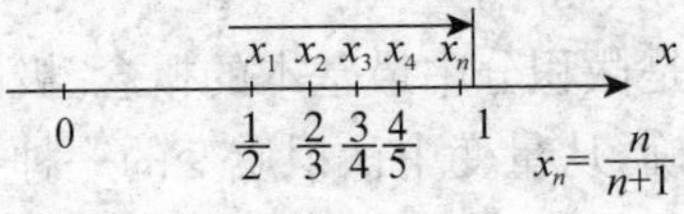　　　　　　　　图 1-25

例 1　观察下面数列的变化趋势,并写出它们的极限.

(1) $x_n = \dfrac{1}{2^{n-1}}$;　　　　　　(2) $\left\{ x_n = (-1)^n \dfrac{1}{3^n} \right\}$;

(3) $\left\{ x_n = 2 - \dfrac{1}{n^2} \right\}$;　　　　(4) $x_n = 5$.

解　(1) $x_n = \dfrac{1}{2^{n-1}}$ 的项依次为 $1, \dfrac{1}{2}, \dfrac{1}{4}, \dfrac{1}{8}, \cdots$,当 n 无限增大时,x_n 无限接近于 0,所以 $\lim\limits_{x \to \infty} \dfrac{1}{2^{n-1}} = 0$.

(2) $x_n = \dfrac{1}{(-3)^n}$ 的项依次为 $-\dfrac{1}{3}, \dfrac{1}{9}, -\dfrac{1}{27}, \dfrac{1}{81}, \cdots$,当 n 无限增大时,x_n 无限接近于 0,所以 $\lim\limits_{x \to \infty} = \dfrac{1}{(-3)^n} = 0$.

(3) $x_n = 2 - \dfrac{1}{n^2}$. 当 n 依次取 $1, 2, 3, 4, 5, \cdots$ 时,x_n 的各项顺次为 $2 - 1$, $2 - \dfrac{1}{4}, 2 - \dfrac{1}{9}, 2 - \dfrac{1}{16}, 2 - \dfrac{1}{25}, \cdots$

因为当 n 无限增大时,x_n 无限接近于 2,所以

$$\lim_{n \to \infty} x_n = \lim_{n \to \infty} \left(2 - \dfrac{1}{n^2} \right) = 2.$$

(4) $x_n = 5$ 为常数数列,无论 n 取怎样的正整数,x_n 始终为 5,所以 $\lim\limits_{n \to \infty} 5 = 5$.
一般地,有以下结论成立:

(1) $\lim\limits_{n \to \infty} C = C$;

(2) 当 $|q| < 1$ 时,$\lim\limits_{n \to \infty} q^n = 0$;

(3) 当 $p > 0$ 时,$\lim\limits_{n \to \infty} \dfrac{1}{n^p} = 0$;

(4) $\lim\limits_{n \to \infty} \left(1 + \dfrac{1}{n}\right)^n = e$.

需要指出的是，并不是任何数列都有极限. 例如，数列 $\{n\}$，当 n 无限增大时，x_n 也无限增大，不能无限接近于一个确定的常数，所以这个数列没有极限. 又如，$\{(-1)^n\}$，当 n 无限增大时，x_n 在 -1 与 1 两个数之间来回跳动，不能无限接近于一个确定的常数，所以这个数列也没有极限，是发散数列.

练习

1. 下列数列中，发散的是(　　).

A. $x_n = \dfrac{1}{n} \sin \dfrac{\pi}{n}$ 　　　　　　　　B. $x_n = 5 + \dfrac{(-1)^n}{n_2}$

C. $x_n = \dfrac{1 + (-1)^n}{2}$ 　　　　　　　D. $x_n = \dfrac{2n-1}{3n+2}$

2. 下列数列中，收敛的是(　　).

A. $x_n = (-1)^n \dfrac{n-1}{n}$ 　　　　　　　B. $x_n = \dfrac{n}{n+1}$

C. $x_n = \sin \dfrac{n\pi}{2}$ 　　　　　　　　　D. $x_n = n - (-1)^n$

3. 计算下列极限.

(1) $\lim\limits_{n \to \infty} \dfrac{2n^2 + 3n - 1}{3n^2 + 4n}$;　　　　　(2) $\lim\limits_{x \to \infty} \dfrac{x^2 + 3x}{x^3 + 1}$;

(3) $\lim\limits_{n \to \infty} \dfrac{1 + 2 + \cdots + n}{n^2}$;　　　　(4) $\lim\limits_{x \to \infty} \dfrac{4x^3 - 2x^2 + x}{3x^3 + 2x + 1}$;

(5) $\lim\limits_{n \to \infty} \dfrac{\sqrt{n^2 - 3n}}{2n + 1}$;　　　　　(6) $\lim\limits_{n \to \infty} \left(\dfrac{n}{n-2}\right)^{2n}$;

(7) $\lim\limits_{x \to 0} \left(\dfrac{1}{1 - 2x}\right)^{\frac{1}{x}}$;　　　　　(8) $\lim\limits_{n \to \infty} \left(1 + \dfrac{2}{n}\right)^{-n}$.

1.2.2　函数极限

数列是定义在自然数集 $\mathbf{N}$ 上的整标函数 $y_n = f(n)$. 前面讨论了数列这种特殊函数的极限，在理解了"无限逼近，无限趋近"的基础上，本节将沿着数列极限的思路，进一步讨论一般函数的极限，主要研究自变量以下两种趋势：

(1) 当自变量 x 的绝对值 $|x|$ 无限增大即趋向无穷大（记作 $x \to \infty$）时，对应的函数值 $f(x)$ 的变化趋势；特别的，当 x 小于零且绝对值 $|x|$ 无限增大：$x \to -\infty$；x 大于零且绝对值 $|x|$ 无限增大：$x \to +\infty$.

函数的自变量有几种不同的变化趋势：

(2) 当自变量 x 任意地接近于 x_0 或者说趋向于有限值 x_0（记作 $x \to x_0$）时，对应的函数值 $f(x)$ 的变化趋势. 特别的，x 从 x_0 的左侧（即小于 x_0）无限接近 x_0：$x \to x_0^-$；x 从 x_0 的右侧（即大于 x_0）无限接近 x_0：$x \to x_0^+$.

1. 当 $x \to \infty$ 时函数的极限

先看下面的例子:考察当 $x \to \infty$ 时函数 $f(x) = \dfrac{1}{x}$ 的变化趋势:

x	1	10	100	1 000	10 000	$\cdots$
y	1	0.1	0.01	0.001	0.0001	$\cdots$
x	-1	-10	-100	$-1\,000$	$-10\,000$	$\cdots$
y	-1	-0.1	-0.01	-0.001	-0.0001	$\cdots$

由列出的数值可以看出,当自变量 x 的绝对值 $|x|$ 无限增大时,对应的函数值 y 无限接近一个确定的常数 0,从图 1-26 中也可观察到这一事实.

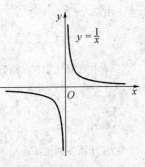

图 1-26

对于这种当 $x \to \infty$ 时函数 $f(x)$ 的变化趋势,给出下面的定义:

定义 3 如果当 x 的绝对值 $|x|$ 无限增大(即 $x \to \infty$)时,函数 $f(x)$ 无限接近于一个确定的常数 A,那么 A 就叫做函数 $f(x)$ 当 $x \to \infty$ 时的**极限**,记为

$$\lim_{x \to \infty} f(x) = A \text{ 或当 } x \to \infty \text{ 时,函数 } f(x) \to A.$$

如果从某一时刻起,x 只能取正值或负值趋于无穷,则有下面的定义:

定义 4 如果当 $x > 0$ 且 $|x|$ 无限增大时,函数 $f(x)$ 无限地趋于一个常数 A,则称当 $x \to +\infty$ 时,函数 $f(x)$ 以 A 为极限. 记作 $\lim\limits_{x \to +\infty} f(x) = A$ 或 $f(x) \to A(x \to +\infty)$.

定义 5 如果当 $x < 0$ 且 $|x|$ 无限增大时,函数 $f(x)$ 无限地趋于一个常数 A,则称当 $x \to -\infty$ 时,函数 $f(x)$ 以 A 为极限. 记作 $\lim\limits_{x \to -\infty} f(x) = A$ 或 $f(x) \to A$ $(x \to -\infty)$.

可以证明: $\lim\limits_{x \to \infty} f(x) = A$ 的充要条件是 $\lim\limits_{x \to +\infty} f(x) = A$ 且 $\lim\limits_{x \to -\infty} f(x) = A$.

例 2 讨论当 $x \to \infty$ 时,函数 $y = \arctan x$ 的极限.

解 如图 1-27 所示.

由于 $\lim\limits_{x \to +\infty} \arctan x = \dfrac{\pi}{2}$,

$$\lim_{x \to -\infty} \arctan x = -\dfrac{\pi}{2}.$$

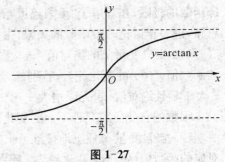

图 1-27

虽然 $\lim\limits_{x \to +\infty} \arctan x$ 和 $\lim\limits_{x \to -\infty} \arctan x$ 都存在，但它们并不相等，所以 $\lim\limits_{x \to \infty} \arctan x$ 不存在.

例 3 讨论当 $x \to \infty$ 时，函数 $y = 2^x$ 的极限.

解 如图 1-28 所示.

$$\lim\limits_{x \to -\infty} 2^x = 0, \quad y = 2^x,$$

$$\lim\limits_{x \to +\infty} 2^x = +\infty,$$

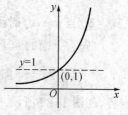

图 1-28

虽然 $\lim\limits_{x \to -\infty} 2^x$ 存在，但 $\lim\limits_{x \to +\infty} 2^x$ 不存在，所以 $\lim\limits_{x \to \infty} 2^x$ 不存在.

从图 1-26、图 1-27 和图 1-28 可见，

$\lim\limits_{x \to \infty} \dfrac{1}{x} = 0$ 反映出直线 $y = 0$ 是函数 $y = \dfrac{1}{x}$ 的图像的水平渐近线；

$\lim\limits_{x \to +\infty} \arctan x = \dfrac{\pi}{2}$ 反映出直线 $y = \dfrac{\pi}{2}$ 是函数 $y = \arctan x$ 的图像的水平渐近线；

$\lim\limits_{x \to -\infty} 2^x = 0$ 反映出直线 $y = 0$ 是函数 $y = 2^x$ 的图像的水平渐近线.

一般地，如果 $\lim\limits_{x \to \infty} f(x) = c$（或 $\lim\limits_{x \to +\infty} f(x) = c$，$\lim\limits_{x \to -\infty} f(x) = c$），则直线 $y = c$ 是函数 $y = f(x)$ 图像的水平渐近线.

注意：

(1) 在数列极限中，自变量为 n，它只取自然数，$n \to \infty$ 类似于函数极限的 $x \to +\infty$，但不记作 $n \to +\infty$，而规定记作 $n \to \infty$. 若 $\lim\limits_{x \to +\infty} f(x) = A$，则 $\lim\limits_{n \to \infty} f(n) = A$.

(2) "∞"不是数，它仅仅是一个记号. $x \to +\infty$ 表示当 $x > 0$ 且 $|x|$ 无限增大，即 x 在水平方向上向右无限远离原点；$x \to -\infty$ 表示当 $x < 0$ 且 $|x|$ 无限增大，即 x 在水平方向上向左无限远离原点；$x \to \infty$ 表示 $|x|$ 无限增大，它包含 $x \to +\infty$ 和 $x \to -\infty$ 两种情况.

(3) $y \to +\infty$ 表示当 $y > 0$ 且 $|y|$ 无限增大，即 y 在铅垂方向上向上无限远离原点；$y \to -\infty$ 表示当 $y < 0$ 且 $|y|$ 无限增大，即 y 在铅垂方向上向下无限远离原点；$y \to \infty$ 表示 $|y|$ 无限增大，它包含 $y \to +\infty$ 和 $y \to -\infty$ 两种情况.

(4) 如果函数 $y \to \infty$，那么它的极限是不存在的，但为了便于描述函数的这种变化趋势，我们也说"函数的极限是无穷大"，并沿用极限的符号.

练习

观察并写出下列函数的极限:

(1) $\lim\limits_{x \to \infty} \dfrac{1}{x^2}$;　　(2) $\lim\limits_{x \to +\infty} \left(\dfrac{1}{2}\right)^x$;　　(3) $\lim\limits_{x \to -\infty} \left(\dfrac{1}{2}\right)^x$;

(4) $\lim\limits_{x \to -\infty} \mathrm{e}^x$;　　(5) $\lim\limits_{x \to +\infty} \mathrm{e}^x$;　　(6) $\lim\limits_{x \to +\infty} \ln x$.

2. 当 $x \to x_0$ 时函数的极限

先看下面的例子:

考察当 $x \to 3$ 时函数 $f(x) = \dfrac{x}{3} + 1$ 的变化趋

势,如图 1-29 所示.

当 x 从 3 的左侧无限接近 3 时,对应的函数
值的变化如下:

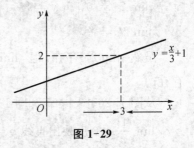

图 1-29

x	2.9	2.99	2.999	2.9999	$\cdots \to 3$
y	1.97	1.997	1.9997	1.99997	$\cdots \to 2$

当 x 从 3 的右侧无限接近 3 时,对应的函数值的变化如下:

x	3.1	3.01	3.001	3.0001	$\cdots \to 3$
y	2.03	2.003	2.0003	2.00003	$\cdots \to 2$

由此可知,当 $x \to 3$ 时,函数 $f(x) = \dfrac{x}{3} + 1$ 的值无限接近于 2.

对于这种当 $x \to x_0$ 时函数 $f(x)$ 的变化趋势,给出下面的定义:

定义 6　如果当 x 无限接近于定值 x_0(即 $x \to x_0$)时,函数 $f(x)$ 无限接近于
一个确定的常数 A,那么 A 就叫做函数 $f(x)$ 当 $x \to x_0$ 时的极限,记为

$$\lim\limits_{x \to x_0} f(x) = A \quad \text{或当 } x \to x_0 \text{ 时函数 } f(x) \to A.$$

需要指出的是,

(1) $x \to x_0$ 表示自变量 x 从 x_0 的左、右两旁同时无限趋近于 x_0.

(2) 在上面的定义中,我们假定函数 $f(x)$ 在 x_0 的左右近旁是有定义的;并且
我们考虑的是当 $x \to x_0$ 时函数 $f(x)$ 的值的变化趋势,并不在意 $f(x)$ 在点 x_0 是
否有定义.

例 4　考察当 $x \to -1$ 时,函数 $y = \dfrac{x^2 - 1}{x + 1}$ 的变化趋势,并求 $x \to -1$ 时的极限.

解　从函数 $y=\dfrac{x^2-1}{x+1}=x-1(x\neq-1)$ 的图形(图 1-30)可知,当 x 从左、右

两旁同时无限趋近于 -1 时,函数 $y=\dfrac{x^2-1}{x+1}=x-1(x\neq-1)$ 的值无限趋近于常

数 -2,所以 $\lim\limits_{x\to-1}\dfrac{x^2-1}{x+1}=\lim\limits_{x\to-1}(x-1)=-2.$

我们给出以下几个常用结论:

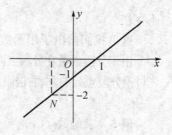

图 1-30

(1) $\lim\limits_{\substack{x\to x_0\\(x\to\infty)}}c=c.$

如 $\lim\limits_{x\to\infty}5=5,\ \lim\limits_{x\to4}5=5.$

(2) $\lim\limits_{x\to x_0}\sin x=\sin x_0;\ \lim\limits_{x\to x_0}\cos x=\cos x_0.$

如 $\lim\limits_{x\to0}\sin x=\sin0=0;\ \lim\limits_{x\to0}\cos x=\cos0=1.$

(3) 若 $f(x)$ 为多项式,则有 $\lim\limits_{x\to x_0}f(x)=f(x_0).$

如 $\lim\limits_{x\to1}(x+6)=1+6=7,$

$$\lim\limits_{x\to3}\frac{x^2-9}{x-3}=\lim\limits_{x\to3}(x+3)=3+3=6.$$

练习

1. 利用函数图像求下列极限.

(1) $\lim\limits_{x\to-\infty}3$;

(2) $\lim\limits_{x\to-\infty}2^x$;

(3) $\lim\limits_{x\to+\infty}\left(\dfrac{1}{2}\right)^x$;

(4) $\lim\limits_{x\to x_0}C$　(C 为常数);

(5) $\lim\limits_{x\to0}\sin x$;

(6) $\lim\limits_{x\to2}(x+8)$;

(7) $\lim\limits_{x\to-1}\dfrac{x^2-1}{x+1}.$

3. 当 $x\to x_0$ 时函数的左极限与右极限

前面讨论的当 $x\to x_0$ 时函数 $f(x)$ 的极限概念中,x 是既要从 x_0 的左侧同时
也要从 x_0 的右侧趋向于 x_0 的.但有时只能或只需考虑 x 仅从 x_0 的左侧趋向于 x_0
(记作 $x\to x_0^-$)的情形,或 x 仅从 x_0 的右侧趋向于 x_0(记作 $x\to x_0^+$)的情形,如果
在其中某个过程中,函数 $f(x)$ 以常数 A 为极限,前者称常数 A 为函数 $f(x)$ 当 x
$\to x_0$ 时的**左极限**,记作

$$\lim\limits_{x\to x_0^-}f(x)=A\quad\text{或}\quad f(x_0-0)=A.$$

后者称常数 A 为函数 $f(x)$ 当 $x\to x_0$ 时的**右极限**,记作

$$\lim\limits_{x\to x_0^+}f(x)=A\quad\text{或}\quad f(x_0+0)=A.$$

显然,有下面的结论:

定理 函数 $f(x)$ 当 $x \to x_0$ 时的极限存在的充要条件是当 $x \to x_0$ 时函数 $f(x)$ 的左右极限存在并相等. 即

$$f(x_0 - 0) = f(x_0 + 0).$$

因此,即使 $f(x_0 - 0)$ 和 $f(x_0 + 0)$ 都存在,但它们不相等,则 $\lim\limits_{x \to x_0} f(x)$ 仍不存在.

这里我们给出了用函数的单侧极限判别函数极限是否存在的方法.

由于分段函数在分段点两侧往往有不同的函数表达式,故在讨论该处的极限时,常先讨论分段点处的左、右极限,然后用上述方法判定在分段点处的极限是否存在.

例5 求函数 $f(x) = \begin{cases} x+1, & \text{当 } x > 0, \\ 0, & \text{当 } x = 0, \\ x-1, & \text{当 } x < 0. \end{cases}$ 当 $x \to 0$ 时的极限 $\lim\limits_{x \to 0} f(x)$.

解 如图 1-31 所示,

$$\lim_{x \to 0^-} f(x) = \lim_{x \to 0^-} (x-1) = -1, \quad \lim_{x \to 0^+} f(x) = \lim_{x \to 0^+} (x+1) = 1,$$

因为 $f(0-0) \neq f(0+0)$,故 $\lim\limits_{x \to 0} f(x)$ 不存在.

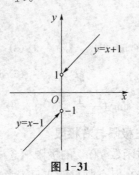

图 1-31

例6 设 $f(x) = \begin{cases} x+1, & x \geqslant 0, \\ 1-x, & x < 0, \end{cases}$ 研究当 $x \to 0$ 时,$f(x)$ 的极限是否存在?

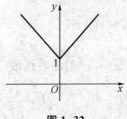

图 1-32

解　因为 $\lim\limits_{x \to 0^+} f(x) = \lim\limits_{x \to 0^+}(x+1) = 1$，$\lim\limits_{x \to 0^-} f(x) = \lim\limits_{x \to 0^-}(1-x) = 1$，所以根据定理，$\lim\limits_{x \to 0} f(x) = 1$，见图 1-32.

练习

设 $f(x) = \begin{cases} x+2, & x<0, \\ x^2+2, & 0 \leqslant x < 1, \\ 2-x, & x \geqslant 1, \end{cases}$ 求 $\lim\limits_{x \to 0} f(x)$，$\lim\limits_{x \to 1} f(x)$，$\lim\limits_{x \to 2} f(x)$.

习　题　1-2

1. 观察并写出下列函数的极限.

(1) $\lim\limits_{x \to 2}(x+2)$；　　　　(2) $\lim\limits_{x \to 2}\dfrac{x^2-4}{x-2}$；　　　　(3) $\lim\limits_{x \to -\infty} 2^x$；　　　(4) $\lim\limits_{x \to 2} x^2$.

2. 设 $f(x) = \dfrac{x}{x}$，$\varphi(x) = \dfrac{|x|}{x}$，求当 $x \to 0$ 时，$f(x)$，$\varphi(x)$ 的左、右极限，问 $\lim\limits_{x \to 0} f(x)$，$\lim\limits_{x \to 0} \varphi(x)$ 是否存在?

3. 设函数 $f(x) = \begin{cases} x+3, & x<1, \\ 6x-2, & x \geqslant 1. \end{cases}$ 求 $\lim\limits_{x \to 1^-} f(x)$ 和 $\lim\limits_{x \to 1^+} f(x)$，并判断 $\lim\limits_{x \to 1} f(x)$ 是否存在?

4. 求下列函数的极限.

(1) $\lim\limits_{x \to 0^-} \mathrm{e}^{\frac{1}{x}}$；　　　(2) $\lim\limits_{x \to 0^+} \ln x$；　　　(3) $\lim\limits_{x \to 0} \dfrac{1}{x}$.

5. 讨论 $\lim\limits_{x \to 0} \sin \dfrac{1}{x}$ 是否存在? 如不存在，是否为 ∞?

1.3　无穷小与无穷大

1.3.1　无穷小

1. 无穷小(量)的概念

在实际问题中，我们经常遇到以零为极限的变量. 例如，单摆离开铅直位置而摆动，由于空气阻力和机械摩擦力的作用，它的振幅随着时间的增加而逐渐减小并趋近于零. 又如，电容器放电时，其电压随着时间的增加而逐渐减小并趋近于零.

对于这样的变量，我们给出下面的定义：

定义 1　在自变量 x 的某一变化过程中，若函数 $f(x)$ 的极限为零，则称此函数为在自变量 x 的这一变化中的**无穷小量**，简称为无穷小.

例如，$\lim\limits_{x \to 1}(x-1) = 0$，所以函数 $x-1$ 是当 $x \to 1$ 时的无穷小；又如，$\lim\limits_{x \to \infty} \dfrac{1}{x} = 0$，所以函数 $\dfrac{1}{x}$ 是当 $x \to \infty$ 时的无穷小.

我们经常用希腊字母 α, β, γ 等来表示无穷小量.

注意:

(1) 切不可将无穷小与绝对值很小的数混为一谈,因为绝对值很小的数(如 0.00000001)当 $x \rightarrow x_0$ (或 $x \rightarrow \infty$)时,其极限是这个常数本身,并不是零.

(2) 常数"0"是可以看成无穷小的唯一的常数,其他无论绝对值多么小的常数都不是无穷小.

(3) 说一个函数 $f(x)$ 是无穷小,必须指明自变量 x 的变化趋向.如函数 $x-1$ 是当 $x \rightarrow 1$ 时的无穷小,而当 x 趋向其他数值时,$x-1$ 就不是无穷小.

(4) 这里的自变量的变化过程包括 $x \rightarrow x_0$, $x \rightarrow x_0^-$, $x \rightarrow x_0^+$, $x \rightarrow \infty$, $x \rightarrow +\infty$, $x \rightarrow -\infty$ 这六种形式.

2. 极限与无穷小的关系

定理 1 在自变量的某一变化过程中,函数 $f(x)$ 极限为 A 的充要条件是 $f(x) = A + \alpha(x)$,其中 $\alpha(x)$ 是当 $x \rightarrow x_0$ (或 $x \rightarrow \infty$)时的无穷小. 即

$$\lim_{\substack{x \rightarrow x_0 \\ (x \rightarrow \infty)}} f(x) = A \Leftrightarrow f(x) = A + \alpha(x).$$

3. 无穷小的性质

在自变量的同一变化过程中的无穷小具有以下性质:

性质 1 有限个无穷小的代数和仍是无穷小.

性质 2 有限个无穷小的乘积仍是无穷小.

性质 3 有界函数与无穷小的乘积仍是无穷小.

例 1 求 $\lim\limits_{x \rightarrow 0} x \sin \dfrac{1}{x}$.

解 当 $x \rightarrow 0$ 时,因为 $\lim\limits_{x \rightarrow 0} x = 0$, $|\sin \dfrac{1}{x}| \leqslant 1$,即 $\sin \dfrac{1}{x}$ 是有界函数,根据无穷小的性质 3,可知 $\lim\limits_{x \rightarrow 0} x \sin \dfrac{1}{x} = 0$.

练习

1. $\lim\limits_{x \rightarrow \infty} \dfrac{\sin x}{x}$.　　　　　　2. $\lim\limits_{x \rightarrow 1} (x^2 - 1) \sin \dfrac{1}{x-1}$.

1.3.2 无穷大

定义 2 在自变量 x 的某一变化过程中,函数 $f(x)$ 的绝对值无限增大,那么函数 $f(x)$ 叫做该过程中的**无穷大量**,简称无穷大. 记为 $\lim f(x) = \infty$.

这里采用极限记号只为方便起见,并不表明极限存在.

例如,函数 $f(x) = \dfrac{1}{x-1}$,当 $x \to 1$ 时,$\left| \dfrac{1}{x-1} \right|$ 无限增

大,所以 $\lim\limits_{x \to 1} \dfrac{1}{x-1} = \infty$,如图 1-33 所示.

又如,因 $\lim\limits_{x \to 0} \dfrac{1}{x} = \infty$, $\lim\limits_{x \to +\infty} e^x = +\infty$,

$$\lim\limits_{x \to 0^+} \ln x = -\infty,$$

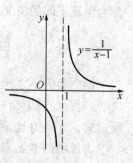

图 1-33

故 $y = \dfrac{1}{x}$ 是当 $x \to 0$ 时的无穷大; $y = e^x$ 是当

$x \to +\infty$ 时的正无穷大;

$y = \ln x$ 是当 $x \to 0^+$ 时的负无穷大.

注意:(1) 无穷大量是变量,一个不论多大的常数,例如:1 000 万等都不能作为无穷大量.

(2) 无穷大量与自变量的变化过程有关.例如,当 $x \to \infty$ 时,x^2 是无穷大量,而当 $x \to 0$ 时,x^2 是无穷小量.

(3) 两个无穷大量的商不一定是无穷大;两个无穷大量的和或差也不一定是无穷大量.然而,两个正无穷大之和仍为正无穷大,两个负无穷大之和仍为负无穷大;两个无穷大的乘积仍是无穷大.

例如, $\lim\limits_{x \to \infty} \dfrac{x}{x} = 1$, $\lim\limits_{x \to \infty} [(1+x) - x] = 1$, $\lim\limits_{x \to +\infty} (e^x + x) = +\infty$, $\lim\limits_{x \to +\infty} xe^x = +\infty$.

无穷大与无穷小之间有一种简单的关系,即:

定理 2 在自变量的同一变化过程中,如果 $f(x)$ 为无穷大,则 $\dfrac{1}{f(x)}$ 为无穷小;反之,若 $f(x)$ 为无穷小,且 $f(x) \neq 0$,则 $\dfrac{1}{f(x)}$ 为无穷大.

例 2 求极限 $\lim\limits_{x \to 1} \dfrac{1}{x^2 - 1}$.

解 因为 $\lim\limits_{x \to 1}(x^2 - 1) = 0$,所以 $\lim\limits_{x \to 1} \dfrac{1}{x^2 - 1} = \infty$.

练习

下列函数中哪些是无穷小?哪些是无穷大?

(1) $100x^2 (x \to 0)$;   (2) $100x^2 (x \to \infty)$;   (3) $x^2 + 0.01 (x \to 0)$;

(4) $x^2 + 0.01 (x \to \infty)$;   (5) $\dfrac{1}{x+1} (x \to -1)$;   (6) $\dfrac{1}{x+1} (x \to \infty)$.

1.3.3 无穷小的比较

由无穷小的性质可知,两个无穷小的和、差、积仍是无穷小.但两个无穷小的商

却会出现不同的情况. 例如,当 $x \to 0$ 时,$10x$,$3x$,x^2 都是无穷小,而

$$\lim_{x \to 0} \frac{x^2}{3x} = 0, \quad \lim_{x \to 0} \frac{3x}{x^2} = \infty, \quad \lim_{x \to 0} \frac{3x}{10x} = \frac{3}{10}.$$

两个无穷小之比的极限的各种不同情况,反映不同的无穷小趋向于零的相对"快慢"程度. 就上面几个例子来说,在 $x \to 0$ 的过程中,$x^2 \to 0$ 比 $3x \to 0$"快些",反过来,$3x \to 0$ 比 $x^2 \to 0$"慢些",而 $3x \to 0$ 与 $10x \to 0$"快慢相仿".

为说明两个无穷小相比较的差异,给出如下定义:

定义 3 设 α 和 β 都是在自变量的同一变化过程中的无穷小.

如果 $\lim \frac{\beta}{\alpha} = 0$,就说 β 是比 α **高阶的无穷小**,记作 $\beta = o(\alpha)$;

如果 $\lim \frac{\beta}{\alpha} = \infty$,就说 β 是比 α **低阶的无穷小**;

如果 $\lim \frac{\beta}{\alpha} = c \neq 0$,就说 β 是与 α **同阶的无穷小**;

如果 $\lim \frac{\beta}{\alpha} = 1$,就说 β 是与 α **等价的无穷小**,记作 $\alpha \sim \beta$.

显然,等价无穷小是同阶无穷小的特殊情形,即 $c = 1$ 的情形.

例 3 当 $x \to 0$ 时,比较无穷小 x^4 与 x^2 的阶.

解 因 $\lim_{x \to 0} \frac{x^4}{x^2} = \lim_{x \to 0} x^2 = 0$,故当 $x \to 0$ 时,x^4 为较 x^2 高阶无穷小,即 $x^4 = o(x^2)$;反之,x^2 为较 x^4 低阶无穷小.

例 4 当 $x \to 2$ 时,比较无穷小 $x^2 - 4$ 与 $x - 2$ 的阶.

解 因 $\lim_{x \to 2} \frac{x^2 - 4}{x - 2} = \lim_{x \to 2} (x + 2) = 4$,故当 $x \to 2$ 时,$x^2 - 4$ 与 $x - 2$ 为同阶无穷小.

例 5 下列函数是当 $x \to 1$ 时的无穷小,试与 $x - 1$ 相比较,哪个是高阶无穷小?哪个同阶无穷小?哪个等价无穷小?

(1) $2(\sqrt{x} - 1)$;   (2) $x^3 - 1$;   (3) $x^3 - 3x + 2$.

解 因为 $\lim_{x \to 1} \frac{2(\sqrt{x} - 1)}{x - 1} = \lim_{x \to 1} \frac{2}{\sqrt{x} + 1} = 1$,

$$\lim_{x \to 1} \frac{x^3 - 1}{x - 1} = \lim_{x \to 1} (x^2 + x + 1) = 3,$$

$$\lim_{x \to 1} \frac{x^3 - 3x + 2}{x - 1} = \lim_{x \to 1} (x^2 + x - 2) = 0.$$

所以当 $x \to 1$ 时,

$2(\sqrt{x}-1)$ 是与 $x-1$ 等价的无穷小,

x^3-1 是与 $x-1$ 同阶的无穷小,

x^3-3x+2 是比 $x-1$ 高阶的无穷小.

练习

当 $x \to 1$ 时, 无穷小 $1-x^2$ 与下列无穷小是否同阶? 是否等价?

(1) $1-x$;　　　　　　　　(2) $2(1-x)$.

习　题　1-3

1. 下列函数中哪些是无穷小? 哪些是无穷大?

(1) $y=2x-x^2$, $x \to 0$;　　　　　　(2) $x_n=\left(-\dfrac{2}{3}\right)^n$, $n \to \infty$;

(3) $y=\sin x$, $x \to 0$;　　　　　　(4) $y=\dfrac{1}{x-2}$, $x \to 2$.

2. 当 $x \to 0$ 时, x^2-x^3 与 $x-x^2$ 相比, 哪一个是较高阶的无穷小?

3. 函数 $f(x)=\dfrac{1}{(x-3)^2}$ 在什么情况下为无穷大? 在什么情况下为无穷小?

4. 求下列函数的极限.

(1) $\lim\limits_{x \to 1} \dfrac{1}{x-1}$;　　(2) $\lim\limits_{x \to \infty} \dfrac{\arctan x}{x}$;　　(3) $\lim\limits_{x \to 0} x^3 \sin \dfrac{1}{x^2}$;　　(4) $\lim\limits_{x \to 0^+} \dfrac{1}{1+\mathrm{e}^{\frac{1}{x}}}$.

1.4　极限的四则运算法则

本节讨论极限的求法, 主要介绍函数极限的四则运算法则, 利用这些法则, 可以求出某些函数的极限, 以后我们还将介绍求函数极限的其他方法.

1.4.1　极限的四则运算法则

在下面的讨论中, 记号 lim 下面没有标明自变量的变化过程, 实际上, 下面的结论对 $x \to x_0$ 和 $x \to \infty$ 都是成立的.

定理　设 $\lim f(x)=A$, $\lim g(x)=B$, 则

(1) $\lim(f(x) \pm g(x)) = \lim f(x) \pm \lim g(x) = A \pm B$;

(2) $\lim(f(x)g(x)) = \lim f(x) \cdot \lim g(x) = AB$;

(3) 当 $\lim g(x) = B \neq 0$ 时, $\lim \dfrac{f(x)}{g(x)} = \dfrac{\lim f(x)}{\lim g(x)} = \dfrac{A}{B}$.

推论　若 $\lim f(x) = A$, 则

(1) $\lim [f(x)]^n = [\lim f(x)]^n = A^n$, n 为正整数.

(2) $\lim cf(x) = cA$, 其中 c 是常数.

注意：(1) 在使用这些法则时要求每个参与极限运算的函数的极限必须存在；

(2) 商的极限运算法则有个前提，作为分母的函数的极限不能为零.

当上面的条件不具备时，不能使用极限的四则运算法则.

(3) 由于数列可以看作定义在正整数集上并依次取值的函数，所以数列极限可以看作是一种特殊的函数极限. 因此，对于数列极限也是有类似的四则运算法则.

例1 求 $\lim\limits_{n \to \infty}\left(\dfrac{1}{n^2} + \dfrac{2}{n^2} + \cdots + \dfrac{n}{n^2}\right)$.

分析 因为有无穷多项，所以不能用和的极限运算法则，但可以先变形再求极限.

解
$$\lim_{n \to \infty}\left(\frac{1}{n^2} + \frac{2}{n^2} + \cdots + \frac{n}{n^2}\right) = \lim_{n \to \infty}\frac{1 + 2 + 3 + \cdots + n}{n^2}$$

$$= \lim_{n \to \infty}\frac{\dfrac{1}{2}n(n+1)}{n^2} = \frac{1}{2}.$$

练习

(1) $\lim\limits_{n \to \infty}\dfrac{(n-1)(n+1)(n+2)}{3n^3}$. (2) $\lim\limits_{n \to \infty}\left(\dfrac{1}{2} + \dfrac{1}{2^2} + \cdots + \dfrac{1}{2^n}\right)$.

1.4.2 当 $x \to x_0$ 时有理分式函数的极限

例2 求 $\lim\limits_{x \to 1}\dfrac{x^3 + 5x}{x^2 - 4x + 1}$.

解 因为分母的极限 $\lim\limits_{x \to 1}(x^2 - 4x + 1) = 1^2 - 4 \cdot 1 + 1 = -2 \neq 0$，

所以 $\lim\limits_{x \to 1}\dfrac{x^3 + 5x}{x^2 - 4x + 1} = \dfrac{\lim\limits_{x \to 1}(x^3 + 5x)}{\lim\limits_{x \to 1}(x^2 - 4x + 1)} = \dfrac{1^3 + 5 \cdot 1}{1^2 - 4 \cdot 1 + 1} = \dfrac{6}{-2} = -3.$

例3 求 $\lim\limits_{x \to 1}\dfrac{2x}{x^2 - 5x + 4}$.

解 $x \to 1$ 时，分母的极限是零，分子的极限是 2. 不能用关于商的极限的定理将分子、分母分别取极限来计算. 但因

$$\lim_{x \to 1}\frac{x^2 - 5x + 4}{2x} = \frac{0}{2} = 0,$$

故由 1.3.2 节中的定理 2 得 $\lim\limits_{x \to 1}\dfrac{2x}{x^2 - 5x + 4} = \infty.$

例 4　求 $\lim\limits_{x \to 3} \dfrac{x-3}{x^2-9}$.

解　$x \to 3$ 时,分子分母的极限都是零,不能用关于商的极限的定理将分子、分母分别取极限来计算.因分子分母有公因式 $x-3$,而当 $x \to 3$ 时,$x \neq 3$,$x-3 \neq 0$,可约去这个不为零的公因子.所以

$$\lim_{x \to 3} \frac{x-3}{x^2-9} = \lim_{x \to 3} \frac{1}{x+3} = \frac{1}{6}.$$

对于 $x \to x_0$ 时有理分式函数的极限,我们通常用这种因式分解约去零因子的方法.

例 5　求 $\lim\limits_{x \to 1}\left(\dfrac{1}{1-x} - \dfrac{3}{1-x^3}\right)$.

分析　当 $x \to 1$ 时,上式两项极限都是 ∞,所以不能用差的极限运算法则,但可先通分再求极限.

解　$\lim\limits_{x \to 1}\left(\dfrac{1}{1-x} - \dfrac{3}{1-x^3}\right) = \lim\limits_{x \to 1}\left(\dfrac{1+x+x^2-3}{1-x^3}\right)$

$$= \lim_{x \to 1} \frac{(x-1)(x+2)}{(1-x)(1+x+x^2)}$$

$$= \lim_{x \to 1} \frac{-(x+2)}{1+x+x^2} = -1.$$

设 $P(x)$,$Q(x)$ 都是多项式,则有下列结论成立:

$$\lim_{x \to x_0} \frac{P(x)}{Q(x)} = \begin{cases} \dfrac{P(x_0)}{Q(x_0)}, & \text{当 } Q(x_0) \neq 0 \text{ 时,如例 1,} \\[2mm] \infty, & \text{当 } Q(x_0) = 0, P(x_0) \neq 0 \text{ 时,如例 2,} \\[2mm] \lim\limits_{x \to x_0} \dfrac{(x-x_0)l(x)}{(x-x_0)m(x)} & \\[2mm] = \lim\limits_{x \to x_0} \dfrac{l(x)}{m(x)} \xlongequal{m(x_0) \neq 0} \dfrac{l(x_0)}{m(x_0)}, & \text{当 } Q(x_0) = P(x_0) = 0 \text{ 时,如例 3.} \end{cases}$$

注意:当 $Q(x_0) = P(x_0) = 0$ 时,我们把这种极限形式称为 $\dfrac{0}{0}$ 型不定式极限,

在以后的学习过程中,我们将会给大家介绍其他的方法来求 $\dfrac{0}{0}$ 型不定式极限.

练习

1. 求下列函数的极限.

(1) $\lim\limits_{x \to 2} \dfrac{x^2+4}{x+2}$;　　　(2) $\lim\limits_{x \to 4} \dfrac{x^2-16}{x-4}$;　　　(3) $\lim\limits_{x \to -2} \dfrac{x^2+4}{x+2}$;

(4) $\lim\limits_{x\to-2}\left(\dfrac{1}{x+2}-\dfrac{12}{x^3+8}\right)$.

1.4.3　当 $x\to\infty$ 时有理分式函数的极限

例 6　求 $\lim\limits_{x\to\infty}\dfrac{2x^3+3x^2-5}{6x^3-5x+7}$.

解　当 $x\to\infty$ 时,分子分母的极限都是 ∞,而 ∞ 不是有限数,故不能用关于商的极限的定理将分子、分母分别取极限来计算. 在这里先用 x^3 去除分子及分母,然后取极限:

$$\lim_{x\to\infty}\frac{2x^3+3x^2-5}{6x^3-5x+7}=\lim_{x\to\infty}\frac{2+\dfrac{3}{x}-\dfrac{5}{x^3}}{6-\dfrac{5}{x^2}+\dfrac{7}{x^3}}=\frac{2}{6}=\frac{1}{3}.$$

例 7　求 $\lim\limits_{x\to\infty}\dfrac{2x^2-x+3}{4x^3+x^2-2}$.

解　先用 x^3 去除分子及分母,然后取极限得:

$$\lim_{x\to\infty}\frac{2x^2-x+3}{4x^3+x^2-2}=\lim_{x\to\infty}\frac{\dfrac{2}{x}-\dfrac{1}{x^2}+\dfrac{3}{x^3}}{4+\dfrac{1}{x}-\dfrac{2}{x^3}}=\frac{0}{4}=0.$$

例 8　求 $\lim\limits_{x\to\infty}\dfrac{4x^3+x^2-2}{2x^2-x+3}$.

解　应用例 5 的结果并根据 1.3.2 中定理 2,即得

$$\lim_{x\to\infty}\frac{4x^3+x^2-2}{2x^2-x+3}=\infty.$$

当 $a_0\neq0,b_0\neq0,m$ 和 n 为非负整数时有下列结论成立:

$$\lim_{x\to\infty}\frac{a_0x^m+a_1x^{m-1}+\cdots+a_m}{b_0x^n+b_1x^{n-1}+\cdots+b_n}=\begin{cases}\dfrac{a_0}{b_0},&\text{当 }n=m,\\[2mm]0,&\text{当 }n>m,\\[2mm]\infty,&\text{当 }n<m.\end{cases}$$

练习

求下列函数的极限.

(1) $\lim\limits_{x\to\infty}\dfrac{x^2+x}{x^3+2x+1}$;　　　　(2) $\lim\limits_{x\to\infty}\dfrac{3x^3+x}{x^3+2x+1}$;

(3) $\lim\limits_{x\to\infty}\dfrac{x^3+x}{x^2+2x+1}$.

习　题　1-4

1. 求下列极限.

(1) $\lim\limits_{x \to 0}(3x^2 - 5x + 2)$;

(2) $\lim\limits_{x \to \sqrt{3}} \dfrac{x^2 - 3}{x^4 + x^2 + 1}$;

(3) $\lim\limits_{x \to 0}\left(1 - \dfrac{2}{x - 3}\right)$;

(4) $\lim\limits_{x \to 2} \dfrac{x^2 - 3}{x - 2}$;

(5) $\lim\limits_{x \to 1} \dfrac{x^2 - 1}{2x^2 - x - 1}$;

(6) $\lim\limits_{n \to \infty} \dfrac{2^{n+1} + 3^{n+1}}{2^n + 3^n}$.

2. 求下列极限.

(1) $\lim\limits_{x \to \infty} \dfrac{(2x - 1)^{30}(3x + 2)^{20}}{(5x + 1)^{50}}$;

(2) $\lim\limits_{x \to 3} \dfrac{x^2 - 5x + 6}{x^2 - 8x + 15}$;

(3) $\lim\limits_{x \to \infty} \dfrac{x^4 - 8x + 1}{x^2 + 5}$;

(4) $\lim\limits_{x \to 3} \dfrac{5x^2 - 7x - 24}{x^2 + 2}$;

(5) $\lim\limits_{x \to \frac{1}{4}} \dfrac{x^3 - 2x^2 + 5x - 1}{3x^3 - 2}$;

(6) $\lim\limits_{x \to \infty} \dfrac{x^2 + 1}{x^3 + 1}(3 + \cos x)$;

(7) $\lim\limits_{x \to 1}\left(\dfrac{2}{x^2 - 1} - \dfrac{1}{x - 1}\right)$;

(8) $\lim\limits_{n \to \infty}\left(\dfrac{1 + 2 + 3 + \cdots n}{n + 2} - \dfrac{n}{2}\right)$;

(9) $\lim\limits_{h \to 0} \dfrac{(x + h)^3 - x^3}{h}$;

(10) $\lim\limits_{x \to \infty} \dfrac{3x^2 - 2}{(2x + 1)^2}$.

3. 设 $f(x) = \dfrac{x^2 - 4}{3x^2 + 5x - 2}$，求下列极限.

(1) $\lim\limits_{x \to 2} f(x)$;

(2) $\lim\limits_{x \to \frac{1}{3}} f(x)$;

(3) $\lim\limits_{x \to \infty} f(x)$.

1.5　两个重要极限

1.5.1　第一重要极限 $\lim\limits_{x \to 0} \dfrac{\sin x}{x} = 1$

这个极限的正确性可用夹逼准则来证明（略）. 这里，我们先从列表考察当 $x \to 0$ 时，$\dfrac{\sin x}{x}$ 的变化趋势.

x	± 1	± 0.5	± 0.1	± 0.01	± 0.001	$\cdots \to 0$
$\dfrac{\sin x}{x}$	0.8414709	0.9588511	0.9983342	0.9999833	0.9999998	$\cdots \to 1$

从上表可以看出，当 $x \to 0$ 时，$\dfrac{\sin x}{x}$ 的值无限趋近于 1，所以 $\lim\limits_{x \to 0} \dfrac{\sin x}{x} = 1$.

另外，我们从图 1-34 可以直观地看出，

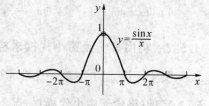

图 1-34

当 $x \to 0$ 时,函数 $\dfrac{\sin x}{x} \to 1$.

例1 求 $\lim\limits_{x \to 0} \dfrac{\tan x}{x}$.

解 $\lim\limits_{x \to 0} \dfrac{\tan x}{x} = \lim\limits_{x \to 0} \left(\dfrac{\sin x}{x} \cdot \dfrac{1}{\cos x} \right) = \lim\limits_{x \to 0} \dfrac{\sin x}{x} \cdot \lim\limits_{x \to 0} \dfrac{1}{\cos x} = 1$.

注1:当 $x \to 0$ 时,$\tan x \sim x$,$\tan kx \sim kx$.

例2 求 $\lim\limits_{x \to 0} \dfrac{\sin kx}{x}$,$k \neq 0$.

解 $\lim\limits_{x \to 0} \dfrac{\sin kx}{x} = \lim\limits_{x \to 0} k \cdot \dfrac{\sin kx}{kx} = k \lim\limits_{x \to 0} \dfrac{\sin kx}{kx} = k$.

注2:当 $x \to 0$ 时,$\sin kx \sim kx$.

注3:重要极限 $\lim\limits_{x \to 0} \dfrac{\sin x}{x} = 1$ 的推广公式为 $\lim\limits_{\varphi(x) \to 0} \dfrac{\sin \varphi(x)}{\varphi(x)} = 1$.

例3 求 $\lim\limits_{n \to \infty} n \sin \dfrac{\pi}{n}$.

解 当 $n \to \infty$ 时,有 $\dfrac{\pi}{n} \to 0$,因此 $\lim\limits_{n \to \infty} n \sin \dfrac{\pi}{n} = \lim\limits_{n \to \infty} \pi \dfrac{\sin \dfrac{\pi}{n}}{\dfrac{\pi}{n}} = \pi \times 1 = \pi$.

例4 求 $\lim\limits_{x \to 0} \dfrac{1 - \cos x}{x^2}$.

解 $\lim\limits_{x \to 0} \dfrac{1 - \cos x}{x^2} = \lim\limits_{x \to 0} \dfrac{2 \sin^2 \dfrac{x}{2}}{x^2} = \lim\limits_{x \to 0} \dfrac{1}{2} \cdot \dfrac{\sin^2 \left(\dfrac{x}{2} \right)}{\left(\dfrac{x}{2} \right)^2} = \dfrac{1}{2} \lim\limits_{x \to 0} \left(\dfrac{\sin \dfrac{x}{2}}{\dfrac{x}{2}} \right)^2$

$$= \dfrac{1}{2} \cdot 1^2 = \dfrac{1}{2}.$$

注4:当 $x \to 0$ 时,$(1 - \cos x) \sim \dfrac{x^2}{2}$,$(1 - \cos kx) \sim \dfrac{(kx)^2}{2}$.

练习

求下列函数的极限.

(1) $\lim\limits_{x \to \infty} x \sin \dfrac{1}{x}$; (2) $\lim\limits_{x \to \infty} \dfrac{\sin x}{x}$; (3) $\lim\limits_{x \to \pi} \dfrac{\sin (\pi - x)}{2\pi - 2x}$; (4) $\lim\limits_{x \to 0} \dfrac{\sin 3x}{\sin 4x}$.

1.5.2 利用等价无穷小代换求极限

关于等价无穷小,有一个非常的重要性质,

定理(等价无穷小代换) 设 $\alpha \sim \alpha'$,$\beta \sim \beta'$,且 $\lim \dfrac{\beta'}{\alpha'}$ 存在,则

$$\lim \frac{\beta}{\alpha} = \lim \frac{\beta'}{\alpha'}.$$

证　$\lim \dfrac{\beta}{\alpha} = \lim \dfrac{\beta}{\beta'} \cdot \dfrac{\beta'}{\alpha'} \cdot \dfrac{\alpha'}{\alpha} = \lim \dfrac{\beta}{\beta'} \lim \dfrac{\beta'}{\alpha'} \lim \dfrac{\alpha'}{\alpha} = \lim \dfrac{\beta'}{\alpha'}.$

这个定理通常称之为等价无穷小代换定理,利用这个性质,求两个无穷小之比的极限时,分子及分母都可用等价无穷小来代替,更进一步,分子及分母中的无穷小乘积因子也可用等价无穷小来代替.因此,如果用来代替的无穷小选得适当的话,可使计算简化.

下面给出一些常用的等价无穷小.

当 $x \to 0$ 时:

$$x \sim \sin x \sim \tan x \sim \arcsin x \sim \arctan x,$$

$$1 - \cos x \sim \frac{x^2}{2}, \quad \sqrt[n]{1+x} - 1 \sim \frac{x}{n}, \quad \ln(1+x) \sim x, (\mathrm{e}^x - 1) \sim x.$$

例5　求 $\lim\limits_{x \to 0} \dfrac{\tan 2x}{\sin 3x}$.

解　当 $x \to 0$ 时, $\tan 2x \sim 2x$, $\sin 3x \sim 3x$,所以

$$\lim_{x \to 0} \frac{\tan 2x}{\sin 3x} = \lim_{x \to 0} \frac{2x}{3x} = \frac{2}{3}.$$

例6　求 $\lim\limits_{x \to 0} \dfrac{\sin^2 5x}{x \sin 2x}$.

解　当 $x \to 0$ 时, $\sin 5x \sim 5x$, $\sin 2x \sim 2x$,所以

$$\lim_{x \to 0} \frac{\sin^2 5x}{x \sin 2x} = \lim_{x \to 0} \frac{(5x)^2}{x \cdot 2x} = \frac{25}{2}.$$

注意:只有当分子或分母为函数的连乘积时,各个乘积因子才可以分别用它们的等价无穷小量代换.而对于和或差中的函数,一般不能分别用等价无穷小量代换.例如:

$\lim\limits_{x \to 0} \dfrac{\tan x - \sin x}{\sin^3 x} = \lim\limits_{x \to 0} \dfrac{x - x}{x^3} = \lim\limits_{x \to 0} 0 = 0$ 是不正确的. 正确做法如下:

$$\lim_{x \to 0} \frac{\tan x - \sin x}{\sin^3 x} = \lim_{x \to 0} \frac{1 - \cos x}{\cos x \cdot \sin^2 x} = \lim_{x \to 0} \frac{\dfrac{x^2}{2}}{\cos x \cdot x^2}$$

$$= \frac{1}{2} \lim_{x \to 0} \frac{1}{\cos x} = \frac{1}{2}.$$

练习

利用等价无穷小代换求下列函数的极限.

(1) $\lim\limits_{x \to 0} \dfrac{x}{\sin x}$;　　　　(2) $\lim\limits_{x \to 0} \dfrac{\sin 5x}{x}$;　　　　(3) $\lim\limits_{x \to 0} \dfrac{x^2}{\sin^2 \frac{x}{3}}$;

(4) $\lim\limits_{x \to 0} \dfrac{e^x - 1}{\sin x}$;　　　(5) $\lim\limits_{x \to 0} \dfrac{\tan x \ln(1+x)}{\sin x^2}$;　　(6) $\lim\limits_{x \to 0} \dfrac{\arctan 3x}{\sin 4x}$.

1.5.3　第二重要极限 $\lim\limits_{x \to \infty}\left(1+\dfrac{1}{x}\right)^x = e$

这个极限的正确性可用单调有界准则来证明(略). 仅列表考察当 $x \to \infty$ 时,

函数 $\left(1+\dfrac{1}{x}\right)^x$ 的变化趋势.

x	10	100	10 00	10 000	100 000	1 000 000	$\cdots \to +\infty$
$\left(1+\dfrac{1}{x}\right)^x$	2.59374	2.70481	2.71692	2.71815	2.71827	2.71828	$\cdots \to e$
x	-10	-100	$-1\,000$	$-10\,000$	$-100\,000$	$-1\,000\,000$	$\cdots \to -\infty$
$\left(1+\dfrac{1}{x}\right)^x$	2.86797	2.73199	2.71964	2.71842	2.71830	2.71828	$\cdots \to e$

从上表可以看出,当 $x \to +\infty$ 或 $x \to -\infty$ 时, $\left(1+\dfrac{1}{x}\right)^x$ 的值都无限趋近于

无理数 $e = 2.718281828459045\cdots$,所以

$$\lim_{x \to \infty}\left(1+\frac{1}{x}\right)^x = e.$$

注 5:与这个极限相关的结论还有:

$$\lim_{n \to \infty}\left(1+\frac{1}{n}\right)^n = e \quad \text{和} \quad \lim_{x \to 0}(1+x)^{\frac{1}{x}} = e.$$

注 6: *此极限的基本形式为:* $(1+\text{无穷小})^{\frac{1}{\text{无穷小}}}$.

例 7　求 $\lim\limits_{x \to \infty}\left(1+\dfrac{5}{x}\right)^x$.

解　$\lim\limits_{x \to \infty}\left(1+\dfrac{5}{x}\right)^x = \lim\limits_{x \to \infty}\left[\left(1+\dfrac{5}{x}\right)^{\frac{x}{5}}\right]^5 = e^5$.

例 8　求 $\lim\limits_{x \to \infty}\left(1-\dfrac{1}{x}\right)^{3x}$.

解　$\lim\limits_{x\to\infty}\left(1-\dfrac{1}{x}\right)^{3x}=\lim\limits_{x\to\infty}\left[\left(1+\dfrac{1}{-x}\right)^{-x}\right]^{-3}=\mathrm{e}^{-3}.$

注 7：$\lim\limits_{x\to\infty}\left(1+\dfrac{m}{x}\right)^{kx}=\mathrm{e}^{mk}$；

例 9　求 $\lim\limits_{x\to\infty}\left(1-\dfrac{1}{x}\right)^{4x+3}.$

解
$$\lim_{x\to\infty}\left(1-\frac{1}{x}\right)^{4x+3}=\lim_{x\to\infty}\left(1-\frac{1}{x}\right)^{4x}\lim_{x\to\infty}\left(1-\frac{1}{x}\right)^{3}$$
$$=\lim_{x\to\infty}\left[\left(1+\frac{1}{-x}\right)^{-x}\right]^{-4}\lim_{x\to\infty}\left(1-\frac{1}{x}\right)^{3}$$
$$=\mathrm{e}^{-4}\cdot 1^{3}=\mathrm{e}^{-4}.$$

注 8：$\lim\limits_{x\to\infty}\left(1+\dfrac{a}{x}\right)^{bx+c}=\mathrm{e}^{ab}.$

例 10　求 $\lim\limits_{x\to\infty}\left(\dfrac{x+3}{x-5}\right)^{x}.$

解
$$\lim_{x\to\infty}\left(\frac{x+3}{x-5}\right)^{x}=\lim_{x\to\infty}\left(\frac{1+\dfrac{3}{x}}{1-\dfrac{5}{x}}\right)^{x}=\frac{\lim\limits_{x\to\infty}\left(1+\dfrac{3}{x}\right)^{x}}{\lim\limits_{x\to\infty}\left(1-\dfrac{5}{x}\right)^{x}}$$
$$=\frac{\lim\limits_{x\to\infty}\left[\left(1+\dfrac{3}{x}\right)^{\frac{x}{3}}\right]^{3}}{\lim\limits_{x\to\infty}\left[\left(1+\dfrac{5}{-x}\right)^{-\frac{x}{5}}\right]^{-5}}=\frac{\mathrm{e}^{3}}{\mathrm{e}^{-5}}=\mathrm{e}^{8}.$$

例 11　求 $\lim\limits_{x\to0}(1-2x)^{x}.$

解　$\lim\limits_{x\to0}(1-2x)^{\frac{1}{x}}=\lim\limits_{x\to0}\left\{\left[1+(-2x)\right]^{\frac{1}{-2x}}\right\}^{-2}=\mathrm{e}^{-2}.$

注 9：$\lim\limits_{x\to0}(1+kx)^{\frac{1}{x}}=\mathrm{e}^{k}.$

练习

求下列函数的极限.

(1) $\lim\limits_{x\to\infty}\left(1-\dfrac{2}{x}\right)^{x}$；　(2) $\lim\limits_{x\to0}(1-3x)^{\frac{1}{x}}$；　(3) $\lim\limits_{x\to\infty}\left(1+\dfrac{1}{x+1}\right)^{x}.$

习　题　1-5

1. 求下列函数的极限.

(1) $\lim\limits_{x\to0}\dfrac{\sin\dfrac{3x}{2}}{x}$；　(2) $\lim\limits_{x\to\infty}x\sin\dfrac{2}{x}$；　(3) $\lim\limits_{x\to0}\dfrac{x}{x+\sin x}$；

(4) $\lim\limits_{x\to\infty}\left(1-\dfrac{1}{2x}\right)^{x}$；　(5) $\lim\limits_{x\to0}(1+2x)^{\frac{1}{x}}.$

2. 求下列函数的极限.

(1) $\lim\limits_{x\to\infty} x^2\sin\dfrac{\pi}{x^2}$；

(2) $\lim\limits_{x\to a}\dfrac{\sin x-\sin a}{x-a}$；

(3) $\lim\limits_{x\to\frac{\pi}{2}}\dfrac{\cos x}{\pi-2x}$；

(4) $\lim\limits_{x\to0}\dfrac{\tan(2x+x^3)}{\sin(x-x^2)}$；

(5) $\lim\limits_{x\to0}\dfrac{x-\sin x}{x+\sin x}$；

(6) $\lim\limits_{x\to0}\dfrac{2\arcsin x}{3x}$；

(7) $\lim\limits_{x\to0}\dfrac{\tan x-\sin x}{\sin^3 x}$；

(8) $\lim\limits_{x\to\infty}\left(1+\dfrac{4}{x}\right)^{2x}$；

(9) $\lim\limits_{x\to0}\left(\dfrac{3-x}{3}\right)^{\frac{2}{x}}$；

(10) $\lim\limits_{x\to\infty}\left(\dfrac{x-1}{x+1}\right)^{x}$；

(11) $\lim\limits_{x\to1}(1+\ln x)^{\frac{5}{\ln x}}$；

(12) $\lim\limits_{x\to\frac{\pi}{2}}(1+\cos x)^{\sec x}$.

3. 利用等价无穷小的性质求下列函数的极限.

(1) $\lim\limits_{x\to0}\dfrac{1-\cos 5x}{\sin x^2}$；

(2) $\lim\limits_{x\to0^+}\dfrac{\sin 3x}{\sqrt{1-\cos x}}$

(3) $\lim\limits_{x\to0}\dfrac{\ln(1+4x^2)}{\sin^2 x}$；

(4) $\lim\limits_{x\to0}\dfrac{\sqrt[3]{1+x\sin x}-1}{\arctan x^2}$.

1.6 极限应用

1.6.1 复利与贴现

1. 复利

复利俗称"利滚利",它不仅要计算本金产生的利息,还要计算利息产生的利息. 换句话,就是本期的本金加上利息之和作为下一期计算利息的基数,是计算利息的一种方法.

例1 将本金 A_0 存入银行,年复利率为 r,在下列情况下分别计算 t 年后的本利和.

(1) 一年结算一次；

(2) 一年分 n 次计息,每期利率按 $\dfrac{r}{n}$ 计算；

(3) 不断地计算利息,即 $n\to\infty$,这种计息方式称为**连续复利**.

解 (1)设本金为 A_0,年利率为 r,一年后的本利和为 $A_1=A_0+A_0 r=A_0(1+r)$；第二年的本利和为 $A_2=A_1+rA_1=A_1(1+r)=A_0(1+r)^2$,如此反复,第 t 年末的本利和为

$$A_t=A_0(1+r)^t,$$

这就是以年为期的复利公式.

(2) 若把一年均分为 n 期的计息,这时每期利率为 $\dfrac{r}{n}$,则 t 年末的本利和为

$$A_1 = A_0 \left(1 + \frac{r}{n}\right)^{nt}.$$

（3）假设计息期无限缩短，即期数 $n \to \infty$，利用第二个重要极限的计算公式可以得到连续复利的计算公式为

$$A_t = \lim_{t \to \infty} A_0 \left(1 + \frac{r}{n}\right)^{nt} = A_0 \mathrm{e}^{rt}.$$

此极限 $\lim_{n \to \infty} \left(1 + \frac{1}{n}\right)^n = \mathrm{e}$ 反映出了一种经济含义，遍布在经济领域的每个角落．连续复利计算次数越频繁，计算利息的周期越短，计算所得的本息和数额就越大．当 $n \to \infty$ 时，$A_t = \lim_{n \to \infty} A_0 \left(1 + \frac{r}{n}\right)^{nt} = \lim_{n \to \infty} A_0 \left[\left(1 + \frac{r}{n}\right)^{\frac{n}{r}}\right]^{rt} = A_0 \mathrm{e}^{rt}$，但不会无限增大．

以本金为 100 000 元，年利率 5%，$t=10$ 为例，到期的本息和约为 164 872 元．这阐述了一个现象：如果本金不是特别大时，仅仅依靠利息的收入是难以达到致富的愿望．若考虑到通货膨胀的影响，通过在银行存款 10 年后是否仍然会保值这还是不确定的．

例 2　设投资 1 000 元，年利率为 6%，计算其实际年利率：

（1）半年复利一次；

（2）计算连续复利．

解　（1）半年复利一次，实际年利率为

$$r_e = \left(1 + \frac{0.06}{2}\right)^2 - 1 = 6.09\%.$$

（2）计算连续复利，实际年利率为

$$r_e = \mathrm{e}^{0.06} - 1 \approx 6.18\%.$$

例 3　某企业计划发行公司债券，规定以年利率 6.5% 的连续复利计算利息，10 年后每份债券一次偿还本息 1 000 元，问发行时每份债券的价格应定为多少元？

解　设发行时每份债券的价格定为 A_0 元，则

$$1\,000 = A_0 \mathrm{e}^{6.5\% \times 10} = A_0 \mathrm{e}^{0.65}, \quad \therefore A_0 = 1\,000 \cdot \mathrm{e}^{-0.65} \approx 522.046 （元）.$$

思考　某人在银行存入 1 000 元，复利率为每年的 10%，分别以按年结算和连续复利结算两种方式计算 10 年后他在银行的存款额．

2. 贴现

票据的持有人为了在票据到期以前获得资金,从票面金额中扣除未到期期间的利息后,所得到的剩余金额的现金称为贴现.

将一笔资金 A_0 存入银行,年复利率为 r,则 t 年后的本利和 $A_t = A_0(1+r)^t$ 称为本金 A_0 的终值.反之,若要在 t 年后获得 A_t 元,现在只需将 $A_0 = A_t(1+r)^{-t}$ 元存入银行,即 t 年后的 A_t 元只相当于现在的 $A_0 = A_t(1+r)^{-t}$ 元,故 t 年后的资金 A_t 的现值(贴现)为

$$A_0 = A_t(1+r)^{-t},$$

此时 r 也称为贴现率.

若一年计算复利 n 次,资金 A_0 在 t 年后的终值为

$$A_t = A_0\left(1+\frac{r}{n}\right)^{nt};$$

t 年后的资金 A_t 的现值为 $A_0 = A_t\left(1+\frac{r}{n}\right)^{-nt}$.

若计算连续复利,资金 A_0 在 t 年后的终值为 $A_t = A_0 e^{rt}$;t 年后资金 A_t 的现值为 $A_0 = A_t e^{-rt}$.

例 4 设某人手中有 3 张票据,其中,1 年后到期的票据金额为 500 元,2 年后到期的票据金额为 800 元,5 年后到期的票据金额为 2 000 元.已知银行的贴现率为 6%,以普通复利计息.现在将这 3 张票据向银行做一次性转让,银行的贴现金额是多少?

解 根据贴现的计算公式,贴现金额为

$$A_0 = \frac{A_1}{1+r} + \frac{A_2}{(1+r)^2} + \frac{A_3}{(1+r)^5}$$

$$= \frac{500}{1+0.06} + \frac{800}{(1+0.06)^2} + \frac{2\,000}{(1+0.06)^5}$$

$$\approx 2\,678.21(元).$$

思考 假定你为了孩子的教育打算在一家投资担保证券公司投入一笔资金,你需要这笔投资 10 年后的价值为 12 000 美元,如果该公司以年利率 9%,每年支付复利 4 次的方式付息,你应该投资多少美元?如果复利是连续的,应投资多少美元?

1.6.2 抵押贷款问题

例 5 设两室一厅商品房价价值 100 000 元,王某自筹了 40 000 元,要购房还

需贷款 60 000 元,贷款月利率为 1‰,条件是每月还一些,25 年内还清,假如还不起,房子归债权人. 问王某具有什么能力才能贷款购房?

解 起始贷款 60 000 元,贷款月利率 $r=0.01$,贷款 n 月=25 年×12 月/年 =300 月,每月还 x 元,y_n 表示第 n 个月仍欠债主的钱.

建立模型:

$$y_0 = 60\,000,$$
$$y_1 = y_0(1+r) - x,$$
$$y_2 = y_1(1+r) - x = y_0(1+r)^2 - x[(1+r)+1],$$
$$y_n = y_0(1+r)^n - x[(1+r)^{n-1} + (1+r)^{n-2} + \cdots + (1+r) + 1]$$
$$= y_0(1+r)^n - \frac{x[(1+r)^n - 1]}{r},$$

当贷款还清时,$y_n = 0$,可得

$$x = \frac{y_0 r(1+r)^n}{(1+r)^n - 1}.$$

把 $n=300$,$r=0.01$,$y_0=60\,000$ 代入得 $x \approx 631.93$. 即王某如不具备每月还贷 632 元的能力就不能贷款.

思考 某新婚夫妇要购买一套商品房,向银行申请抵押贷款 20 万元,月利率 4‰,期限 10 年,试问这对夫妇每月要还多少钱?

1.6.3 杂例

例 6 一片森林现有木材 $a\ \mathrm{m}^3$,若以年增长率 1.2% 均匀增长,问 t 年后,这片森林有木材多少?

解 一年后森林木材数:$y_1 = \lim\limits_{n \to \infty} a\left(1 + \frac{1.2\%}{n}\right)^n = ae^{0.012}$.

二年后森林木材数:$y_2 = \lim\limits_{n \to \infty} a\left(1 + \frac{1.2\%}{n}\right)^{2n} = ae^{0.012 \times 2}$.

故 t 年后森林木材数:

$$y_t = \lim\limits_{n \to \infty} a\left(1 + \frac{1.2\%}{n}\right)^{tn} = a \cdot e^{0.012t}.$$

例 7 国家向某企业投资 2 万元,这家企业将投资作为抵押品向银贷款,得到相当于抵押品价格 80% 的贷款,该企业将这笔贷款再次进行投资,并且又将投资作为抵押品向银行贷款,得到相当于新抵押品价格 80% 的贷款,该企业又将新贷款进行再投资,这样贷款—投资—再贷款—再投资,如此反复扩大再投资,问其实际效果相当于国家投资多少万元所产生的直接效果?

解 设 $S_n = 2 + 2 \times 0.8 + 2 \times 0.8^2 + \cdots + 2 \times 0.8^{n-1}$.

则 $\lim\limits_{n \to \infty} S_n = \lim\limits_{n \to \infty} [2 + 2 \times 0.8 + \cdots + 2 \times 0.8^{n-1}] = \lim\limits_{n \to \infty} \dfrac{2[1 - (0.8)^n]}{1 - 0.8}$

$\qquad\qquad = \dfrac{2}{0.2} = 10.$

故其实际效果相当于国家投资 10 万元所产生的直接效果.

例 8（城市废弃物管理） 甲市 2014 年末的调查资料所示,到 2014 年末,该市已积攒的废弃物 200 万吨.通过预测甲市的数据,从 2014 年起该市还将以 4 万吨的速度产生新的废弃物.如果从 2015 年起该市每年处理上一年堆积废弃物的 25%,按照这样的方式依次循环,该市的废弃物是否将会全部处理完成?

解 设 2014 年后每年的废弃物数量分别是 $b_1, b_2, b_3, \cdots, b_n$.

根据题意,得

$b_1 = 200 \times 0.75 + 4,$

$b_2 = (200 \times 0.75 + 4) \times 0.75 + 4 = 200 \times 0.75^2 + 4 \times 0.75 + 4,$

$b_3 = (200 \times 0.75^2 + 4 \times 0.75 + 4) \times 0.75 + 4$

$\quad = 200 \times 0.75^3 + 4 \times 0.75^2 + 4 \times 0.75 + 4,$

$b_n = 200 \times 0.75^n + (4 \times 0.75^{(n-1)} + 4 \times 0.75^{(n-2)} + \cdots + 4)$

$\quad = 200 \times 0.75^n + \dfrac{4(1 - 0.75^n)}{1 - 0.75}.$

$\lim\limits_{n \to \infty} b_n = \lim\limits_{n \to \infty} \left[200 \times 0.75^n + \dfrac{4(1 - 0.75^n)}{1 - 0.75} \right] = 16.$

随着时间的推移,按照极限思想的方法并不会将所有的废弃物处理掉,剩余的废弃物将会维持在某一个固定的水平.

例 9（谣言传播问题研究） 在传播学中有这样一个规律:在一定的状况下,谣言的传播可以用下面的函数关系来表示: $p(t) = \dfrac{1}{1 + ae^{-kt}}$, $p(t)$ 表示的是 t 时刻人群中知道这个谣言的人数比例,其中 a 与 k 都是正数.

因为 $\lim\limits_{t \to +\infty} p(t) = \lim\limits_{t \to +\infty} \dfrac{1}{1 + ae^{-kt}} = 1$, 说明时间足够长时,人群中知道此谣言的人数比例为 100%.

这从数学理论上回答了谣言传播问题. 例如,在"SARS 病毒"时期时人们表现出抢购板蓝根药物、白醋、口罩等,甲流感病毒袭来时人们"抢购大蒜"的疯潮,日本发生核辐射泄露后的惊动,在日本掀起了一场"抢盐"的疯狂行为,当谣言极速流传时也会有猛然停止的时候. 很显然会呈现出这样一个规律：随着时间的慢慢推移，最终所有的人都将会知道这个谣言.

1.7 函数的连续性

在许多实际问题中，变量的变化往往是"连续"不断的. 例如，人体身高的增长，气温的变化，物体的运动，生命的延续等，其特点是自变量变化很小时，相应的变量变化也很小. 变量的这种变化现象，体现在函数关系上，就是函数的连续性. 本节我们将用极限来定义函数的连续性.

1.7.1 函数的连续性

1. 函数的增量

定义 1 设函数 $y = f(x)$ 在点 x_0 的某一邻域内有定义，当自变量从初值 x_0 变到终值 x，对应的函数值也由 $f(x_0)$ 变到 $f(x)$，则自变量的终值与初值的差，即 $x - x_0$，称为**自变量的增量**，记作 Δx，即 $\Delta x = x - x_0$；而函数的终值与初值的差，即 $f(x) - f(x_0)$，称为**函数的增量**，记作 Δy，即

$$\Delta y = f(x) - f(x_0).$$

由于 $\Delta x = x - x_0$，自变量的终值 $x = x_0 + \Delta x$，所以函数的增量又有以下表示：

$$\Delta y = f(x_0 + \Delta x) - f(x_0).$$

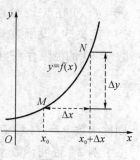

图 1-35

注意：增量记号 Δx，Δy 是代数量，可正，可负. 函数增量的几何解释如图 1-35 所示.

例 1 设 $y = f(x) = 3x^2 - 1$，求适合下列条件的自变量的增量 Δx 和相应的函数的增量 Δy.

(1) 当 x 由 1 变到 1.5；

(2) 当 x 由 1 变到 0；

(3) 当 x 由 1 变到 $1 + \Delta x$.

解 (1) $\Delta x = 1.5 - 1 = 0.5$，$\Delta y = f(1.5) - f(1) = 5.75 - 2 = 3.75$.

(2) $\Delta x = 0 - 1 = -1$，$\Delta y = f(0) - f(1) = -1 - 2 = -3$.

(3) 自变量的增量为 $1 + \Delta x - 1 = \Delta x$，函数的增量

$$\Delta y = f(1 + \Delta x) - f(1) = [3(1 + \Delta x)^2 - 1] - 2 = 6\Delta x + 3(\Delta x)^2.$$

2. 函数的连续性

在几何直观上:连续函数的图形能一笔画成.

从变量变化的角度分析:自变量变化很小时,变量的变化也很小.如人体的高度 h 是时间 t 的函数 $h(t)$,而且 h 随着 t 的变化而连续变化.即当时间 t 的变化很微小时,人的高度的变化也很微小,即当 $\Delta t \to 0$ 时,$\Delta h \to 0$.由此可以看出,函数在某点连续具有以下数学特征:

$$\lim_{\Delta x \to 0} \Delta y = 0.$$

据此,我们给出定义:

定义 2　设函数 $y = f(x)$ 在点 x_0 的某一邻域内有定义,如果当自变量在 x_0 的增量 $\Delta x = x - x_0$ 趋近于零时,函数的增量 $\Delta y = f(x_0 + \Delta x) - f(x_0)$ 也趋近于零,即

$$\lim_{\Delta x \to 0} \Delta y = \lim_{\Delta x \to 0}[f(x_0 + \Delta x) - f(x_0)] = 0,$$

则称函数 $y = f(x)$ 在点 x_0 处连续.

由于 $\Delta x = x - x_0$,$\Delta y = f(x) - f(x_0)$,当 $\Delta x \to 0$ 时,$x \to x_0$,所以 $y = f(x)$ 在点 x_0 处连续也可写成 $\lim_{x \to x_0}[f(x) - f(x_0)] = 0$,即 $\lim_{x \to x_0} f(x) = f(x_0)$,因此,函数 $y = f(x)$ 在点 x_0 处连续的定义又可叙述如下:

定义 3　设函数 $y = f(x)$ 在点 x_0 的某一邻域内有定义,如果当 $x \to x_0$ 时,函数 $f(x)$ 的极限存在,且等于它在点 x_0 的函数值 $f(x_0)$,即

$$\lim_{x \to x_0} f(x) = f(x_0),$$

则称函数 $y = f(x)$ 在点 x_0 处连续.

例 2　证明函数 $y = x^2 + 3$ 在给定点 $x = 1$ 处连续.

证　当自变量在 x_0 有增量 Δx 时,对应的函数的增量为 $\Delta y = 2\Delta x + (\Delta x)^2$.

$$当 \Delta x \to 0, \lim_{\Delta x \to 0} \Delta y = \lim_{\Delta x \to 0}[2\Delta x + (\Delta x)^2] = 0.$$

所以,根据定义 2,函数 $y = x^2 + 3$ 在给定点 $x = 1$ 处连续.

例 3　试用定义 3 证明函数 $f(x) = \begin{cases} x\sin\dfrac{1}{x}, & x \neq 0, \\ 0, & x = 0 \end{cases}$ 在点 $x = 0$ 处连续.

证　显然 $f(x)$ 在 $x = 0$ 的邻域内有定义,由无穷小的性质可知,

$$\lim_{x \to 0} f(x) = \lim_{x \to 0} x \cdot \sin \frac{1}{x} = 0.$$

即
$$\lim_{x \to 0} f(x) = f(0).$$

所以根据定义 3,函数 $f(x)$ 在点 $x = 0$ 处连续.

如果 $\lim\limits_{x \to x_0^+} f(x) = f(x_0)$,则称函数 $y = f(x)$ 在点 x_0 处**右连续**;

如果 $\lim\limits_{x \to x_0^-} f(x) = f(x_0)$,则称函数 $y = f(x)$ 在点 x_0 处**左连续**;

显然,函数 $y = f(x)$ 在点 x_0 处连续的充要条件是函数 $y = f(x)$ 在点 x_0 处左、右都连续.

例 4　设函数 $f(x) = \begin{cases} x^2 - 1, & x < 0, \\ x^2 + 1, & x \geqslant 0. \end{cases}$ 讨论 $f(x)$ 在点 $x = 0$ 处的连续性.

解　这是分段函数,$x = 0$ 是其分段点. 因 $f(0) = 1$,又

$$\lim_{x \to x_0^-} f(x) = \lim_{x \to 0^-} (x^2 - 1) = -1, \quad \lim_{x \to x_0^+} f(x) = \lim_{x \to 0^+} (x^2 + 1) = 1,$$

所以函数在点 $x = 0$ 处右连续,但左不连续,从而它在点 $x = 0$ 处不连续.

函数在一点连续的定义很自然地可以推广到一个区间上.

如果函数 $y = f(x)$ 在开区间 (a, b) 内的每一点都连续,则称函数 $y = f(x)$ 在**开区间** (a, b) **内连续**;

如果函数 $y = f(x)$ 在闭区间 $[a, b]$ 上有定义,在区间 (a, b) 内连续,且在右端点左连续,在左端点右连续,则称函数 $y = f(x)$ 在**闭区间** $[a, b]$ 上连续.

连续函数的图形是一条连续而不间断的曲线. 从图形上我们容易得到**一切基本初等函数在其定义区间内都连续**. 四则运算不改变函数的连续性,复合过程也不改变函数的连续性,我们不加证明地给出如下重要事实:**一切初等函数在其定义区间内都是连续的**.

这样,求初等函数的连续区间就是求初等函数的定义区间. 关于分段函数的连续性,除按上述结论考虑每一分段区间内的连续性外,必须讨论分界点的连续性.

这个结论为我们提供了一个求极限的方法:如果函数 $f(x)$ 是初等函数,且 x_0 是定义区间内的点,则函数 $f(x)$ 在点 x_0 连续,即 $\lim\limits_{x \to x_0} f(x) = f(x_0)$.

例 5　求下列极限.

(1) $\lim\limits_{x \to 2} \sqrt{7 - x^2}$;

(2) $\lim\limits_{x \to \frac{\pi}{2}} [\ln(\sin x)]$.

解 (1)因为 $\sqrt{7-x^2}$ 是初等函数,定义域$[-\sqrt{7},\sqrt{7}]$,而 $2\in[-\sqrt{7},\sqrt{7}]$,所以

$$\lim_{x\to 2}\sqrt{7-x^2}=\sqrt{7-2^2}=\sqrt{3}.$$

(2) 设 $f(x)=\ln(\sin x)$,它是一个初等函数 $(0,\pi)$ 显然是它的一个定义区间,而 $x=\dfrac{\pi}{2}$ 在这个区间内,所以 $\lim\limits_{x\to\frac{\pi}{2}}\ln(\sin x)=\ln\left(\sin\dfrac{\pi}{2}\right)=0.$

练习

1. 求函数 $y=-x^2+\dfrac{1}{2}x$,当 $x=1$,$\Delta x=0.5$ 时的增量 Δy.

2. 讨论函数 $f(x)=\begin{cases}x+1, & x\leqslant 2,\\ \dfrac{x^2-4}{x-2}, & x>2\end{cases}$ 在点 $x=2$ 的连续性.

3. 求下列函数的连续区间,并求极限.

(1) $f(x)=\dfrac{1}{x^2-3x+2}$,$\lim\limits_{x\to 0}f(x)$;

(2) $f(x)=\sqrt{x-4}-\sqrt{6-x}$,$\lim\limits_{x\to 5}f(x)$.

1.7.2 函数的间断点

若函数 $f(x)$ 在点 x_0 不满足连续的定义,则称点 x_0 为函数 $f(x)$ 的**不连续点**或**间断点**.

若 x_0 为函数 $f(x)$ 的间断点,按连续的定义,所有可能的情形有以下三种:

(1) $f(x)$ 虽然在点 x_0 的左右近旁有定义,但在点 x_0 无定义;

(2) $\lim\limits_{x\to x_0}f(x)$ 不存在;

(3) 虽 $f(x_0)$ 及 $\lim\limits_{x\to x_0}f(x)$ 都存在,但 $\lim\limits_{x\to x_0}f(x)\neq f(x_0)$.

间断点通常分为第一类间断点和第二类间断点:

设 x_0 是函数 $y=f(x)$ 的间断点,如果左极限 $\lim\limits_{x\to x_0^-}f(x)$ 与右极限 $\lim\limits_{x\to x_0^+}f(x)$ 都存在,则称 x_0 为**第一类间断点**;其余的间断点称为**第二类间断点**.

在第一类间断点中,如果 $\lim\limits_{x\to x_0^-}f(x)=\lim\limits_{x\to x_0^+}f(x)$,即 $\lim\limits_{x\to x_0}f(x)$ 存在,则称这种第一类间断点为可去间断点;如果 $\lim\limits_{x\to x_0^-}f(x)\neq\lim\limits_{x\to x_0^+}f(x)$,则称这种第一类间断点为跳跃间断点.

下面举几个例子说明函数间断点的类型.

例 6　函数 $f(x) = \dfrac{x^2 - 1}{x - 1}$,由于在 $x = 1$ 没有定义,故这个函数在 $x = 1$ 不连续,如图 1-36 所示.

例 7　函数 $f(x) = \begin{cases} x + 1, & x \neq 1, \\ 0, & x = 1 \end{cases}$ 虽在 $x = 1$ 有定义, $\lim\limits_{x \to 1} f(x) = 2$ 也存在,但因为 $\lim\limits_{x \to 1} f(x) \neq f(1)$,故这个函数在 $x = 1$ 不连续,如图 1-37 所示.

注 1：例 6 和例 7 中的 $x = 1$ 处函数的左右极限都存在且相等,为第一类间断点中的可去间断点,补充或修改此点处定义即可使之连续.

例 8　函数 $f(x) = \begin{cases} x + 1, & x > 1, \\ 0, & x = 1, \\ x - 1, & x < 1. \end{cases}$ 虽在 $x = 1$ 有定义,但由于 $\lim\limits_{x \to 1} f(x)$ 不存在,故这个函数在 $x = 1$ 不连续,如图 1-38 所示.

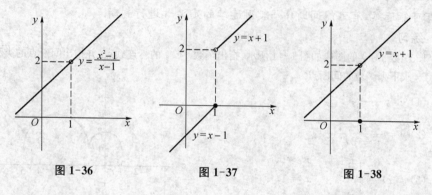

图 1-36　　　　　　　图 1-37　　　　　　　图 1-38

注 2：例 8 中的 $x = 1$ 处函数的左右极限都存在但不相等,故为第一类间断点中的跳跃间断点.

例 9　函数 $y = \dfrac{1}{x^2}$ 在 $x = 0$ 无定义,且 $\lim\limits_{x \to 0} \dfrac{1}{x^2} = \infty$,因此 $x = 0$ 是函数的第二类间断点.

因为 $\lim\limits_{x \to 0} \dfrac{1}{x^2} = \infty$,所以也称 $x = 0$ 是 $y = \dfrac{1}{x^2}$ 的无穷间断点,如图 1-39 所示.

注 3：$\lim\limits_{x \to x_0} f(x) = \infty$, x_0 为无穷间断点.

例 10　$y = \sin \dfrac{1}{x}$ 在 $x = 0$ 点无定义,且当 $x \to$

0 时,函数值在 -1 与 $+1$ 之间无限次地振荡,而不超于某一定数,如图 1-40,这种间断点称为**振荡间断点**.

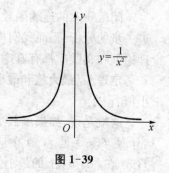

图 1-39

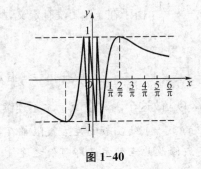

图 1-40

注 4：$\lim\limits_{x \to x_0} f(x)$ 震荡不存在，x_0 为震荡间断点.

注 5：由于初等函数在其定义区间内是连续的，故其间断点为没有定义的点；分段函数的间断点除了考虑没有定义的点外，还需考虑分段点，分段函数在分段点处有可能连续，有可能间断，一般用连续的定义 3 进行判断.

练习

1. 函数 $f(x)$ 的图像如图 1-41 所示，指出函数 $f(x)$ 的不连续点，并指出间断点的类型.

2. 求下列函数的间断点.

(1) $y = \dfrac{1}{x+2}$；

(2) $y = \dfrac{x^2 - 1}{x^2 - 3x + 2}$；

(3) $f(x) = \begin{cases} x+1, & x > 1, \\ 0, & x = 1, \\ x-1, & x < 1, \end{cases}$

(4) $f(x) = \begin{cases} \dfrac{\sin x}{x}, & x \neq 0, \\ 2, & x = 0. \end{cases}$

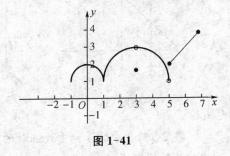

图 1-41

1.7.3 闭区间上连续函数的性质

闭区间上的连续函数具有一些重要的性质，这些性质有助于我们对函数进行进一步的分析. 下面我们将介绍在闭区间上连续函数的两个重要性质，这些性质在理论上和实践上都有着广泛的应用，它们的几何意义都很直观，容易理解.

定理 1（最大值和最小值定理） 在闭区间上连续的函数一定有最大值和最小值.

这就是说，如果函数 $f(x)$ 在闭区间 $[a, b]$ 上连续，那么至少有一点 $x_1 \in [a, b]$，使 $f(x_1)$ 是 $f(x)$ 在 $[a, b]$ 上的最大值；又至少有一 $x_2 \in [a, b]$，使 $f(x_2)$ 是 $f(x)$ 在 $[a, b]$ 上的最小值，如图 1-42 所示.

注意：如果函数 $f(x)$ 在开区间内连续或在闭区间上有间断点，则 $f(x)$ 不一定有最大值和最小值.

例如，函数 $f(x) = x$ 在开区间 $(0, 1)$ 内连续，既没有最大值，也没有最小值. 又如，函数 $f(x) = \dfrac{1}{x}$ 在闭区间 $[-1, 1]$ 有一个无穷间断点 $x = 0$，它也没有最大值和最小值.

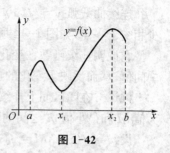

图 1-42

推论 若函数 $f(x)$ 在闭区间上连续，则它在该区间上有界.

定理 2（零点定理） 设函数 $f(x)$ 在闭区间 $[a, b]$ 上连续，且 $f(a)$ 与 $f(b)$ 异号，则在开区间 (a, b) 内至少有函数 $f(x)$ 的一个零点，即至少有一点 x_0（$a < x_0 < b$），使得 $f(x_0) = 0$.

从几何上看，定理 2 表示，如果连续曲线弧 $y = f(x)$ 的两个端点位于 x 轴的不同侧，那么这段曲线弧与 x 轴至少有一个交点，如图 1-43 所示.

函数 $f(x)$ 的零点 x_0 就是方程 $f(x) = 0$ 的实根，因此零点定理常用来判断方程 $f(x) = 0$ 在某区间是否存在实根.

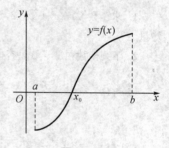

图 1-43

例 11 证明三次方程 $x^3 - 4x^2 + 1 = 0$ 在区间 $(0, 1)$ 内至少有一个实根.

证 函数 $f(x) = x^3 - 4x^2 + 1$ 在闭区间 $[0, 1]$ 上连续，又

$$f(0) = 1 > 0, \quad f(1) = -2 < 0.$$

根据零点定理，函数 $f(x)$ 在区间 $(0, 1)$ 内至少一个零点，即方程 $f(x) = 0$ 在区间 $(0, 1)$ 内至少有一个实根，亦即三次方程 $x^3 - 4x^2 + 1 = 0$ 在区间 $(0, 1)$ 内至少有一个实根.

由零点定理立即可得下列较一般性的定理.

定理 3（介值定理） 设函数 $f(x)$ 在闭区间 $[a, b]$ 上连续，且在这区间的端点取不同的数值

$$f(a) = A, \quad f(b) = B,$$

那么，对于 A 与 B 之间的任意一个常数 C，在开区间 (a, b) 内至少存在一点 x_0（$a < x_0 < b$），使得 $f(x_0) = C$.

这个定理的几何意义是：

连续曲线弧 $y = f(x)$ 与水平直线 $y = C$ 至少相交于一点,如图 1-44 所示.

它说明连续函数在变化过程中必定经过一切中间值,从而反映了变化的连续性.

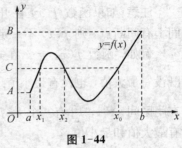

图 1-44

推论 在闭区间上连续的函数必取得介于最大值 M 和最小值 m 之间的任何值.

设 $m = f(x_1)$,$M = f(x_2)$,而 $m \neq M$. 在闭区间 $[x_1, x_2]$(或 $[x_2, x_1]$)上应用介值定理,即得上述推论.

练习

证明方程 $x^3 - 6x + 2 = 0$ 在区间 $(2, 3)$ 内至少有一个实根.

习 题 1-7

1. 求函数 $y = x^2 + x - 2$,当 $x = 1$,$\Delta x = 0.5$ 时的增量 Δy 及当 $x = 1$,$\Delta x = -0.5$ 时的增量 Δy.

2. 下列函数在 $x = 0$ 是否连续? 为什么?

(1) $f(x) = \begin{cases} 1 - \cos x, & x < 0, \\ x + 1, & x \geqslant 0. \end{cases}$
(2) $f(x) = \begin{cases} 1 + \cos x, & x \leqslant 0, \\ \dfrac{\ln(1 + 2x)}{x}, & x > 0. \end{cases}$

(3) $f(x) = \begin{cases} e^{-\frac{1}{x^2}}, & x \neq 0, \\ 0, & x = 0. \end{cases}$

3. 设 $f(x) = \begin{cases} x^2 - 1, & 0 \leqslant x \leqslant 1, \\ x + 1, & x > 1, \end{cases}$ 试判断 $f(x)$ 分别在点 $x = \dfrac{1}{2}$,1,2 的连续性,并求 $f(x)$ 的连续区间和作出函数的图像.

4. 若函数 $f(x) = \begin{cases} 2x + c, & x < 0, \\ 2, & x = 0, \\ x + 2, & x > 0 \end{cases}$ 连续,则 c 是多少?

复习题 1

一、选择题

1. 函数 $f(x) = x(|x - 1| - |x + 1|)$ 是( ).

A. 是奇函数又是减函数

B. 是奇函数但不是减函数

C. 是减函数但不是奇函数

D. 不是奇函数,也不是减函数

2. 设函数 $f(x) = \dfrac{1}{\mathrm{e}^{\frac{x}{x-1}} - 1}$，则（　　）.

A. $x = 0, x = 1$ 都是 $f(x)$ 的第一类间断点

B. $x = 0, x = 1$ 都是 $f(x)$ 的第二类间断点

C. $x = 0$ 是 $f(x)$ 的第一类间断点，$x = 1$ 是 $f(x)$ 的第二类间断点

D. $x = 0$ 是 $f(x)$ 的第二类间断点，$x = 1$ 是 $f(x)$ 的第一类间断点

3. 设 $f(x) = \dfrac{x-1}{x}$，$x \neq 0, 1$，则 $f\left[\dfrac{1}{f(x)}\right] = $（　　）.

A. $1 - x$　　　　　　B. $\dfrac{1}{1-x}$　　　　　　C. $\dfrac{1}{X}$　　　　　　D. x

4. 下列各式正确的是（　　）.

A. $\lim\limits_{x \to 0^+} \left(1 + \dfrac{1}{x}\right)^x = 1$　　　　　　B. $\lim\limits_{x \to 0^+} \left(1 + \dfrac{1}{x}\right)^x = \mathrm{e}$

C. $\lim\limits_{x \to \infty} \left(1 - \dfrac{1}{x}\right)^x = -\mathrm{e}$　　　　　　D. $\lim\limits_{x \to \infty} \left(1 + \dfrac{1}{x}\right)^{-x} = \mathrm{e}$

5. 已知 $\lim\limits_{x \to \infty} \left(\dfrac{x+a}{x-a}\right)^x = 9$，则 $a = $（　　）.

A. 1　　　　　　B. ∞　　　　　　C. $\ln 3$　　　　　　D. $2\ln 3$

6. 极限：$\lim\limits_{x \to \infty} \left(\dfrac{x-1}{x+1}\right)^x = $（　　）.

A. 1　　　　　　B. ∞　　　　　　C. e^{-2}　　　　　　D. e^2

7. 极限：$\lim\limits_{x \to \infty} \dfrac{x^3 + 2}{x^3} = $（　　）.

A. 1　　　　　　B. ∞　　　　　　C. 0　　　　　　D. 2

8. 极限：$\lim\limits_{x \to 0} \dfrac{\sqrt{x+1} - 1}{x} = $（　　）.

A. 0　　　　　　B. ∞　　　　　　C. $\dfrac{1}{2}$　　　　　　D. 2

9. 极限：$\lim\limits_{x \to +\infty} (\sqrt{x^2 + x} - x) = $（　　）.

A. 0　　　　　　B. ∞　　　　　　C. 2　　　　　　D. $\dfrac{1}{2}$

10. 极限：$\lim\limits_{x \to 0} \dfrac{\tan x - \sin x}{\sin^3 2x} = $（　　）.

A. 0　　　　　　B. ∞　　　　　　C. $\dfrac{1}{16}$　　　　　　D. 16

二、填空题

1. 极限 $\lim\limits_{x \to \infty} x \sin \dfrac{2x}{x^2 + 1} = $ _____；

2. $\lim\limits_{x \to 0} \dfrac{\arctan x}{x} = $ _____；

3. 若 $y = f(x)$ 在点 x_0 连续,则 $\lim\limits_{x \to x_0} [f(x) - f(x_0)] = $ _____;

4. $\lim\limits_{x \to 0} \dfrac{\sin 5x}{x} = $ _____;

5. $\lim\limits_{n \to \infty} \left(1 - \dfrac{2}{n}\right)^n = $ _____;

6. 若函数 $y = \dfrac{x^2 - 1}{x^2 - 3x + 2}$,则它的间断点是 _____.

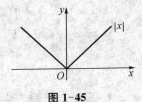

图 1-45

7. 绝对值函数 $f(x) = |x| = \begin{cases} x, & x > 0; \\ 0, & x = 0; \\ -x, & x < 0. \end{cases}$

其定义域是 _____,值域是 _____.

8. 符号函数 $f(x) = \operatorname{sgn} x = \begin{cases} 1, & x > 0; \\ 0, & x = 0; \\ -1, & x < 0. \end{cases}$ 其定义域是

_____,值域是三个点的集合 _____.

9. 无穷小量是 _____.

10. 函数 $y = f(x)$ 在点 x_0 连续,要求函数 $y = f(x_0)$ 满足的三个条件是 _____.

三、计算题

1. 求 $\lim\limits_{n \to +\infty} \dfrac{3n^2 - 5n + 1}{6n^2 - 4n - 7}$.

2. 求 $\lim\limits_{n \to +\infty} \dfrac{1 + 2 + \cdots + n}{n^2}$.

3. 求 $\lim\limits_{n \to +\infty} (\sqrt{n+1} - \sqrt{n})$.

4. 求 $\lim\limits_{n \to +\infty} \dfrac{2^n - 3^n}{2^n + 3^n}$.

5. 求 $\lim\limits_{n \to \infty} \left(1 + \dfrac{1}{n}\right)^{n-3}$.

6. 求 $\lim\limits_{n \to \infty} \left(1 + \dfrac{1}{n}\right)^{2n}$.

7. 求 $\lim\limits_{x \to 3} \dfrac{1}{x + 3}$.

8. 求 $\lim\limits_{x \to 3} \dfrac{x - 3}{x^2 - 9}$.

9. 求 $\lim\limits_{x \to 0} \dfrac{\sqrt{1-x} - 1}{x}$.

10. 求 $\lim\limits_{x \to 0} \dfrac{\sin 3x}{x}$.

11. 求 $\lim\limits_{x \to \infty} \left(1 + \dfrac{1}{kx}\right)^x$.

12. 求 $\lim\limits_{x \to \infty} \left(1 - \dfrac{1}{x}\right)^x$.

13. 求 $\lim\limits_{x \to 0}(1+kx)^{\frac{1}{x}}$.

14. 求 $\lim\limits_{x \to \infty}\left(\dfrac{x+1}{x-1}\right)^x$.

15. 求 $\lim\limits_{x \to 0}\dfrac{\ln(1+x)}{x}$.

16. 已知 $\lim\limits_{x \to \infty}\left(\dfrac{x+a}{x-a}\right)^x = 9$，求 a 的值.

17. 判断下列函数在指定点的是否存在极限

(1) $y = \begin{cases} x+1, & x > 2, \\ x, & x < 2, \end{cases}$ $x \to 2$；   (2) $y = \begin{cases} \sin x, & x < 0, \\ \dfrac{1}{3}x, & x > 0, \end{cases}$ $x \to 0$.

18. 研究函数 $f(x) = \begin{cases} \dfrac{\sin x}{x}, & x \neq 0, \\ 1, & x = 0 \end{cases}$ 在点 $x_0 = 0$ 处的连续性.

19. 指出函数 $f(x) = \dfrac{1}{x-1}$ 在点 $x = 1$ 处是否间断，如果间断，指出是哪类间断点.

20. 试证方程 $2x^3 - 3x^2 + 2x - 3 = 0$ 在区间 $[1, 2]$ 至少有一根.

第2章 导数与微分

2.1 导数概念

2.1.1 引例

1. 瞬时速度问题

问题 设一质点作直线变速运动,其运动规律为 $s = s(t)$,若 t_0 为某一确定时刻,求质点在此时刻的瞬时速度.

根据牛顿第一运动定理,物体运动具有惯性,不管它的速度变化多么快,在一段充分短的时间内,它的速度变化总是不大的,可以近似看成匀速运动. 通常把这种近似代替称为"以匀代不匀". 给时间 t 在 t_0 处一增量 Δt,则位移增量为 $\Delta s = s(t_0 + \Delta t) - s(t_0)$,则质点在 t_0 到 $t_0 + \Delta t$ 这段时间内的平均速度为

$$\bar{v} = \frac{s(t_0 + \Delta t) - s(t_0)}{\Delta t},$$

可以看出它是质点在时刻 t_0 速度的一个近似值,Δt 越小,平均速度 $\bar{v}$ 与 t_0 时刻的瞬时速度越接近. 故当 $\Delta t \to 0$ 时,平均速度 $\bar{v}$ 就发生了一个质的飞跃,平均速度转化为物体在 t_0 时刻的瞬时速度,即物体在 t_0 时刻的瞬时速度为

$$v = \lim_{\Delta t \to 0} \bar{v} = \lim_{\Delta t \to 0} \frac{s(t_0 + \Delta t) - s(t_0)}{\Delta t}.$$

2. 切线问题

问题 已知曲线方程为 $y = f(x)$,求此曲线在点 $M_0(x_0, y_0)$ 处的切线(图 2-1).

在曲线上取临近于 M_0 的动点 $M(x, y)$,则割线 M_0M 的斜率为

$$k_{M_0M} = \tan\beta = \frac{f(x_0 + \Delta x) - f(x_0)}{\Delta x}$$

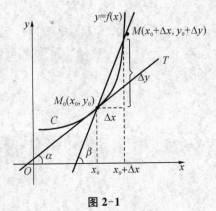

图 2-1

当动点 M 沿曲线 C 趋向于点 M_0 时,割线 M_0M 绕 M_0 转动以切线为极限位置,或说切线是割线的极限位置,切线的斜率是割线斜率的极限.于是曲线在点 M_0 处的切线斜率为

$$k = \lim_{\Delta x \to 0} \frac{f(x_0 + \Delta x) - f(x_0)}{\Delta x}.$$

在以上讨论中,最终都归结为讨论同一形式的极限:

$$\lim_{\Delta x \to 0} \frac{f(x_0 + \Delta x) - f(x_0)}{\Delta x},$$

其中 $\dfrac{f(x_0 + \Delta x) - f(x_0)}{\Delta x}$ 为函数增量与自变量改变量之比,表示函数的平均变化率,而当 $\Delta x \to 0$ 时平均变化率的极限为函数在 x_0 处的**瞬时变化率**(简称为变化率),变化率反映函数在 x_0 处的变化速率.事实上,在物理学中物质比热、电流强度、线密度,化学中的反应速度,经济学中的边际函数等问题,尽管其背景各不相同,但最终都可化为讨论上述的极限问题.为了统一解决这些问题,我们引入重要概念——**导数**.

2.2.2　导数的定义

1. $f(x)$ 在点 x_0 处的导数

定义 1　设函数 $y = f(x)$ 在 x_0 的某邻域内有定义,当自变量 x 在 x_0 处有增量 Δx,相应地有函数的增量 $\Delta y = f(x_0 + \Delta x) - f(x_0)$,若极限

$$\lim_{\Delta x \to 0} \frac{\Delta y}{\Delta x} = \lim_{\Delta x \to 0} \frac{f(x_0 + \Delta x) - f(x_0)}{\Delta x}$$

存在,则称函数 $y = f(x)$ 在点 x_0 处**可导**,此极限称为函数 $f(x)$ 在点 x_0 处的**导数**,记为

$$f'(x_0), \quad y'\big|_{x=x_0}, \quad \frac{\mathrm{d} y}{\mathrm{d} x}\bigg|_{x=x_0} \quad \text{或} \quad \frac{\mathrm{d} f(x)}{\mathrm{d} x}\bigg|_{x=x_0}.$$

当函数 $f(x)$ 在点 x_0 处的导数存在时,就说函数 $f(x)$ 在点 x_0 处可导,否则就说 $f(x)$ 在点 x_0 处不可导.特别地,当 $\Delta x \to 0$ 时,$\dfrac{\Delta y}{\Delta x} \to \infty$,为了方便起见,有时就说 $y = f(x)$ 在点 x_0 处的导数为无穷大.

关于导数有两点说明:

(1) 导数除了定义中的形式外,也可以取不同的形式,常见的有

$$f'(x_0) = \lim_{h \to 0} \frac{f(x_0 + h) - f(x_0)}{h},$$

$$f'(x_0) = \lim_{x \to x_0} \frac{f(x) - f(x_0)}{x - x_0}.$$

(2) $\dfrac{\Delta y}{\Delta x} = \dfrac{f(x_0 + \Delta x) - f(x_0)}{\Delta x}$ 反映的是自变量 x 从 x_0 改变到 $x_0 + \Delta x$ 时,函数 $f(x)$ 的平均变化率;而导数 $f'(x_0) = \lim\limits_{\Delta x \to 0} \dfrac{\Delta y}{\Delta x}$ 反映的是函数 $f(x)$ 在点 x_0 处的瞬时变化率.

2. 导函数

如果 $y = f(x)$ 在区间 (a, b) 内每一点可导,则称函数 $f(x)$ 在区间 (a, b) 内可导. 这时区间 (a, b) 内每一点 x 必有一个导数值与之对应,因而在区间 (a, b) 上确定了一个新的函数,称该函数为 $f(x)$ 的**导函数**,记作 y',$f'(x)$,$\dfrac{\mathrm{d} y}{\mathrm{d} x}$ 或 $\dfrac{\mathrm{d} f(x)}{\mathrm{d} x}$,导函数也简称为导数.

由函数的导函数的定义可知:

(1) 导函数 $y' = f'(x) = \lim\limits_{\Delta x \to 0} \dfrac{f(x + \Delta x) - f(x)}{\Delta x}$;

(2) $y = f(x)$ 在 x_0 处的导数值 $f'(x_0)$ 即为它的导函数在该点处的函数值 $f'(x)\big|_{x = x_0}$,即

$$f'(x_0) = f'(x)\big|_{x = x_0}.$$

例 1 求函数 $y = f(x) = x^2$ 在 $x = 2$ 处的导数 $f'(2)$.

解 1 $\Delta y = f(2 + \Delta x) - f(2) = (2 + \Delta x)^2 - 2^2 = 4\Delta x + (\Delta x)^2$,

$$\frac{\Delta y}{\Delta x} = 4 + \Delta x,$$

$$\lim_{\Delta x \to 0} \frac{\Delta y}{\Delta x} = \lim_{\Delta x \to 0}(4 + \Delta x) = 4,$$

即 $f'(2) = 4$.

解 2 $\Delta y = f(x + \Delta x) - f(x) = (x + \Delta x)^2 - x^2 = 2x\Delta x + (\Delta x)^2$,

$$\frac{\Delta y}{\Delta x} = 2x + \Delta x,$$

$$\lim_{\Delta x \to 0} \frac{\Delta y}{\Delta x} = \lim_{\Delta x \to 0} (2x + \Delta x) = 2x,$$

即 $f'(x) = 2x$, 所以 $f'(2) = 4$.

由例 1 可知, 函数 $f(x)$ 在某一点处的导数是一个常数, 而导函数是一个函数. 求函数在某一点处的导数可以直接用函数在某一点处的导数的定义来求, 也可以用导函数的定义先把导函数求出, 然后把这一点代入即可.

练习

1. 用定义求函数 $y = f(x) = x^3$ 在 $x = 1$ 处的导数 $f'(1)$.

2. 已知 $f'(x_0) = 1$, 求 $\lim\limits_{\Delta x \to 0} \dfrac{f(x_0 - \Delta x) - f(x_0)}{\Delta x}$.

3. 左导数和右导数

导数是一种极限, 而极限有左、右极限, 因而导数就有左、右导数, 下面给出左、右导数的定义.

定义 2 极限 $\lim\limits_{\Delta x \to 0^-} \dfrac{f(x_0 + \Delta x) - f(x_0)}{\Delta x}$ 和 $\lim\limits_{\Delta x \to 0^+} \dfrac{f(x_0 + \Delta x) - f(x_0)}{\Delta x}$ 分别叫做函数 $f(x)$ 在点 x_0 处的**左导数和右导数**, 记为 $f'_-(x_0)$ 和 $f'_+(x_0)$.

显然, 函数 $f(x)$ 在点 x_0 处可导的充分必要条件是左导数 $f'_-(x_0)$ 和右导数 $f'_+(x_0)$ 都存在且相等. 判别分段函数在分段点处是否可导, 通常要考虑函数的左导数是否等于右导数.

4. 导数的几何意义

由前面对切线问题的讨论及导数的定义可知: 函数 $y = f(x)$ 在点 x_0 处的导数 $f'(x_0)$ 在几何上表示曲线 $y = f(x)$ 在点 $M(x_0, f(x_0))$ 处的切线的斜率. 因此, 曲线 $y = f(x)$ 在点 $M(x_0, f(x_0))$ 处的切线方程为

$$y - y_0 = f'(x_0)(x - x_0).$$

如果 $f(x_0) \neq 0$, 根据解析几何的知识可知, 切线与法线的斜率互为倒数, 则可得点 M 处法线方程为

$$y - y_0 = -\frac{1}{f'(x_0)}(x - x_0).$$

例 2 求曲线 $y = x^2$ 在点 $P(2, 4)$ 处切线与法线方程.

解   由例 1 知 $f'(2) = 4$, 故有

切线方程: $y - 4 = 4(x - 2)$, 即 $4x - y - 4 = 0$;

法线方程：$y - 4 = -\dfrac{1}{4}(x - 2)$，即 $x + 4y - 18 = 0$.

练习

求双曲线 $y = \dfrac{1}{x}$ 在点 $\left(\dfrac{1}{2}, 2\right)$ 处切线的斜率，并写出该点处的切线方程和法线方程.

5. 可导与连续的关系

定理　若函数 $f(x)$ 在点 x_0 可导，则函数 $f(x)$ 在点 x_0 连续.

应注意，此命题的逆命题不成立，即一个函数在某点连续但不一定在该点处可导.

例 3　讨论函数 $y = f(x) = |x|$ 在 $x = 0$ 处的连续性和可导性.

解　函数 $f(x) = |x| = \begin{cases} -x, & x < 0, \\ x, & x \geqslant 0. \end{cases}$

首先讨论函数 $f(x)$ 在 $x = 0$ 处的连续性：

因为 $\lim\limits_{x \to 0^-} f(x) = \lim\limits_{x \to 0^-}(-x) = 0$，$\lim\limits_{x \to 0^+} f(x) = \lim\limits_{x \to 0^+} x = 0$，所以 $\lim\limits_{x \to 0} f(x) = 0$；

又 $f(0) = 0$，故 $\lim\limits_{x \to 0} f(x) = f(0)$，从而函数 $f(x)$ 在 $x = 0$ 处连续.

然后讨论函数 $f(x)$ 在 $x = 0$ 处的可导性：

因

$$f'_-(0) = \lim\limits_{\Delta x \to 0^-} \frac{\Delta y}{\Delta x} = \lim\limits_{\Delta x \to 0^-} \frac{f(0 + \Delta x) - f(0)}{\Delta x}$$

$$= \lim\limits_{\Delta x \to 0^-} \frac{-\Delta x - 0}{\Delta x} = \lim\limits_{\Delta x \to 0^-} \frac{-\Delta x}{\Delta x} = -1,$$

$$f'_+(0) = \lim\limits_{\Delta x \to 0^+} \frac{\Delta y}{\Delta x} = \lim\limits_{\Delta x \to 0^+} \frac{f(0 + \Delta x) - f(0)}{\Delta x}$$

$$= \lim\limits_{\Delta x \to 0^+} \frac{\Delta x - 0}{\Delta x} = \lim\limits_{\Delta x \to 0^+} \frac{\Delta x}{\Delta x} = 1,$$

$$f'_+(0) \neq f'_-(0).$$

所以，函数 $y = |x|$ 在 $x = 0$ 处不可导，如图 2-2 所示.

由此可见，函数在某点连续是函数在该点可导的**必要条件**，但不是充分条件.

从几何意义上来看：$y = |x|$ 在 $x = 0$ 处没有断开，是连续的. 但在 $x = 0$ 处，曲线出现尖点，不平滑，在 $x = 0$ 处的切线不存在，故 $y = |x|$ 在 $x = 0$ 处不可导.

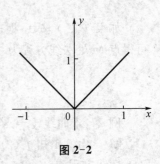

图 2-2

练习

讨论函数 $f(x) = \begin{cases} 2x, & x \leqslant 1, \\ x^2+1, & x > 1 \end{cases}$ 在 $x=1$ 处的连续性和可导性.

2.1.3 基本初等函数求导公式

1. 求导数举例

由导数定义可知,求导数的一般步骤为:

(1) 求增量 $\Delta y = f(x+\Delta x) - f(x)$;

(2) 算比值 $\dfrac{\Delta y}{\Delta x} = \dfrac{f(x+\Delta x)-f(x)}{\Delta x}$;

(3) 求极限 $y' = \lim\limits_{\Delta x \to 0} \dfrac{\Delta y}{\Delta x}$.

例 4 设 $y = c$ (c 为常数),求 y'.

解 因为 $\Delta y = f(x+\Delta x) - f(x) = c - c = 0$,

所以 $y' = \lim\limits_{\Delta x \to 0} \dfrac{\Delta y}{\Delta x} = \lim\limits_{\Delta x \to 0} \dfrac{0}{\Delta x} = 0$,即 $c' = 0$.

因此常数的导数为零.

例 5 设 $y = x^n$,n 是自然数,求 y'.

解 应用二项式定理,有

$$\Delta y = (x+\Delta x)^n - x^n = C_n^1 x^{n-1}\Delta x + C_n^2 x^{n-2}\Delta x^2 + \cdots\cdots + C_n^n \Delta x^n,$$

$$\frac{\Delta y}{\Delta x} = C_n^1 x^{n-1} + C_n^2 x^{n-2}\Delta x + \cdots\cdots + C_n^n \Delta x^{n-1},$$

所以 $y' = \lim\limits_{\Delta x \to 0} \dfrac{\Delta y}{\Delta x} = nx^{n-1}$.

更一般地,有 $(x^\mu)' = \mu x^{\mu-1}$,其中 μ 为常数. 如:

(1) $(x^{2009})' = 2009x^{2008}$;

(2) $(x^{-100})' = -100x^{-101}$;

(3) $(\sqrt{x})' = (x^{\frac{1}{2}})' = \dfrac{1}{2} x^{-\frac{1}{2}} = \dfrac{1}{2\sqrt{x}}$;

(4) $\left(\dfrac{1}{x}\right)' = (x^{-1})' = -x^{-2} = -\dfrac{1}{x^2}$.

例 6 已知 $y = \sin x$,求 y'.

解 $y' = \lim\limits_{\Delta x \to 0} \dfrac{\Delta y}{\Delta x} = \lim\limits_{\Delta x \to 0} \dfrac{\sin(x+\Delta x) - \sin x}{\Delta x}$

$$= \lim_{\Delta x \to 0} \frac{2\sin\dfrac{\Delta x}{2}\cos\left(x+\dfrac{\Delta x}{2}\right)}{\Delta x}$$

$$= \lim_{\Delta x \to 0} \frac{\sin \frac{\Delta x}{2}}{\frac{\Delta x}{2}} \cdot \cos\left(x + \frac{\Delta x}{2}\right)$$

$$= \lim_{\Delta x \to 0} \frac{\sin \frac{\Delta x}{2}}{\frac{\Delta x}{2}} \cdot \lim_{\Delta x \to 0} \cos\left(x + \frac{\Delta x}{2}\right) = \cos x.$$

所以 $(\sin x)' = \cos x.$

同理可得 $(\cos x)' = -\sin x.$

例 7 已知 $y = a^x (a > 0,\ a \neq 1)$，求 y'。

解 $y' = \lim_{\Delta x \to 0} \frac{\Delta y}{\Delta x} = \lim_{\Delta x \to 0} \frac{a^{x+\Delta x} - a^x}{\Delta x} = a^x \cdot \lim_{\Delta x \to 0} \frac{a^{\Delta x} - 1}{\Delta x}$

$$= a^x \lim_{u \to 0} \frac{u}{\log_a (1+u)} \quad (\diamondsuit\, u = a^{\Delta x} - 1)$$

$$= a^x \frac{1}{\lim\limits_{u \to 0} \log_a (1+u)^{\frac{1}{u}}} = a^x \frac{1}{\log_a e} = a^x \ln a.$$

所以 $(a^x)' = a^x \ln a.$

特别地，当 $a = e$ 时，有公式 $(e^x)' = e^x.$

例 8 已知 $y = \log_a^x (a > 0,\ a \neq 1)$，求 y'。

解 $y' = \lim_{\Delta x \to 0} \frac{f(x+\Delta x) - f(x)}{\Delta x} = \lim_{\Delta x \to 0} \frac{\log_a (x+\Delta x) - \log_a x}{\Delta x}$

$$= \lim_{\Delta x \to 0} \frac{1}{\Delta x} \cdot \log_a \left(1 + \frac{\Delta x}{x}\right) = \lim_{\Delta x \to 0} \frac{1}{x} \log_a \left(1 + \frac{\Delta x}{x}\right)^{\frac{\Delta x}{x}}$$

$$= \frac{1}{x} \log_a e,$$

即 $(\log_a x)' = \frac{1}{x} \log_a e.$

特别的，$\ln x = \frac{1}{x}.$

2. 基本初等函数求导公式

如果对于每一个函数都直接由定义求导数，那将会非常复杂，计算量也比较大，前面所举例子都可作为公式直接使用，为了方便，下面列出基本初等函数的求导公式：

(1) $(C)' = 0$（C 为常数）；　　(2) $(x^a)' = ax^{a-1}$（a 为实数）；

(3) $(\log_a x)' = \frac{1}{x \ln a}$；　　(4) $(\ln x)' = \frac{1}{x}$；

(5) $(a^x)' = a^x \ln a$; (6) $(e^x)' = e^x$;

(7) $(\sin x)' = \cos x$; (8) $(\cos x)' = -\sin x$;

(9) $(\tan x)' = \dfrac{1}{\cos^2 x} = \sec^2 x$; (10) $(\cot x)' = -\dfrac{1}{\sin^2 x} = -\csc^2 x$;

(11) $(\sec x)' = \sec x \tan x$; (12) $(\csc x)' = -\csc x \cot x$;

(13) $(\arcsin x)' = \dfrac{1}{\sqrt{1-x^2}}$; (14) $(\arccos x)' = -\dfrac{1}{\sqrt{1-x^2}}$;

(15) $(\arctan x)' = \dfrac{1}{1+x^2}$; (16) $(\text{arccot } x)' = -\dfrac{1}{1+x^2}$.

这 16 个基本初等函数的求导公式在今后的学习当中经常引用,要求像小学生熟背"乘法九九表"一样地记牢.

练习

求函数下列的导数.

(1) $y = x^{10}$; (2) $y = \sqrt[5]{x^3}$; (3) $y\sqrt{x\sqrt{x\sqrt{x}}}$;

(4) $y = \dfrac{x \cdot \sqrt[3]{x}}{\sqrt{x}}$; (5) $y = \ln 4$; (6) $y = \sin \dfrac{\pi}{6}$.

习 题 2-1

1. 设 $f'(x_0) = -2$,求下列各极限.

(1) $\lim\limits_{\Delta x \to 0} \dfrac{f(x_0 + 3\Delta x) - f(x_0)}{\Delta x}$; (2) $\lim\limits_{\Delta x \to 0} \dfrac{f(x_0 - 3\Delta x) - f(x_0)}{\Delta x}$;

(3) $\lim\limits_{\Delta x \to 0} \dfrac{f(x_0 + \Delta x) - f(x_0 - \Delta x)}{\Delta x}$.

2. 根据定义,求下列函数的导数.

(1) $f(x) = 3x^2 - 1$; (2) $f(x) = \sqrt{x}$.

3. 求 $y = x^2$ 在点 $(3,9)$ 处的切线方程.

4. 曲线 $y = x^2$ 上哪一点的切线平行于直线 $y = 12x - 1$?哪一点的法线垂直于直线 $3x - y - 1 = 0$?

5. 问 a,b 取何值时,才能使函数 $f(x) = \begin{cases} x^2, & x \leqslant 2 \\ ax + b, & x > 2 \end{cases}$ 在 $x = 2$ 处连续且可导.

2.2 导数的四则运算法则

初等函数是由基本初等函数经过有限次四则运算和有限次复合运算构成的,前面给出了基本初等函数的求导公式,这里先介绍导数的四则运算法则,利用这些法则可以求出一些简单的初等函数的导数.

法则 设函数 $u = u(x)$ 与函数 $v = v(x)$ 在点 x 处均可导,则它们的和、差、积、商(当分母不为零时)在点 x 处也可导,并且有

(1) $(u \pm v)' = u' \pm v'$;

(2) $(uv)' = u'v + uv'$;

(3) $(cu)' = cu'$(c 为常数);

(4) $\left(\dfrac{u}{v}\right)' = \dfrac{u'v - uv'}{v^2}$.

注意:

(1) 法则(1)和法则(2)可以推广到有限个函数的情形,例如:

$$(u + v - w)' = u' + v' - w';$$
$$[uvw]' = u'vw + uv'w + uvw'.$$

(2) 法则(3)是法则(2)的特殊情况.

(3) 当 $u = c$,法则(4)可改为 $\left(\dfrac{c}{v}\right)' = \dfrac{-cv'}{v^2}$.

(4) 一般地,$(uv)' \neq u'v'$;$\left(\dfrac{u}{v}\right)' \neq \dfrac{u'}{v'}$.

例 1 求函数 $f(x) = x^2 + \sin x$ 的导数.

解 $f'(x) = (x^2 + \sin x)' = (x^2)' + (\sin x)'$
$\qquad = 2x + \cos x.$

例 2 求函数 $y = \cos x - \dfrac{1}{\sqrt[3]{x}} + \dfrac{1}{x} + \ln 3$ 的导数.

解 $y' = (\cos x)' - (x^{-\frac{1}{3}})' + (x^{-1})' + (\ln 3)'$

$\qquad = -\sin x + \dfrac{1}{3} x^{-\frac{4}{3}} - x^{-2} + 0$

$\qquad = -\sin x + \dfrac{1}{3x \cdot \sqrt[3]{x}} - \dfrac{1}{x^2}.$

例 3 $f(x) = x^3 + \cos x - \sin \dfrac{\pi}{2}$,求 $f'(x)$ 及 $f'\left(\dfrac{\pi}{2}\right)$.

解 $f'(x) = 3x^2 - \sin x$,

$\qquad f'\left(\dfrac{\pi}{2}\right) = \dfrac{3}{4}\pi^2 - 1.$

例 4 求函数 $y = \sqrt{x} \cos x$ 的导数.

解 $y' = (\sqrt{x})' \cos x + \sqrt{x}(\cos x)'$

$$= \frac{1}{2\sqrt{x}}\cos x - \sqrt{x}\sin x.$$

例 5　设函数 $f(x) = (1+x^3)\left(5 - \frac{1}{x^2}\right)$，求 $f'(1)$，$f'(-1)$.

解 1　$f'(x) = (1+x^3)'\left(5 - \frac{1}{x^2}\right) + (1+x^3)\left(\left(5 - \frac{1}{x^2}\right)'\right)$

$$= 3x^2\left(5 - \frac{1}{x^2}\right) + (1+x^3)\frac{2}{x^3}$$

$$= 15x^2 + \frac{2}{x^3} - 1,$$

则 $f'(1) = 15 + 2 - 1 = 16$；　$f'(-1) = 15 - 2 - 1 = 12$.

解 2　$f'(x) = \left(5 + 5x^3 - \frac{1}{x^2} - x\right)' = 15x^2 + 2x^{-3} - 1$，

则 $f'(1) = 15 + 2 - 1 = 16$；　$f'(-1) = 15 - 2 - 1 = 12$.

例 6　求函数 $y = x\ln x \sin x$ 的导数.

解　由乘法法则：$y' = (x\ln x \sin x)' = (x)'\ln x \sin x + x(\ln x)'\sin x + x\ln x(\sin x)'$，

$$= \ln x\sin x + \sin x + x\ln x\cos x.$$

例 7　求函数 $y = \frac{2-3x}{2+x}$ 的导数.

解　$y' = \dfrac{(2-3x)'(2+x) - (2-3x)(2+x)'}{(2+x)^2}$

$$= \frac{-3(2+x) - (2-3x)}{(2+x)^2} = -\frac{8}{(2+x)^2}.$$

注意：在某些求导运算中，能避免使用除法求导法则的应该尽量避免.

例 8　求函数 $y = \frac{1+x}{\sqrt{x}}$ 的导数.

解　$y = \dfrac{1}{\sqrt{x}} + \sqrt{x} = x^{-\frac{1}{2}} + x^{\frac{1}{2}}$，

$$y' = -\frac{1}{2}x^{-\frac{3}{2}} + \frac{1}{2}x^{-\frac{1}{2}} = \frac{x-1}{2\sqrt{x^3}}.$$

练习

1. 求下列函数的导数.

(1) $y = 2x^4 - \frac{1}{x} + \frac{1}{x^2} - \ln 5$；　　(2) $y = 3 \cdot \sqrt[3]{x^2} - \log_a x + \sin\frac{\pi}{3}$；

(3) $y = \cos x \cdot \lg x$；　　(4) $y = \tan x \cdot \ln x$；

(5) $y = \frac{\ln x}{x}$；　　(6) $s = \frac{t}{1-\cos t}$.

2. 求下列函数在指定点的导数.

(1) 设 $y = f(x) = \sin x - \cos x$，求 $f'\left(\dfrac{\pi}{4}\right)$，$f'\left(\dfrac{\pi}{2}\right)$;

(2) 设 $y = \dfrac{1-x}{1+x}$，求 $y'(1)$.

习　题　2-2

1. 求下列函数的导数.

(1) $y = 3x^2 - x + 7$;

(2) $y = x^2(2 + \sqrt{x})$;

(3) $y = \dfrac{x^5 + \sqrt{x} + 1}{x^3}$;

(4) $y = 2\sqrt{x} - \dfrac{1}{x} + 4\sqrt{3}$;

(5) $y = \dfrac{2x^2 - 3x + 4}{\sqrt{x}}$;

(6) $y = (1 - \sqrt{x})\left(1 + \dfrac{1}{\sqrt{x}}\right)$;

(7) $y = \log_5 \sqrt{x}$;

(8) $y = \dfrac{x^2}{2} + \dfrac{2}{x^2}$;

(9) $y = \dfrac{1}{1 + \sqrt{x}} + \dfrac{1}{1 - \sqrt{x}}$;

(10) $y = 5(2x - 3)(x + 8)$;

(11) $y = x^2 e^x$;

(12) $y = \dfrac{3^x - 1}{x^3 + 1}$;

(13) $y = \dfrac{\ln x}{\sin x}$.

2. 求下列函数在指定点的导数.

(1) $f(x) = x\sin x + \dfrac{1}{2}\cos x$，$x = \dfrac{\pi}{4}$;　　(2) $f(x) = \dfrac{x - \sin x}{x + \sin x}$，$x = \dfrac{\pi}{2}$.

3. 过点 $A(1, 2)$ 引抛物线 $y = 2x - x^2$ 的切线，求切线方程.

2.3　复合函数的求导法则

运用导数的四则运算法则，只能求出一些简单的初等函数的导数，但在实际中，常常会遇到一些函数是复合函数的情形，例如，$y = \sin 3x$.

思考：如果 $y = \sin 3x$，是否有 $(\sin 3x)' = \cos 3x$？

因此，要完全解决初等函数的求导法则还必须研究复合函数的求导法则.

法则　设函数 $u = \varphi(x)$ 在点 x 处有导数 $\dfrac{\mathrm{d}u}{\mathrm{d}x} = \varphi'(x)$，函数 $y = f(u)$ 在点 x 的对应点 u 处有导数 $\dfrac{\mathrm{d}y}{\mathrm{d}u} = f'(u)$，则复合函数 $y = f[\varphi(x)]$ 在点 x 处也有导数，且

$$\frac{\mathrm{d}y}{\mathrm{d}x} = \frac{\mathrm{d}y}{\mathrm{d}u} \cdot \frac{\mathrm{d}u}{\mathrm{d}x} = f'(u) \cdot g'(x) \quad 或 \quad y' = y'_u \cdot u'_x.$$

此法则又称为复合函数求导的**链式法则**,用语言表述为:复合函数的导数等于外层函数的导数和内层函数的导数的乘积,其中外层函数的导数需将内层函数代入,消去中间变量,即可得复合函数的导数.

例 1 设 $y = \sin 3x$,求 $\dfrac{\mathrm{d}y}{\mathrm{d}x}$.

解 $y = \sin 3x$ 是由 $y = \sin u$ 和 $u = 3x$ 两个简单函数复合而成的,故由复合函数的求导法则有

$$\frac{\mathrm{d}y}{\mathrm{d}x} = \frac{\mathrm{d}y}{\mathrm{d}u} \cdot \frac{\mathrm{d}u}{\mathrm{d}x} = \cos u \cdot 3 = 3\cos 3x.$$

例 2 设 $y = \mathrm{e}^{-x^2+3x}$,求 $\dfrac{\mathrm{d}y}{\mathrm{d}x}$.

解 $y = \mathrm{e}^{-x^2+3x}$ 是由 $y = \mathrm{e}^u$ 和 $u = -x^2 + 3x$ 两个简单函数复合而成的,所以

$$\frac{\mathrm{d}y}{\mathrm{d}x} = \frac{\mathrm{d}y}{\mathrm{d}u} \cdot \frac{\mathrm{d}u}{\mathrm{d}x} = \mathrm{e}^u \cdot (-2x+3) = (-2x+3)\mathrm{e}^{-x^2+3x}.$$

例 3 设 $y = \ln(x^3 - 2x + 6)$,求 $\dfrac{\mathrm{d}y}{\mathrm{d}x}$.

解 $y = \ln(x^3 - 2x + 6)$ 是由 $y = \ln u$ 和 $u = x^3 - 2x + 6$ 两个简单函数复合而成,所以

$$\frac{\mathrm{d}y}{\mathrm{d}x} = \frac{\mathrm{d}y}{\mathrm{d}u} \cdot \frac{\mathrm{d}u}{\mathrm{d}x} = \frac{1}{u} \cdot (3x^2 - 2) = \frac{3x^2 - 2}{x^3 - 2x + 6}.$$

例 4 设 $y = \sqrt{1-x^2}$,求 $\dfrac{\mathrm{d}y}{\mathrm{d}x}$.

解 $y = \sqrt{1-x^2}$ 是由 $y = \sqrt{u} = u^{\frac{1}{2}}$ 和 $u = 1-x^2$ 两个简单函数复合而成的,所以

$$\frac{\mathrm{d}y}{\mathrm{d}x} = \frac{\mathrm{d}y}{\mathrm{d}u} \cdot \frac{\mathrm{d}u}{\mathrm{d}x} = \frac{1}{2\sqrt{u}} \times (-2x) = -\frac{x}{\sqrt{1-x^2}}.$$

从以上例子看出,求复合函数的导数,应先分析所给函数的复合过程,并设出中间变量,再使用复合函数的求导公式,求出导数.具体步骤如下:

(1) 分析所给函数的复合过程,写出复合函数的分解式;

(2) 求每个分解函数的导数;

(3) 用复合函数的求导法则:复合函数的导数等于各分解函数导数的乘积;

(4) 将中间变量还原为 x 的函数.

对复合函数的复合过程掌握较好之后,就不必再写出中间变量,只要把中间变

量所代替的式子默记在心里,按照复合的先后次序,应用复合函数的求导法则,由外到内,层层剥皮,逐层求导即可.

例 5 求 $y = \cos^2 x$ 的导数.

解 $y' = (\cos^2 x)' = 2\cos x(\cos x)'$

$\qquad = -2\cos x \sin x$

$\qquad = -\sin 2x.$

例 6 求 $y = (x + \sin^2 x)^3$ 的导数.

解 $y' = 3(x + \sin^2 x)^2 \cdot (x + \sin^2 x)'$

$\qquad = 3(x + \sin^2 x)^2 \cdot (1 + 2\sin x \cos x)$

$\qquad = 3(x + \sin^2 x)^2 \cdot (1 + \sin 2x).$

例 7 $y = \arcsin \sqrt{x}$,求 y'.

解 $y' = (\arcsin \sqrt{x})' = \dfrac{1}{\sqrt{1 - (\sqrt{x})^2}}(\sqrt{x})' = \dfrac{1}{2\sqrt{x - x^2}}.$

复合函数的求导法则可以推广到多个中间变量的情形,例如,设 $y = f(u)$,$u = \varphi(v)$,$v = \psi(x)$,则

$$\frac{\mathrm{d}y}{\mathrm{d}x} = \frac{\mathrm{d}y}{\mathrm{d}u} \cdot \frac{\mathrm{d}u}{\mathrm{d}v} \cdot \frac{\mathrm{d}v}{\mathrm{d}x}.$$

例 8 求函数 $y = \mathrm{e}^{\sin^2 x}$ 的导数.

解 $y' = \mathrm{e}^{\sin^2 x}(\sin^2 x)' = \mathrm{e}^{\sin^2 x}2\sin x(\sin x)' = \mathrm{e}^{\sin^2 x}\sin 2x.$

例 9 $y = \ln(\cos(\mathrm{e}^x))$,求 $\dfrac{\mathrm{d}y}{\mathrm{d}x}$.

解 $\dfrac{\mathrm{d}y}{\mathrm{d}x} = [\ln\cos(\mathrm{e}^x)]' = \dfrac{1}{\cos(\mathrm{e}^x)} \cdot [\cos(\mathrm{e}^x)]'$

$\qquad = \dfrac{1}{\cos(\mathrm{e}^x)} \cdot [-\sin(\mathrm{e}^x)] \cdot (\mathrm{e}^x)' = -\mathrm{e}^x \tan(\mathrm{e}^x).$

例 10 设 $y = \sin 5x \cdot \sin^5 x$,求 y'.

解 $y' = (\sin 5x \cdot \sin^5 x)' = (\sin 5x)'\sin^5 x + \sin 5x(\sin^5 x)'$

$\qquad = 5\cos 5x \sin^5 x + \sin 5x \cdot (5\sin^4 x \cos x)$

$\qquad = 5\sin^4 x(\cos 5x \sin x + \sin 5x \cos x)$

$\qquad = 5\sin^4 x \sin 6x.$

练习

求下列函数的导数.

(1) $y = \sin 5x$;

(2) $y = \mathrm{e}^{-2x+3}$;

(3) $y = \ln(x^2 - x + 1)$;

(4) $y = \sqrt{5x^2 - 1}$;

(5) $y = \cos^3 x$;　　　　　　　　(6) $y = (x + \sin^6 x)^7$;

(7) $y = \arctan \sqrt{x}$;　　　　　　(8) $y = e^{\sin \frac{1}{x}}$;

(9) $y = \ln(\sin(e^x))$;　　　　　　(10) $y = \sin 6x \cdot \sin^6 x$.

习　题　2-3

求下列函数的导数.

(1) $y = \sin(x^2 + 1)$;　　(2) $y = \sqrt{2x + 3}$;　　(3) $y = e^{-x}$;

(4) $y = \ln(x^2 + x + 1)$;　　(5) $y = \arctan 5x$;　　(6) $y = (\arcsin x)^3$;

(7) $y = \sqrt{x^2 - 2x + 5}$;　　(8) $y = \log_3(3 + 2x^2)$;　　(9) $y = e^{-x}\cos 3x$;

(10) $y = \sin^2 x \cos 2x$;　　(11) $y = \cos^3 \frac{x}{2}$;　　(12) $y = x^2 e^{-2x} \sin 3x$.

2.4　特殊函数求导法和高阶导数

2.4.1　隐函数及其求导法

1. 隐函数的导数

（1）隐函数的概念

前面讨论的函数皆形如 $y = f(x)$，右端是自变量 x 和一些运算符号等组成的式子，它明显地显示出对 x 如何运算则可以得出对应的函数值，例如，$y = x^2 + x - 2$，$y = \sin 2x$ 等，这种函数称为显函数；而有的函数自变量 x 与因变量 y 的关系是通过方程 $F(x, y) = 0$ 呈现出的，例如 $x + y - 1 = 0$，$x + y^3 - 1 = 0$ 等，当自变量 x 在 $(-\infty, +\infty)$ 内取值时，变量 y 都有唯一确定的值与之对应，这种函数关系称为隐函数.

一般地，如果变量 x，y 之间的函数关系是由某一个方程 $F(x, y) = 0$ 所确定，那么这种函数就叫做由方程所确定的**隐函数**.

（2）隐函数的求导方法

可以化为显函数的隐函数：先化为显函数，再用前面所学的方法求导.

不易或不能化为显函数的隐函数：将方程两边同时对自变量 x 求导，对与只含 x 的项，按通常的方法求导，对于含有 y 以及 y 的函数的项求导时，则分别作为 x 的函数和 x 的复合函数求导. 这样求导后，就得到一个含有 x, y, y' 的等式，从等式中解出 y'，即得隐函数的导数.

例 1　求由方程 $x^2 + y^2 = R^2$（R 是常数）确定的隐函数的导数 $\dfrac{dy}{dx}$.

解　将方程的两边同时对 x 求导，并注意到 y 是 x 的函数，y^2 是 x 的复合函

数,按求导法则得

$$(x^2)' + (y^2)_x' = (R^2)',$$

$$2x + 2y\frac{\mathrm{d}y}{\mathrm{d}x} = 0.$$

从中解出 $\dfrac{\mathrm{d}y}{\mathrm{d}x}$,得

$$\frac{\mathrm{d}y}{\mathrm{d}x} = -\frac{x}{y}.$$

例2 求由方程 $y^5 + 2y - x - 3x^7 = 0$ 所确定的隐函数在 $x = 0$ 处的导数 $y'\big|_{x=0}$.

解 将方程两边同时求导

$$(y^5)'_x + (2y)'_x - (x)' - (3x^7)' = (0)',$$

$$5y^4 y' + 2y' - 1 - 21x^6 = 0.$$

解出 y',为

$$y' = \frac{1 + 21x^6}{5y^4 + 2}.$$

因为当 $x = 0$ 时,可以从原方程中求出 $y = 0$,代入上式,得 $y'\big|_{x=0} = \dfrac{1}{2}$.

从上面的例子可以看出,求隐函数的导数时,可以将方程两边同时对自变量 x 求导,遇到 y 就看成 x 的函数,遇到 y 的函数就看成 x 的复合函数,然后从关系式中解出 y'_x 即可.

练习

求由下列方程确定的隐函数的导数 $\dfrac{\mathrm{d}y}{\mathrm{d}x}$.

(1) $x^2 + y^2 + 2x = 0$;   (2) $x = y + \arctan y$.

2.4.2 对数求导法

对数求导法即等号两边取对数,将其化为隐函数,而后利用隐函数的求导方法求导. 它可用来解决两种类型函数的求导问题:

1. 求幂指函数的导数(形如 $y = \varphi(x)^{\psi(x)}$ 的函数称为幂指函数)

例3 求 $y = x^x$ 的导数 y'.

解 为了求这函数的导数,可以先在两边取对数,得

$$\ln y = \ln x^x, \text{ 即 } \ln y = x \cdot \ln x.$$

上式两边对 x 求导,注意到 y 是 x 的函数,把 y 当作中间变量,按复合函数求导法则,得

$$\frac{1}{y} \cdot y' = \ln x + x(\ln x)' = \ln x + x \cdot \frac{1}{x},$$

于是　　　　　$y' = y(1 + \ln x) = x^x(1 + \ln x).$

例 4　求 $y = x^{\sin x}$ 的导数.

解　两边取自然对数,得　　$\ln y = \sin x \ln x,$

上式两边同时对 x 求导(注意 y 是 x 的函数),得

$$\frac{1}{y}y' = \cos x \ln x + (\sin x)\frac{1}{x},$$

于是

$$y' = y\left(\cos x \ln x + \frac{\sin x}{x}\right) = x^{\sin x}\left(\cos x \ln x + \frac{\sin x}{x}\right).$$

2. 由多个因子的积、商、乘方、开方而成的函数的求导问题

例 5　已知 $y = \sqrt{\dfrac{(x+1)(x+2)}{(x+3)(x+4)}}$ $(x > -1)$,求 y'.

解　先将已知函数取自然对数,整理得

$$\ln y = \frac{1}{2}\big[\ln(x+1) + \ln(x+2) - \ln(x+3) - \ln(x+4)\big],$$

上式两边同时对 x 求导(注意 y 是 x 的函数),得

$$\frac{1}{y}y' = \frac{1}{2}\left(\frac{1}{x+1} + \frac{1}{x+2} - \frac{1}{x+3} - \frac{1}{x+4}\right),$$

$$y' = \frac{1}{2}\sqrt{\frac{(x+1)(x+2)}{(x+3)(x+4)}}\left(\frac{1}{x+1} + \frac{1}{x+2} - \frac{1}{x+3} - \frac{1}{x+4}\right).$$

练习

求下列函数的导数.

(1) $y = x^{\frac{1}{x}}$, $x > 0$;　　　　　(2) $y = x \cdot \sqrt[3]{(3x+1)^2(x-2)}$.

2.4.3　高阶导数

1. 高阶导数的概念

一般地,函数 $y = f(x)$ 的导函数 $y' = f'(x)$ 仍然是 x 的函数,如果它还是可导的,那么我们把 $y' = f'(x)$ 的导数叫做函数 $y = f(x)$ 的**二阶导数**,记作 y'',$f''(x)$ 或 $\dfrac{\mathrm{d}^2 y}{\mathrm{d}x^2}$,即

$$y'' = (y')', \quad f''(x) = [f'(x)]' \quad \text{或} \quad \frac{d^2 y}{d x^2} = \frac{d}{d x}\left(\frac{d y}{d x}\right).$$

相应地，把 $y = f(x)$ 的导数 y' 叫做函数 $y = f(x)$ 的**一阶导数**.

类似地，函数 $y = f(x)$ 的二阶导数的导数叫做 $y = f(x)$ 的**三阶导数**，三阶导数的导数叫做 $y = f(x)$ 的**四阶导数**，…. 一般地，$(n-1)$ 阶导数的导数叫做 $y = f(x)$ 的 n **阶导数**，分别记作

$$y''', \ y^{(4)}, \ \cdots, \ y^{(n)} \ \text{或} \ f'''(x), f^{(4)}(x), \cdots, f^{(n)}(x) \ \text{或} \ \frac{d^3 y}{d x^3}, \frac{d^4 y}{d x^4}, \cdots, \frac{d^n y}{d x^n}.$$

于是，根据定义有

$$y^{(n)} = [y^{(n-1)}]', \quad f^{(n)}(x) = [f^{(n-1)}(x)]' \quad \frac{d^n y}{d x^n} = \frac{d}{d x}\left(\frac{d^{(n-1)} y}{d x^{(n-1)}}\right).$$

二阶及二阶以上的导数叫做 $y = f(x)$ 的**高阶导数**.

例6 求下列函数的二阶导数.

(1) $y = 2x + 3$;   (2) $y = x \ln x$;

(3) $y = \sin^2 \frac{x}{2}$;   (4) $y = e^{-t}\cos t$.

解 (1) $y' = 2$, $y'' = 0$.

(2) $y' = \ln x + x\frac{1}{x} = \ln x + 1$, $y'' = \frac{1}{x}$.

(3) $y' = 2\sin \frac{x}{2}\cos \frac{x}{2} \times \frac{1}{2} = \frac{1}{2}\sin x$, $y'' = \frac{1}{2}\cos x$.

(4) $y' = -e^{-t}\cos t - e^{-t}\sin t = -e^{-t}(\cos t + \sin t)$,

$y'' = e^{-t}(\cos t + \sin t) - e^{-t}(-\sin t + \cos t)$

$= e^{-t}(2\sin t) = 2e^{-t}\sin t.$

例7 设 $f(x) = e^{2x-1}$，求 $f''(0)$.

解 $f'(x) = 2e^{2x-1}$, $f''(x) = 4e^{2x-1}$, $f''(0) = 4e^{-1} = \frac{4}{e}$.

例8 求指数函数 $y = a^x (a > 0, a \neq 1)$ 和 $y = e^x$ 的 n 阶导数.

解 $y' = a^x \ln a$, $y'' = a^x(\ln a)^2, \cdots, y^{(n)} = a^x(\ln a)^n$,

所以 $(a^x)^{(n)} = a^x(\ln a)^n.$

对于 $y = e^x$，有 $(e^x)^{(n)} = e^x(\ln e)^n = e^x.$

例9 求 $y = \sin x$ 与 $y = \cos x$ 的 n 阶导数.

解 $y = \sin x$,

$$y' = \cos x = \sin\left(x + \frac{\pi}{2}\right),$$

$$y'' = \cos\left(x + \frac{\pi}{2}\right) = \sin\left(x + \frac{\pi}{2} + \frac{\pi}{2}\right) = \sin\left(x + 2 \cdot \frac{\pi}{2}\right),$$

$$y''' = \cos\left(x + 2 \cdot \frac{\pi}{2}\right) = \sin\left(x + 3 \cdot \frac{\pi}{2}\right),$$

$$\vdots$$

$$y^{(n)} = \sin\left(x + n \cdot \frac{\pi}{2}\right).$$

即 $$(\sin x)^{(n)} = \sin\left(x + n \cdot \frac{\pi}{2}\right).$$

同理可得 $$(\cos x)^{(n)} = \cos\left(x + n \cdot \frac{\pi}{2}\right).$$

2. 二阶导数的力学意义

设物体作变速直线运动,其运动方程为 $s = s(t)$,则物体运动速度是路程 s 对时间 t 的导数,即

$$v = s'(t) = \frac{\mathrm{d}s}{\mathrm{d}t}.$$

此时,若速度 v 仍是时间 t 的函数,可以求速度 v 对时间 t 的导数,用 a 表示,即

$$a = v'(t) = s''(t) = \frac{\mathrm{d}^2 s}{\mathrm{d}t^2}.$$

a 就是物体运动的加速度,它是路程 s 对时间 t 的二阶导数. 通常把它叫做二阶导数的力学意义.

例 10　已知物体运动方程为 $s = A\cos(\omega t + \varphi)$($A$,$\omega$,$\varphi$ 是常数),求物体的加速度.

解　$s = A\cos(\omega t + \varphi),$
$v = s' = [A\cos(\omega t + \varphi)]' = -A\omega\sin(\omega t + \varphi),$
$a = s'' = [-A\omega\sin(\omega t + \varphi)]' = -A\omega^2\cos(\omega t + \varphi).$

练习

1. 求下列函数的二阶导数.
(1) $y = \mathrm{e}^{2x-1}$；　　(2) $y = x\mathrm{e}^{-x}$；　　(3) $y = x^2\ln x$.
2. 求函数 $y = \mathrm{e}^{2x}$ 的 n 阶导数.

3. 求函数 $y = x^n$ 的 n 阶导数.

习　题　2-4

1. 求由下列方程确定的隐函数的导数 $\dfrac{\mathrm{d}y}{\mathrm{d}x}$.

(1) $x^2 - xy - y^2 = 0$;　　　　　　(2) $\sqrt{x} + \sqrt{y} = 1$;

(3) $xe^y + ye^x = 0$;　　　　　　(4) $x^3 + y^3 - 3x^2y = 0$.

2. 利用对数求下列函数的导数.

(1) $y = (\cos x)^{\sin x}$;　　　　　　(2) $y = x\sqrt{\dfrac{1-x}{1+x}}$;

(3) $y = \dfrac{\sqrt{2+x}(3-x)}{(2x+1)^5}$;　　　　(4) $y = \dfrac{x^2}{1-x}\sqrt[3]{\dfrac{5-x}{(3+x)^2}}$;

(5) $y = 2x^{\sqrt{x}}$;　　　　　　　(6) $y = (\sin x)^{\ln x}$.

3. 求下列函数的二阶导数.

(1) $y = x^2 + \ln x$;　　　　　　(2) $y = x\cos x$;

(3) $y = \dfrac{1-x}{1+x}$;　　　　　　(4) $y = \ln(1+x^2)$, 求 $y''\left(\dfrac{\pi}{4}\right)$.

4. 求曲线 $x^{\frac{3}{2}} + y^{\frac{3}{2}} = 16$ 在点 $(4, 4)$ 处的切线方程和法线方程.

5. 求下列函数的高阶导数.

(1) $y = \ln(1-x^2)$ 求 y'';

(2) $y = (1+x^2)\arctan x$ 求 y'';

(3) $y = x^3\ln x$, 求 $y^{(4)}$.

2.5　函数的微分

2.5.1　微分的定义

　　在实际应用和理论研究当中,往往需要求出一个函数 $y = f(x)$ 的增量 Δy, 可惜 Δy 的精确值的确定往往十分麻烦甚至无计可施,我们强烈企盼有一种求得 Δy 的简便可靠的近似算法,一种运算十分便捷,近似程度又可以相当满意的 Δy 的近似值就是所谓函数的微分.下面先讨论一个具体的例子:

　　一块正方形金属薄片受温度变化影响时,其边长由 x_0 变到 $x_0 + \Delta x$, 如图 2-3 所示,问此薄片的面积改变了多少?

　　设此薄片的边长为 x, 面积为 A, 则 A 是 x 的函数: $A = x^2$. 薄片受温度变化影响时,面积的改变量可以看成当自变量 x 自 x_0 取得增量 Δx 时,函数 A 相应的增量 ΔA, 即

$$\Delta A = (x_0 + \Delta x)^2 - x_0^2 = 2x_0 \Delta x + (\Delta x)^2.$$

从上式可以看出，ΔA 可分成两部分：一部分是 $2x_0 \Delta x$，它是 Δx 的线性函数，即图中带有斜线的两个矩形面积之和；另一部分是 $(\Delta x)^2$，在图中是带有交叉斜线的小正方形的面积. 显然，如图 2-3 所示，$2x_0 \Delta x$ 是面积增量 ΔA 的主要部分，而 $(\Delta x)^2$ 是次要部分，当 $|\Delta x|$ 很小时，$(\Delta x)^2$ 部分比 $2x_0 \Delta x$ 要小得多. 也就是说，当 $|\Delta x|$ 很小时，面积增量 ΔA 可以近似地用 $2x_0 \Delta x$ 表示，即

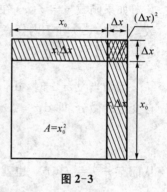

图 2-3

$$\Delta A \approx 2x_0 \Delta x.$$

由此式作为 ΔA 的近似值，略去的部分 $(\Delta x)^2$ 是比 Δx 高阶的无穷小，即

$$\lim_{\Delta x \to 0} \frac{(\Delta x)^2}{\Delta x} = \lim_{\Delta x \to 0} \Delta x = 0.$$

又因为 $A'(x_0) = (x^2)'\big|_{x=x_0} = 2x_0$，所以有

$$\Delta A \approx A'(x_0) \Delta x.$$

这表明，用来近似代替面积改变量 ΔA 的 $2x_0 \Delta x$，实际上是函数 $A = x^2$ 在点 x_0 的导数 $2x_0$ 与自变量 x 的改变量 Δx 的乘积. 这种近似代替具有一定的普遍性.

　　定义　设函数 $y = f(x)$ 在 x_0 的某个邻域内有定义，当自变量在 x_0 处取得增量 Δx 时，如果函数的增量 $\Delta y = f(x_0 + \Delta x) - f(x_0)$ 可以表示为

$$\Delta y = A \Delta x + o(\Delta x),$$

其中，A 是与 x_0 有关而与 Δx 无关的常数，$o(\Delta x)$ 是比 Δx 高阶的无穷小量，则称函数 $y = f(x)$ 在点 x_0 处**可微**，$A \Delta x$ 称为函数 $y = f(x)$ 在点 x_0 处的**微分**，记作 $\mathrm{d}y\big|_{x=x_0}$，即

$$\mathrm{d}y\big|_{x=x_0} = A \Delta x.$$

　　接下来的问题是什么样的函数是可微的，对这个问题有如下结论：

　　定理　函数 $y = f(x)$ 在点 x_0 处可微的充要条件是函数 $y = f(x)$ 在点 x_0 处可导，且

$$\mathrm{d}\,y\big|_{x=x_0} = f'(x_0)\Delta x.$$

如果函数 $y=f(x)$ 在区间 I 内每一点都可微,称函数 $f(x)$ 是 I 内的**可微函数**,函数 $f(x)$ 在 I 内任意一点 x 处的微分就称之为**函数的微分**,记作 $\mathrm{d}\,y$,即

$$\mathrm{d}\,y = f'(x)\Delta x.$$

因为当 $y=x$ 时,$\mathrm{d}\,y = \mathrm{d}\,x = (x)'\Delta x = \Delta x$,因此自变量 x 的增量 Δx 就是自变量的微分,即 $\mathrm{d}\,x = \Delta x$,于是函数 $y=f(x)$ 的微分又可记作

$$\mathrm{d}\,y = f'(x)\mathrm{d}\,x.$$

从而有 $\dfrac{\mathrm{d}\,y}{\mathrm{d}\,x} = f'(x)$. 也就是说,函数的微分 $\mathrm{d}\,y$ 与自变量的微分 $\mathrm{d}\,x$ 之商等于该函数的导数. 因此,导数也叫做"微商". 以前我们用 $\dfrac{\mathrm{d}\,y}{\mathrm{d}\,x}$ 表示 y 对 x 的导数,$\dfrac{\mathrm{d}\,y}{\mathrm{d}\,x}$ 被看作一个整体记号,现在可以把 $\dfrac{\mathrm{d}\,y}{\mathrm{d}\,x}$ 看作一个分式,它是函数的微分 $\mathrm{d}\,y$ 与自变量的微分 $\mathrm{d}\,x$ 之商.

由上面讨论可知函数的微分有如下特点:

(1) 函数 $f(x)$ 在 x 处可微与可导是等价的;

(2) 微分 $f'(x_0)\Delta x$ 是增量 Δy 的近似值,其误差 $\alpha = \Delta y - f'(x_0)\Delta x$ 是比 Δx 高阶的无穷小量,$|\Delta x|$ 越小,误差越小;

(3) 微分 $\mathrm{d}\,y$ 是 Δx 的一次函数(线性函数);

(4) 导数 $\dfrac{\mathrm{d}\,y}{\mathrm{d}\,x}$ 为函数的微分与自变量的微分之商.

例 1   求函数 $y=x^2$ 在 $x=1$,$\Delta x = 0.01$ 时的增量 Δy 与微分 $\mathrm{d}\,y$.

解   函数 $y=x^2$ 在 $x=1$ 处的增量为 $\Delta y = (1+0.01)^2 - 1^2 = 0.0201$;
函数 $y=x^2$ 在 $x=1$ 处的微分为 $\mathrm{d}\,y = (x^2)'\big|_{x=1}\Delta x = 2\times 0.01 = 0.02$.

例 2   求出函数 $y=f(x)=x^2-3x+5$ 当 $x=1$ 且 (1) $\Delta x = 0.1$;(2) $\Delta x = 0.01$ 时的增量 Δy 与微分 $\mathrm{d}\,y$.

解   函数增量 $\Delta y = [(x+\Delta x)^2 - 3(x+\Delta x)+5] - (x^2-3x+5)$
$$= (2x-3)\Delta x + (\Delta x)^2,$$
函数微分 $\mathrm{d}\,y = f'(x)\Delta x = (2x-3)\Delta x$,于是

(1) 当 $x=1$,$\Delta x = 0.1$ 时,$\Delta y = (2\times 1-3)\times 0.1 + 0.1^2 = -0.09$,

$$\mathrm{d}\,y = (2\times 1-3)\times 0.1 = -0.1, \quad \Delta y - \mathrm{d}\,y = 0.01.$$

(2) 当 $x=1$,$\Delta x = 0.01$ 时,$\Delta y = (2\times 1-3)\times 0.01 + 0.01^2 = -0.0099$,

$$\mathrm{d}y = (2 \times 1 - 3) \times 0.01 = -0.01, \quad \Delta y - \mathrm{d}y = 0.0001.$$

由本例可以看到,$|\Delta x|$ 越小,Δy 与 $\mathrm{d}y$ 的差越小.

例 3 设 $y = \dfrac{\ln x}{x}$,求 $\mathrm{d}y|_{x=1}$.

解 $y' = \dfrac{1 - \ln x}{x^2}$, $\mathrm{d}y = y'\mathrm{d}x = \dfrac{1 - \ln x}{x^2}\mathrm{d}x$,$\mathrm{d}y\Big|_{x=1} = y'(1)\mathrm{d}x = \mathrm{d}x$.

例 4 设 $y = \tan \dfrac{x}{2}$,求 $\mathrm{d}y$.

解 $y' = \dfrac{1}{2}\sec^2\dfrac{x}{2}$, $\mathrm{d}y = y'\mathrm{d}x = \dfrac{1}{2}\sec^2\dfrac{x}{2}\mathrm{d}x$.

练习

1. 求函数 $f(x) = x^3$ 当 $x = 2$ 且 $\Delta x = 0.01$ 时的 Δy 与 $\mathrm{d}y$.

2. 求下列函数的微分 $\mathrm{d}y$.

(1) $y = x\ln x$;   (2) $y = x^3 + x^2 + 1$;

(3) $y = 2\sqrt{x}$;   (4) $y = \arctan\dfrac{x}{2}$.

2.5.2 微分的几何意义

为了对微分有比较直观的了解,下面来说明微分的几何意义.

设图 2-4 是函数 $y = f(x)$ 的图像,过曲线上一点 M 作切线 MT,设 MT 的倾角为 α,则 $\tan\alpha = f'(x)$.

当自变量有增量 Δx 时,切线 MT 的纵坐标也有增量

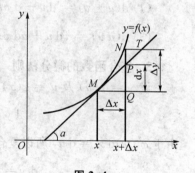

图 2-4

$$QP = \Delta x\tan\alpha = f'(x)\Delta x = \mathrm{d}y.$$

因此,函数 $y = f(x)$ 在 x 处的微分的几何意义是:曲线 $y = f(x)$ 在点 $M(x, y)$ 的切线 MT 的纵坐标对应于 Δx 的相应增量 QP.

当 $|\Delta x|$ 很小时,$|y - \mathrm{d}y|$ 比 $|\Delta x|$ 小得多,因此在点 M 的邻近,可以用切线段来近似代替曲线段.

2.5.3 微分公式与微分法则

从函数的微分的表达式 $\mathrm{d}y = f'(x)\mathrm{d}x$ 可以看出,要计算函数的微分,只要计算函数的导数,再乘以自变量的微分即可. 因此,对于每一个导数公式和求导法则,

都有相应的微分公式和微分法则,为了便于查阅与对照,我们汇总如下:

1. 基本初等函数的微分公式

由基本初等函数的导数公式,可以直接写出基本初等函数的微分公式:

(1) $\mathrm{d}c = 0$(c 为常数);

(2) $\mathrm{d}(x^{\mu}) = \mu x^{\mu-1}\mathrm{d}x$($\mu$ 为任意常数);

(3) $\mathrm{d}(\sin x) = \cos x\mathrm{d}x$;

(4) $\mathrm{d}(\cos x) = -\sin x\mathrm{d}x$;

(5) $\mathrm{d}(\tan x) = \sec^2 x\mathrm{d}x$;

(6) $\mathrm{d}(\cot x) = -\csc^2 x\mathrm{d}x$;

(7) $\mathrm{d}(\sec x) = \sec x\tan x\mathrm{d}x$;

(8) $\mathrm{d}(\csc x) = -\csc x\cot x\mathrm{d}x$;

(9) $\mathrm{d}(a^x) = a^x\ln a\mathrm{d}x$;

(10) $\mathrm{d}(\mathrm{e}^x) = \mathrm{e}^x\mathrm{d}x$;

(11) $\mathrm{d}(\log_a x) = \dfrac{1}{x\ln a}\mathrm{d}x$;

(12) $\mathrm{d}(\ln x) = \dfrac{1}{x}\mathrm{d}x$;

(13) $\mathrm{d}(\arcsin x) = \dfrac{1}{\sqrt{1-x^2}}\mathrm{d}x$;

(14) $\mathrm{d}(\arccos x) = -\dfrac{1}{\sqrt{1-x^2}}\mathrm{d}x$;

(15) $\mathrm{d}(\arctan x) = \dfrac{1}{1+x^2}\mathrm{d}x$;

(16) $\mathrm{d}(\text{arccot}\, x) = -\dfrac{1}{1+x^2}\mathrm{d}x$.

2. 微分的四则运算法则

由导数的四则运算法则,可推得相应的微分法则(设 $u = u(x)$,$v = v(x)$ 都可导):

(1) $\mathrm{d}(u \pm v) = \mathrm{d}u \pm \mathrm{d}v$;

(2) $\mathrm{d}(cu) = c\mathrm{d}u$($c$ 为常数);

(3) $\mathrm{d}(uv) = v\mathrm{d}u + u\mathrm{d}v$;

(4) $\mathrm{d}\left(\dfrac{u}{v}\right) = \dfrac{v\mathrm{d}u - u\mathrm{d}v}{v^2}$ ($v \neq 0$).

3. 复合函数的微分法则

设 $y = f(u)$ 及 $u = \varphi(x)$ 都可导,则复合函数 $y = f(\varphi(x))$ 的微分为

$$\mathrm{d}y = y'_x\mathrm{d}x = f'(u)\varphi'(x)\mathrm{d}x.$$

由于 $\varphi'(x)\mathrm{d}x = \mathrm{d}u$,所以复合函数 $y = f(\varphi(x))$ 的微分公式可以写成

$$\mathrm{d}y = f'(u)\mathrm{d}u \quad \text{或} \quad \mathrm{d}y = y'_u\mathrm{d}u.$$

由此可见,无论 u 是自变量还是另一个变量的可微函数,微分形式 $\mathrm{d}y = f'(u)\mathrm{d}u$ 保持不变. 这一性质称为**微分形式不变性**. 应用此性质可方便地求复合函数的微分.

例 5 求 $y = \ln(3x+2)$ 的微分 $\mathrm{d}y$.

解 1 利用 $\mathrm{d}y = y'\mathrm{d}x$ 得

$$\mathrm{d}y = [\ln(3x+2)]'\mathrm{d}x = \frac{(3x+2)'}{3x+2}\mathrm{d}x = \frac{3}{3x+2}\mathrm{d}x.$$

解 2 设 $u = 3x+2$,则 $y = \ln u$,于是由微分形式不变性有

$$\mathrm{d}\,y = (\ln u)'\mathrm{d}\,u = \frac{1}{u}\mathrm{d}\,u = \frac{1}{3x+2}\mathrm{d}(3x+2) = \frac{3}{3x+2}\mathrm{d}\,x.$$

注意:利用微分形式不变性求微分,熟练之后可不用写出 u,如例 5 中的解 2 可写成如下形式: $\mathrm{d}\,y = \frac{1}{3x+2}\mathrm{d}(3x+2) = \frac{3}{3x+2}\mathrm{d}\,x.$

例 6 设 $y = \mathrm{e}^{\sin^2 x}$,求 $\mathrm{d}\,y$.

解 利用微分形式不变性有

$$\mathrm{d}\,y = \mathrm{e}^{\sin^2 x}\mathrm{d}(\sin^2 x) = \mathrm{e}^{\sin^2 x}2\sin x\,\mathrm{d}(\sin x) = \mathrm{e}^{\sin^2 x}2\sin x\cos x\mathrm{d}\,x$$
$$= \sin 2x\mathrm{e}^{\sin^2 x}\mathrm{d}\,x.$$

练习

1. 利用微分形式不变性求下列函数的微分.

(1) $y = \ln(1-3x)$;

(2) $y = \mathrm{e}^{\cos^2 x}$;

(3) $y = \sin(2x+1)$;

(4) $y = (1+x+x^2)^3$;

(5) $y = \tan^2 x$;

(6) $y = \sqrt{\arcsin x}$.

4. 凑微分

由微分的公式 $\mathrm{d}\,y = y'\mathrm{d}\,x$ 可以得到 $y'\mathrm{d}\,x = \mathrm{d}\,y$,这一过程称为**凑微分**. 由于后面积分的计算常常要用到凑微分法,故熟练掌握凑微分的方法至关重要. 现举例说明如何进行凑微分.

例 7 填空.

(1) $x^2\mathrm{d}\,x = \mathrm{d}(\quad)$;

(2) $x^3\mathrm{d}\,x = \mathrm{d}(\quad)$;

(3) $x^\mu\mathrm{d}\,x = \mathrm{d}(\quad)$;

(4) $2\mathrm{d}\,x = \mathrm{d}(\quad)$;

(5) $\cos x\mathrm{d}\,x = \mathrm{d}(\quad)$;

(6) $\cos u\,\mathrm{d}\,u = \mathrm{d}(\quad)$;

(7) $\cos 2x\mathrm{d}(2x) = \mathrm{d}(\quad)$;

(8) $\cos 2x\mathrm{d}\,x = \mathrm{d}(\quad)$.

解 (1)因为 $\left(\dfrac{x^3}{3}\right)' = x^2$,故 $\mathrm{d}\left(\dfrac{x^3}{3}\right) = x^2\mathrm{d}\,x$;

一般地,有 $x^2\mathrm{d}\,x = \mathrm{d}\left(\dfrac{x^3}{3}+C\right)$($C$ 为任意常数).

(2) 因为 $\left(\dfrac{x^4}{4}\right)' = x^3$,故 $\mathrm{d}\left(\dfrac{x^4}{4}\right) = x^3\mathrm{d}\,x$;

一般地,有 $x^3\mathrm{d}\,x = \mathrm{d}\left(\dfrac{x^4}{3}+C\right)$($C$ 为任意常数).

(3) 因为 $\left(\dfrac{x^{\mu+1}}{\mu+1}\right)' = x^\mu$,故 $\mathrm{d}\left(\dfrac{x^{\mu+1}}{\mu+1}\right) = x^\mu\mathrm{d}\,x$;

一般地,有 $x^{\mu} \mathrm{d}x = \mathrm{d}\left(\dfrac{x^{\mu+1}}{\mu+1} + C\right)$($C$ 为任意常数).

(4) 因为 $\mathrm{d}(Cu) = C\mathrm{d}u$,故 $C\mathrm{d}u = \mathrm{d}(Cu)$,从而有 $2\mathrm{d}x = \mathrm{d}(2x)$;

一般地,有 $2\mathrm{d}x = \mathrm{d}(2x + C)$($C$ 为任意常数).

(5) 因为 $(\sin x)' = \cos x$,故 $\mathrm{d}(\sin x) = \cos x\mathrm{d}x$;

一般地,有 $\cos x\mathrm{d}x = \mathrm{d}(\sin x + C)$($C$ 为任意常数).

(6) 将(5)中的变量 x 改成 u,有 $\cos u\mathrm{d}u = \mathrm{d}(\sin u + C)$($C$ 为任意常数).

(7) 将(6)中的变量 u 改成 $2x$,有 $\cos 2x\mathrm{d}(2x) = \mathrm{d}(\sin 2x + C)$($C$ 为任意常数).

(8) $\cos 2x\mathrm{d}x = \dfrac{1}{2}\cos 2x \cdot 2\mathrm{d}x = \dfrac{1}{2}\cos 2x\mathrm{d}(2x) = \mathrm{d}\left(\dfrac{\sin 2x}{2} + C\right)$($C$ 为任意

常数).

例 7 中的(3)可作为公式使用.

练习

填空.

(1) $\dfrac{1}{1+x^2}\mathrm{d}x = \mathrm{d}(\quad)$;

(2) $\sec^2 x\mathrm{d}x = \mathrm{d}(\quad)$;

(3) $x^8\mathrm{d}x = \mathrm{d}(\quad)$;

(4) $\dfrac{1}{\sqrt{x}}\mathrm{d}x = \mathrm{d}(\quad)$;

(5) $\cos 5x\mathrm{d}x = \mathrm{d}(\quad)$;

(6) $\sin 2x\mathrm{d}x = \mathrm{d}(\quad)$;

(7) $\mathrm{e}^{2x}\mathrm{d}x = \mathrm{d}(\quad)$;

(8) $\mathrm{e}^{-x}\mathrm{d}x = \mathrm{d}(\quad)$.

2.5.4 微分的应用

在经济和工程问题中,经常会遇到一些复杂的计算公式,如果直接用这些公式进行计算是很费力的,利用微分往往可以把一些复杂的计算公式改用简单的近似公式来代替.

1. 函数增量的近似计算

如果 $y = f(x)$ 在 x_0 点可微,则函数的增量

$$\Delta y = f'(x_0)\Delta x + o(\Delta x) = \mathrm{d}y + o(\Delta x),$$

当 $|\Delta x|$ 很小时,有 $\Delta y \approx f'(x_0)\Delta x$.

例 8 半径 10 cm 的金属原片加热后半径伸长了 0.05 cm,问面积增大了多少?

解 设 $A = \pi r^2$,$r = 10\ \mathrm{cm}$,$\Delta r = 0.05\ \mathrm{cm}$,则

$$\Delta A \approx \mathrm{d}A = 2\pi r \cdot \Delta r = 2\pi \times 10 \times 0.05 = \pi\ (\mathrm{cm}^2).$$

例 9 有一批半径为 1 cm 的球,为了提高球面的光洁度,要镀上一层铜,厚度定

为 0.01 cm,估计一下每只球需用铜多少 g(铜的密度是 8.9 g/cm³)?

解 先求出镀层的体积,再求相应的质量.

因为镀层的体积等于两个球体体积之差 ΔV,所以它就是球体体积

$$V = \frac{4}{3}\pi R^3,$$

当 R 自 R_0 取得增量 ΔR 时的增量,我们求 V 对 R 的导数:

$$V'\big|_{R=R_0} = \left(\frac{4}{3}\pi R^3\right)'\bigg|_{R=R_0} = 4\pi R_0^2, \quad \Delta V \approx 4\pi R_0^2 \cdot \Delta R.$$

将 $R_0 = 1$,$\Delta R = 0.01$ 带入上式,得

$$\Delta V \approx 4 \times 3.14 \times 1^2 \times 0.01 = 0.13 (\text{cm}^3).$$

于是镀每只球需用的铜约为 $0.13 \times 8.9 = 1.16(\text{g})$.

例 10 设钟摆的周期是 1 s,在冬季摆长至多缩短 0.01 cm,试问此钟每天至多快几秒?

解 由物理学知道,单摆周期 T 与摆长 l 的关系为 $T = 2\pi\sqrt{\dfrac{l}{g}}$,其中 g 是重力加速度.已知钟摆周期为 1 s,故此摆原长为 $l_0 = \dfrac{g}{(2\pi)^2}$.

当摆长最多缩短 0.01 cm 时,摆长的增量 $\Delta l = -0.01$,它引起单摆周期的增量

$$\Delta T \approx \frac{\mathrm{d}T}{\mathrm{d}l}\bigg|_{l=l_0} \cdot \Delta l = \frac{\pi}{\sqrt{g}} \cdot \frac{l}{\sqrt{l_0}}\Delta l = \frac{2\pi^2}{g}\Delta l = \frac{2\pi^2}{980}(-0.01) \approx -0.0002(\text{s}).$$

这就是说加快约 0.0002 s,因此每天大约加快

$$60 \times 60 \times 24 \times 0.0002 = 17.28(\text{s}).$$

2. 函数值的近似计算

由 $\Delta y = f(x_0 + \Delta x) - f(x_0)$,$\mathrm{d}y = f'(x_0)\mathrm{d}x = f'(x_0)\Delta x$,$\Delta y \approx \mathrm{d}y$ 得

$$f(x_0 + \Delta x) \approx f(x_0) + f'(x_0)\Delta x,$$

令 $x = x_0 + \Delta x$,有

$$f(x) \approx f(x_0) + f'(x_0)(x - x_0) \text{ (用导数作近似计算公式).}$$

若 $x_0 = 0$,则 $f(x) \approx f(0) + f'(0)x$.

说明: (1) 要计算 $f(x)$ 在 x 点的数值,直接计算 $f(x)$ 比较困难,而在 x 点附近一点 x_0 处的函数值 $f(x_0)$ 和它的导数 $f'(x_0)$ 却都比较容易求出,于是可以利用 $f(x_0) + f'(x_0)(x - x_0)$ 作为 $f(x)$ 的近似值,x 与 x_0 越接近越精确.

(2) 常用的近似公式(假定 $|x|$ 是较小的数值):

① $\sqrt[n]{1+x} \approx 1 + \dfrac{1}{n} x$;　　　② $e^x \approx 1 + x$;　　　③ $\ln(1+x) \approx x$;

④ $\sin x \approx x$ (x 用弧度作单位来表达);

⑤ $\tan x \approx x$ (x 用弧度作单位来表达).

如:

(1) $\sqrt{1.05} \approx 1 + \dfrac{1}{2} \times 0.05 = 1.025$. (直接开方的结果是 $\sqrt{1.05} = 1.02470$)

(2) $\sqrt[3]{1.00012} \approx 1 + \dfrac{1}{3} \times 0.00012 = 1.00004$.

(3) $e^{0.0213} \approx 1 + 0.0213 = 1.0213$.

(4) $\ln 1.00415 \approx 0.00415$.

(5) $\sin 0.021 \approx 0.021$.

例 11　计算 $\arctan 1.01$ 的近似值.

解　设 $f(x) = \arctan x$,则 $f(x_0 + \Delta x) = \arctan(x_0 + \Delta x)$,$f'(x) = \dfrac{1}{1+x^2}$.

由 $f(x_0 + \Delta x) \approx f(x_0) + f'(x_0)\Delta x$,取 $x_0 = 1$,$\Delta x = 0.01$,得

$$\arctan 1.01 = \arctan(1 + 0.01) \approx \arctan 1 + \frac{1}{1+1^2} \times 0.01 \approx 0.790.$$

例 12　设某国的国民经济消费模型为 $y = 10 + 0.4x + 0.01x^{\frac{1}{2}}$,其中,y 为总消费(单位:10 亿元);x 为可支配收入(单位:10 亿元). 当 $x = 100.05$ 时,问总消费是多少?

解　令 $x_0 = 100$,$\Delta x = 0.05$,$y' = 0.4 + \dfrac{0.01}{2\sqrt{x}}$,

$$\begin{aligned}
f(100.05) &\approx f(100) + f'(100) \times 0.05 \\
&= (10 + 0.4 \times 100 + 0.01 \times 100^{\frac{1}{2}}) + \left(0.4 + \frac{0.01}{2\sqrt{100}}\right) \times 0.05 \\
&= 50.120025(10 亿元).
\end{aligned}$$

3. 误差估计

在生产实践中,经常要测量各种数据,但是有的数据不易直接测量,这时就通过测量其他有关数据后,根据某种公式算出所要的数据. 由于测量仪器的精度、测

量的条件和测量的方法等各种因素的影响,测得的数据往往带有误差,而根据带有误差的数据计算所得的结果也会有误差,我们把它叫做**间接测量误差**.

下面就讨论怎样用微分来估计间接测量误差.

(1)绝对误差:如果某个量的精确值为 A,它的近似值为 a,那么 $\delta = |A - a|$ 叫做 a 的绝对误差.

(2)相对误差:绝对误差 δ 与 $|a|$ 的比值 $\dfrac{\delta}{|a|}$ 叫做 a 的相对误差.

在实际工作中,某个量的精确值往往是无法知道的,于是绝对误差和相对误差也就无法求得.但是根据测量仪器的精度等因素,有时能确定误差在某一个范围内.如果某个量的精确值为 A,测得它的近似值为 a,又知道它的误差不超过 δ_A,则可定义绝对误差限和相对误差限如下:

(3)绝对误差限:若 $|A - a| \leqslant \delta_A$,则称 δ_A 为测量 A 的绝对误差限.

(4)相对误差限:$\dfrac{\delta_A}{|a|}$ 为测量 A 的相对误差限.

一般地,根据直接测量的 x 值按公式 $y = f(x)$ 计算 y 值时,如果已知测量 x 的绝对误差限是 δ_x,即 $|\Delta x| \leqslant \delta_x$,则当 $y' \neq 0$ 时,y 的绝对误差

$$|\Delta y| \approx |dy| = |y'| \cdot |\Delta x| \leqslant |y'| \cdot \delta_x.$$

即 y 的绝对误差限约为 $\delta_y = |y'| \cdot \delta_x$,$y$ 的相对误差限约为 $\dfrac{\delta_y}{|y|} = \left|\dfrac{y'}{y}\right| \cdot \delta_x$.

以后常把绝对误差限和相对误差限简称为绝对误差和相对误差.

例 13 设测得圆钢截面的直径 $D = 60.03$ mm,测量 D 的绝对误差限 $\delta_D = 0.05$ mm,欲用公式 $A = \dfrac{\pi}{4}D^2$ 计算圆钢截面积,试估计面积的误差.

解 A 的绝对误差限约为

$$\delta_A = |A'| \cdot \delta_D = \dfrac{\pi}{2}D \cdot \delta_D = \dfrac{\pi}{2} \times 60.0 \times 0.05 \approx 4.715 (\text{mm}^2).$$

A 的相对误差限约为

$$\dfrac{\delta_A}{|A|} = \dfrac{\dfrac{\pi}{2}D\delta_D}{\dfrac{\pi}{4}D^2} = 2\dfrac{\delta_D}{D} = 2 \times \dfrac{0.05}{60.0} = 0.17\%.$$

例 14 设测得一球体的直径为 42 cm,测量工具的精度为 0.05 cm,试求以此直径计算球体体积时所引起的误差.

解 由直径 d 计算球体体积的函数式是 $V = \dfrac{1}{6}\pi d^3$.

取 $d_0 = 42$，$\delta_d = 0.05$，求得 $V_0 = \dfrac{1}{6}\pi d_0^3$,

则球体体积的绝对误差限为

$$\delta_V = \left| \frac{1}{2}\pi d_0^2 \right| \cdot \delta_d = \frac{\pi}{2} \cdot 42^2 \cdot 0.05$$

$$\approx 138.54 (\text{cm}^3).$$

相对误差限为

$$\frac{\delta_V}{|V_0|} = \frac{\dfrac{1}{2}\pi d_0^2}{\dfrac{1}{6}\pi d_0^3} \cdot \delta_d = \frac{3}{d_0} \cdot \delta_d \approx 0.357\%.$$

习 题 2-5

1. 求下列函数在给定条件下的增量 Δy 与微分 $\mathrm{d}y$.

(1) $y = 3x - 1$，x 由 0 变到 0.02；　　　(2) $y = x^2 + 2x + 3$，x 由 2 变到 1.95.

2. 求下列函数在指定点的微分 $\mathrm{d}y$.

(1) $y = \dfrac{x}{1+x}$，$x = 0$ 和 $x = 1$；　　　(2) $y = \mathrm{e}^{\sin x}$，$x = 0$ 和 $x = \dfrac{\pi}{4}$.

3. 求下列函数微分 $\mathrm{d}y$.

(1) $y = x^4 + 5x + 6$；　　　(2) $y = \dfrac{1}{x} + 2\sqrt{x}$；　　　(3) $y = \mathrm{e}^{\sin 3x}$；

(4) $y = \mathrm{e}^{2x} + \mathrm{e}^{-2x}$；　　　(5) $y = \ln(1 + x^4)$；　　　(6) $y = \mathrm{e}^{-x} - \cos(3 - x)$.

4. 利用微分近似公式求近似值.

(1) $\mathrm{e}^{1.01}$；　　　(2) $\ln 0.98$；　　　(3) $\sqrt[3]{1010}$；　　　(4) $\sqrt[3]{1.05}$.

5. 造一个半径为 1 m 的球壳，厚度为 1.5 cm，需用材料多少立方米？

6. 为计算球的体积，要求误差不超过 1‰，度量球的半径时允许的相对误差是多少？

复习题 2

一、单选题

1. 设 $f(x) = \dfrac{x}{\cos x}$，则 $f'(0) = ($ 　　$)$，$f'(\pi) = ($ 　　$)$.

A. 1, 0　　　　B. 1, -1　　　　C. 0, -1　　　　D. 0, 1

2. 设 $f(x) = \sqrt{x^2 + 1}$，则 $f'(0) = ($ 　　$)$.

A. 0   B. 1   C. $\dfrac{1}{2}$ D. $-\dfrac{1}{2}$

3. 可导的偶函数,其导函数为(　　)函数,可导的奇函数,其导数为(　　)函数.

A. 奇,偶   B. 偶,奇   C. 奇,奇   D. 不能确定

4. 函数 $f(x)$ 在点 $x = x_0$ 处可导是 $f(x)$ 在点 $x = x_0$ 处可微的(　　)条件.

A. 充分不必要   B. 充分必要   C. 必要不充分   D. 不能确定

5. 函数 $f(x)$ 在点 $x = x_0$ 处的左导数以及右导数都存在并且相等是 $f(x)$ 在点 $x = x_0$ 处可导的(　　)条件.

A. 充分不必要   B. 充分必要   C. 必要不充分   D. 不能确定

6. 函数 $y = x^2$ 当 x 从 1 改变到 1.01 时的微分是(　　).

A. 1.01   B. 0.01   C. 1.02   D. 0.02

7. 设函数 $f(x)$ 可导且下列各极限都存在,则(　　)不成立.

A. $f'(0) = \lim\limits_{x \to 0} \dfrac{f(x) - f(0)}{x}$ B. $f'(a) = \lim\limits_{h \to 0} \dfrac{f(a + 2h) - f(a)}{h}$

C. $f'(x_0) = \lim\limits_{\Delta x \to 0} \dfrac{f(x_0) - f(x_0 - \Delta x)}{\Delta x}$ D. $f'(x_0) = \lim\limits_{\Delta x \to 0} \dfrac{f(x_0 + \Delta x) - f(x_0 - \Delta x)}{2\Delta x}$

8. 若 $\lim\limits_{x \to a} \dfrac{f(x) - f(a)}{x - a} = A$,$A$ 为常数,则有(　　).

A. $f(x)$ 在点 $x = a$ 处连续   B. $f(x)$ 在点 $x = a$ 处可导

C. $\lim\limits_{x \to a} f(x)$ 存在   D. 以上都不对

9. 若 $y = \sin x$,则 $y^{(10)} = ($　　$)$.

A. $\sin x$ B. $-\sin x$ C. $\cos x$ D. $-\cos x$

10. 曲线 $y = x^3 - 3x$ 上,切线平行于 x 轴的点有(　　).

A. $(-1, -2)$ B. $(1, 2)$ C. $(-1, 2)$ D. $(0, 0)$

二、填空题

1. 若 $x = 1$,而 $\Delta x = 0.1$,则对于 $y = x^2$,Δy 与 dy 之差是 _____;当 $\Delta x = 0.01$ 时,Δy 与 dy 之差是 _____.

2. 若 $f(x) = 3x^4 + 2x^3 + 5$,则 $f'(0) = $ _____,$f'(1) = $ _____.

3. 若 $f(x) = \sqrt{1 + \sqrt{x}}$,则 $f'(1) = $ _____,$f'(4) = $ _____.

4. 由参数方程 $\begin{cases} x = \cos^4 t \\ y = \sin^4 t \end{cases}$ 所确定的函数,在 $t = 0$ 时,此函数的导数 $\dfrac{dy}{dx} = $ _____;由

参数方程 $\begin{cases} x = 2t - t^2 \\ y = 3t - t^3 \end{cases}$ 所确定的函数的二阶导数 $\dfrac{d^2 y}{dx^2} = $ _____.

5. 若已知函数 $f(x) = ax^2 + \sin bx + c$,且 $f'(0) = 1$,$f'(\pi) = 2\pi 1$,则常数 $a = $ _____,常数 $b = $ _____.若 $f(0) = 2$,则常数 $c = $ _____.

6. 函数 $y = x \sin 2x$ 的微分是 _____,函数 $y = [\ln(1x)]^2$ 的微分是 _____.

7. 填入适当的函数,使等号成立:$d($　　$) = 3x dx$,$d($　　$) = \sin 2x dx$,$d($　　$) = e^{-2x} dx$.

8. 设函数 $y = y(x)$ 由方程 $e^y + xy = e$ 所确定,则 $y'(0) = $ _____ , $y''(0) = $ _____ .

9. 若抛物线 $y = x^2$ 与 $y = x^3$ 的切线平行,则自变量 x 取值为 _____ .

10. 设函数 $f(x)$ 是可导的偶函数且 $f'(0)$ 存在,则 $f'(0) = $ _____ .

三、计算及证明题

1. 求下列函数的导数.

(1) $y = 3x^2 + 2$;   (2) $y = (x^2 - 1)^3$;   (3) $y = x^3 \log_3 x$;

(4) $y = \dfrac{\tan x}{x}$;   (5) $y = \dfrac{x}{1 - \cos x}$;   (6) $y = \dfrac{1 - x^2}{1 + x + x^2}$.

2. 求下列函数的微分.

(1) $y = \dfrac{1}{x} + 2\sqrt{x}$;   (2) $y = x\sin 2x$;

(3) $y = x^2 e^{2x}$;   (4) $y = \arctan \dfrac{1 - x^2}{1 + x^2}$.

3. 设 $y = \arctan x$,证明它满足方程 $(1 + x^2)y'' + 2xy' = 0$.

4. 用定义求函数 $f(x) = x^3$ 在点 $x = 1$ 的导数.

5. 证明函数 $f(x) = \begin{cases} x\sin \dfrac{1}{x}, & x \neq 0, \\ 0, & x = 0 \end{cases}$ 在 $x = 0$ 处不可导.

6. 设 $f(x) = \begin{cases} x^2, & x \geqslant 3, \\ ax + b, & x < 3, \end{cases}$ 试确定 a, b 的值,使 $f(x)$ 在 $x = 3$ 处可导.

7. 已知直线运动方程为 $s = 10t + 5t^2$,分别令 $\Delta t = 1, 0.1, 0.01$ 求从 $t = 4$ 到 $t = 4 + \Delta t$ 这一段时间内运动的平均速度以及 $t = 4$ 时的瞬时速度.

8. 求曲线 $y = x^3$ 在点 $P(x_0, y_0)(x_0 \neq 0)$ 的切线方程与法线方程.

9. 试确定曲线 $y = \ln x$ 上哪些点的切线平行于直线 $y = x - 1$.

10. 求 $\sqrt{0.97}$ 的近似值.

11. 求下列函数的高阶导数.

(1) $f(x) = x\ln x$,求 $f''(x)$;   (2) $f(x) = e^{-x^2}$,求 $f'''(x)$;

(3) $f(x) = \ln(x+1)$,求 $f^{(5)}(x)$;   (4) $f(x) = x^3 e^x$,求 $f^{(10)}(x)$;

12. 现在已经测得一根圆轴的直径为 43 厘米,并知在测量中绝对误差不超过 0.2 厘米.求以此数据计算圆轴的横截面面积时所引起的误差.

13. 设有一个吊桥,其铁链成一抛物线形状,桥两端系于相距 100 米且高度相同的支柱上,铁链之最低点在悬点(在支柱最下端,即铁链所系之处)下 10 米处.求铁链与支柱所成的夹角.

第 3 章 导 数 的 应 用

本章一是利用导数来研究经济函数的边际问题和弹性问题；二是利用导数研究函数的各种性态，如单调性、极值、最大最小值、曲线的凹凸性、拐点等问题，并对经济最值问题与经济优化问题进行了初步探讨.

3.1 导数的经济应用——边际分析与弹性分析

边际分析与弹性分析是经济学中研究市场供给、需求、消费行为和收益等问题的重要方法，利用边际和弹性的概念，可以描述和解释一些经济规律和经济现象，如经济学中的边际效用和著名的丰收悖论等.下面用导数的概念来定义边际和弹性.

3.1.1 边际分析

1. 边际函数

在经济学中，常常用到平均变化率与边际这两个概念.设函数 $y = f(x)$ 可导，在数量关系上，

（1）平均变化率指的是函数值的改变量与自变量的改变量的比值，如果用函数形式来表示的话，就是 $\dfrac{\Delta y}{\Delta x} = \dfrac{f(x_0 + \Delta x) - f(x_0)}{\Delta x}$，它表示在 $(x_0, \ x_0 + \Delta x)$ 内 $f(x)$ 的平均变化速度.

（2）而边际则是自变量的改变量 Δx 趋于零时 $\dfrac{\Delta y}{\Delta x}$ 的极限，即 $f'(x)$，可以说，导数应用在经济学上就是边际，$f(x)$ 在点 $x = x_0$ 的导数 $f'(x_0)$ 称为 $f(x)$ 在点 $x = x_0$ 的边际函数值，$f'(x_0)$ 表示 $f(x)$ 在点 $x = x_0$ 处的变化速度.

值得注意的是：

对于经济函数 $f(x)$，经济变量 x 在 x_0 有一个改变量 Δx，则经济变量 y 的值也有一个相应的改变量为

$$\Delta y = f(x_0 + \Delta x) - f(x_0) \approx f'(x_0)\Delta x.$$

特别地,当 $\Delta x = 1$ 时,则 $\Delta y \approx f'(x_0)$. 这就说明当 x 在 x_0 改变“一个单位”时,y 相应地近似改变 $f'(x_0)$ 个单位. 但在应用问题中解释边际函数值的具体意义时,常略去“近似”两字,而直接说 y 改变 $f'(x_0)$ 个单位,这就是**边际函数值的含义**.

例 1 设经济函数 $y = x^2$,试求 y 在 $x = 5$ 时的边际函数值.

解 因为 $y' = 2x$,所以 $y' \big|_{x=5} = 10$. 该值表明:当 $x = 5$ 时,x 改变一个单位(增加或减少一个单位),y 约改变 10 个单位(增加或减少 10 个单位).

2. 边际成本、边际收入和边际利润

设总成本函数 $C = C(q)$,q 为产量,生产 q 个单位产品时的**边际成本函数**为

$$C' = C'(q).$$

$C'(q_0)$ 称为当产量为 q_0 时的**边际成本**. 经济学家对它的解释是:当生产 q_0 个单位产品前最后增加的那个单位产品所花费的成本或生产 q_0 个单位产品后增加的那个单位产品所花费的成本.

例 2 已知生产某产品 q 件的成本为 $C = 9\,000 + 40q + 0.001q^2$(元),试求:

(1) 边际成本函数;

(2) 产量为 1\,000 件时的边际成本,并解释其经济意义.

解 (1) 边际成本函数:$C' = 40 + 0.002q$;

(2) 产量为 1\,000 件时的边际成本:$C'(1\,000) = 40 + 0.002 \times 1\,000 = 42$,它表示当产量为 1\,000 件时,再生产 1 件产品需要的成本为 42 元.

例 3 某工厂生产 q 个单位产品的总成本 C 为产量 q 的函数

$$C = C(q) = 1\,100 + \frac{1}{1\,200}q^2,$$

求:(1) 生产 900 个单位时的总成本和平均成本;

(2) 生产 900 个单位到 1\,000 个单位时的总成本的平均变化率;

(3) 生产 900 个单位时的边际成本.

解 (1) 生产 900 个单位时的总成本为

$$C = C(900) = 1\,100 + \frac{1}{1\,200}900^2 = 1\,775,$$

平均成本为

$$\frac{C(900)}{900} = \frac{1\,775}{900} \approx 1.97.$$

(2) 生产 900 个单位到 1 000 个单位时的总成本的平均变化率为

$$\frac{\Delta C}{\Delta q} = \frac{C(1\,000) - C(900)}{1\,000 - 900} = \frac{1\,933 - 1\,775}{100} = 1.58.$$

(3) 生产 900 个单位时的边际成本为

$$C'(900) = \left(1\,100 + \frac{1}{1\,200}q^2\right)'\Big|_{q=900} = \frac{1}{600}q\Big|_{q=900} = 1.5.$$

类似地,设收入函数 $R = R(q)$ 可导,则其导函数 $R' = R'(q)$ 称为**边际收入函数**,简称为**边际收入**. 其经济意义为: $R'(q_0)$ 表示商品销售量达到 q_0 个单位时,多销售一个单位产品或少销售一个单位产品时收入的改变量.

由经济学知识,总利润是总收益与总成本之差,设总利润为 L,则总利润函数为

$$L = L(q) = R(q) - C(q) \text{(其中 } q \text{ 为商品量)},$$

那么**边际利润函数**为

$$L' = L'(q) = R'(q) - C'(q).$$

它的经济意义是: $L'(q_0)$ 表示销售量达到 q_0 单位时,再销售一个单位商品时利润的改变量.

例 4 设某种电器的需求价格函数为 $q = 120 - 4p$. 其中, p 为销售价格, q 为需求量. 求销售量为 60 件时的边际收益,销售量达到 70 件时,边际收益如何? 并作出相应的经济解释.(单位:元)

解 由已知总收入函数为

$$R = pq = q\left(30 - \frac{1}{4}q\right).$$

于是,销售量为 60 件时的总收入为

$$R'(q) = 30 - \frac{1}{4}q \text{ (元)}.$$

所以,销售量为 60 件时的边际收益为

$$R_M(60) = R'(60) = 30 - \frac{1}{2} \times 60 = 0.$$

这说明,当销售量达到 60 件时,再增加一件的销量,不增加总收入.

销售量为 70 件时的边际收益为

$$R_M(70) = R'(70) = 30 - \frac{1}{2} \times 70 = -5.$$

这说明,当销售量达到 70 件时,再增加一件的销量,总收入会减少 5 元.

例 5 设生产 q 件某产品的总成本函数为

$$C(q) = 1\,500 + 34q + 0.3q^2.$$

如果该产品销售单价为:$p = 280$ 元/件,求:

(1) 该产品的总利润函数 $L(q)$;

(2) 该产品的边际利润函数 $L_M(q)$ 以及销量为 $q = 420$ 个单位时的边际利润,并对此结论作出经济意义的解释.

解 (1) 由已知可得总收入函数 $R(q) = pq = 280q$,因此总利润函数为

$$L(q) = R(q) - C(q) = 280q - 1\,500 - 34q - 0.3q^2$$
$$= -1\,500 + 246q - 0.3q^2.$$

(2)该产品的边际利润函数为

$$L_M(q) = L'(q) = 246 - 0.6q;$$
$$L_M(420) = 246 - 0.6 \times 420 = -6.$$

这说明,销售量达到 420 件时,多销售一件该产品,总利润会减少 6 元.

练习

1. 设一企业生产某产品的日产量为 800 台,日产量为 q 个单位时的总成本函数为

$$C(q) = 0.1q^2 + 2q + 5\,000.$$

求:(1) 产量为 600 台时的总成本;

(2) 产量为 600 台时的平均总成本;

(3) 产量由 600 台增加到 700 台时总成本的平均变化率;

(4) 产量为 600 台时的边际成本,并解释其经济意义.

2. 设某产品的需求函数为 $P = 20 - \dfrac{q}{5}$,其中,P 为价格,q 为销售量,当销售量为 15 个单位时,求总收益、平均收益与边际收益.

3. 某厂每周生产 Q(单位:百件)产品的总成本 C(单位:千元)是产量的函数

$$C = C(Q) = 100 + 12Q + Q^2.$$

如果每百件产品销售价格为 4 万元,试写出利润函数及边际利润为零时的每周产量.

3.1.2 弹性分析

1. 函数的弹性

在引入概念之前,先看一个例子:

设有甲、乙两种商品,它们的销售单价分别为 $p_1 = 12$ 元,$p_2 = 1\,200$ 元,如果甲、乙两种商品的销售单价都上涨 10 元,从价格的绝对改变量来说,它们是完全一

致的. 但是,甲商品的上涨是人们不可接受的,而对乙商品来说,人们会显得很平静.

究其原因,就是相对改变量的问题. 相比之下,甲商品的上涨幅度为 83.33%,而乙商品的涨幅只有 0.0083%,乙商品的涨幅人们自然不以为然.

在这一部分,将给出函数的相对变化率的概念,并进一步讨论它在经济分析中的应用. 相对变化率在经济学中称为弹性. 它定量地反映了一个经济量(自变量)变动时,另一个经济量(因变量)随之变动的灵敏程度,即自变量变动百分之一时,因变量变动的百分数.

定义 (1)对于函数 $y = f(x)$,称 $\dfrac{\Delta x}{x}$ 为自变量在点 x 处的相对改变量,称

$\dfrac{\Delta y}{y} = \dfrac{f(x + \Delta x) - f(x)}{y}$ 为函数 y 在点 x 处的相对改变量.

(2)设函数 $y = f(x)$ 在点 x_0 处可导,且 $x_0 \neq 0$,称函数的相对改变量与自变量的相对改变量之比 $\dfrac{\Delta y / y_0}{\Delta x / x_0}$ 为函数从 x_0 到 $x_0 + \Delta x$ 两点间的平均相对变化率,或称为 x_0 与 $x_0 + \Delta x$ 两点间的弹性.

(3)设函数 $y = f(x)$ 在点 x 处可导,且 $y = f(x) \neq 0$,函数的相对改变量 $\dfrac{\Delta y}{y}$ 与自变量的相对改变量 $\dfrac{\Delta x}{x}$ 之比当 $\Delta x \to 0$ 时的极限

$$\lim_{\Delta x \to 0} \frac{\Delta y / y}{\Delta x / x} = \frac{x}{y} y' = \frac{x}{f(x)} f'(x)$$

称为函数 $y = f(x)$ 在点 x 处的**弹性**,或叫做**弹性系数**,记作 $\dfrac{Ey}{Ex}$,$\dfrac{E}{Ex} f(x)$ 或 $E(x)$,即

$$E(x) = y' \cdot \frac{x}{y} \quad \text{或} \quad E(x) = \frac{\mathrm{d}y}{\mathrm{d}x} \cdot \frac{x}{y}.$$

弹性的经济含义:弹性 $E(x_0) = \lim\limits_{\Delta x \to 0} \dfrac{\dfrac{\Delta y}{y_0}}{\dfrac{\Delta x}{x_0}}$,当 $|\Delta x|$ 很小时,$\dfrac{\dfrac{\Delta y}{y_0}}{\dfrac{\Delta x}{x_0}} \approx E(x_0)$,

即 $\dfrac{\Delta y}{y_0} \approx E(x_0) \cdot \dfrac{\Delta x}{x_0}$. 因此函数的弹性 $E(x_0)$ 反映了自变量相对改变量对相应函数值的相对改变量影响的灵敏程度. 即当自变量在点 $x = x_0$ 处相对变化 $\dfrac{\Delta x}{x_0} = 1\%$

时,因变量的相对变化 $\dfrac{\Delta y}{y_0} \approx E(x_0)\%$,在实际应用问题中解释弹性的具体意义时,略去"近似"二字.

例 6　求函数 $y = f(x) = 5e^{3x}$ 弹性函数 $E(x)$ 及 $E(2)$.

解　$E(x) = \dfrac{x}{f(x)} f'(x) = \dfrac{x}{5e^{3x}} \cdot 15e^{3x} = 3x,$

$\qquad E(2) = 3 \times 2 = 6.$

它表示在 $x = 2$ 处,自变量 x 相对变动 1% 时,因变量 y 的相对变动为 6%.

2. 需求的价格弹性和收益弹性

需求的价格弹性是指当价格变化一定的百分比以后引起的需求量的反应程度. 设需求函数为 $Q = Q(p)$,则需求的价格弹性为

$$E(p) = Q' \cdot \frac{p}{Q}.$$

由于需求函数 $Q = Q(p)$ 是 p 的单调减少函数,ΔQ 与 Δp 异号,因此需求的价格弹性(简称需求弹性)为负数.

需求的价格弹性的经济意义是,在价格达到 p 时,如果价格再提高或降低 1%,需求则会由 Q 起,减少或增加的百分数(近似的)是 $|E(p)|\%$.

需求弹性 $E = E(p)$ 一般分为如下三类:

(1) 若 $|E| < 1$,称需求是低弹性的. 这种情况下,需求变动的幅度小于价格变动的幅度,价格提高(或降低)1%,需求则会减少(或增加)不到 1%,生活必需品多属此情况.

(2) 若 $|E| > 1$,称需求是高弹性的. 这种情况下,需求变动的幅度大于价格变动的幅度,价格提高(或降低)1%,需求则会减少(或增加)超过 1%,奢侈品多属此情况.

(3) 若 $|E| = 1$,称需求是单位弹性的. 这种情况下,需求变动的幅度等于价格变动的幅度,价格提高(或降低)1%,需求恰好减少(或增加)1%,这种情况较少见.

例 7　某商品的需求函数为 $Q = e^{-\frac{p}{30}}$,求:

(1) 需求弹性函数;

(2) $p = 21$,$p = 30$,$p = 45$ 时的需求弹性.

解　(1) 需求弹性 $E(p) = Q' \cdot \dfrac{p}{Q} = -\dfrac{1}{30} e^{-\frac{p}{30}} \cdot \dfrac{p}{e^{-\frac{p}{30}}} = -\dfrac{p}{30}.$

(2) $E(21) = -\dfrac{21}{30} = -0.7$;$E(30) = -\dfrac{30}{30} = -1$;$E(45) = -\dfrac{45}{30} = -1.5.$

$E(30) = -1$ 说明当 $p = 30$ 时,价格与需求的变动幅度相同;$E(21) = -0.7$ > -1 说明当 $p = 21$ 时,需求变动的幅度小于价格变动的幅度,价格上涨 1%,需求只减少 0.7%;$E(45) = -1.5 < -1$ 说明当 $p = 45$ 时,需求变动的幅度大于价格变动的幅度,价格上涨 1%,需求将减少 1.5%.

在商品经济中,商品经营者关心的是提价或降价对总收入的影响,利用需求弹性的概念,可以得出价格变动如何影响销售收入的结论.

设总收入为 R,总收入 R 是价格 p 与销售量 Q 的乘积,在产销平衡时,则有

$$R = pQ(p) \quad (Q(p) \text{ 是市场需求量}),$$

因此总收入对价格的弹性为

$$\frac{ER}{Ep} = \frac{p}{R}R' = \frac{1}{Q(p)}(Q(p) + pQ'(p)) = 1 + Q' \cdot \frac{p}{Q}.$$

因为需求弹性 $\dfrac{EQ}{Ep} = Q' \cdot \dfrac{p}{Q}$,所以

$$\frac{ER}{Ep} = 1 + \frac{EQ}{Ep}.$$

这样,就推得收入对价格的弹性与需求弹性的关系:

在任何价格水平上,收入对价格的弹性与需求弹性的绝对值之和等于 1.

(1) 若需求弹性 $\dfrac{EQ}{Ep} > -1$,则收入弹性 $\dfrac{ER}{Ep} > 0$,表明在需求是低弹性的情况下,价格上涨(或下跌) 1%,收入增加(或减少) $\left(1 + \dfrac{EQ}{Ep}\right)\%$,即在需求是低弹性的情况下,降价会使收入减小,提价会使收入增加.

(2) 若 $\dfrac{EQ}{Ep} < -1$,则收入弹性 $\dfrac{ER}{Ep} < 0$,表明在需求是高弹性的情况下,价格上涨(或下跌) 1%,收入减少(或增加) $\left|1 + \dfrac{EQ}{Ep}\right| \%$,即在需求是高弹性的情况下,降价会使收入增加,薄利多销则多收入,提价会使收入减小.

(3) 若 $\dfrac{EQ}{Ep} = -1$,则收入弹性 $\dfrac{ER}{Ep} = 0$,表明价格提高 1%,而减少的需求量也是 1%,总收益不变,即在需求是单位弹性的情况下,提价或降价对总收入无明显影响.

例 8　若市场需求曲线为 $Q = 120 - 5p$,求价格 $p = 4$ 时的需求价格弹性,并说明怎样调整价格才能使总收益增加.

解
$$E = \frac{\mathrm{d}Q}{\mathrm{d}p} \cdot \frac{p}{Q} = \frac{-5p}{120 - 5p}.$$

当 $p=4$ 时，$E=\dfrac{-20}{120-20}=-0.2>-1$，因而需求是低弹性的，故提高价格会使得总收益增加.

例 9 某商品需求函数为 $Q=10-\dfrac{p}{2}$，求：

(1) 需求价格弹性函数；

(2) 当 $p=3$ 时的需求价格弹性；

(3) 在 $p=3$ 时，若价格上涨 1%，其总收益是增加，还是减少，变化百分之几？

解 (1) 按弹性定义有

$$\frac{EQ}{Ep}=\frac{p}{Q}Q'=\left(-\frac{1}{2}\right)\cdot\frac{p}{10-\dfrac{p}{2}}=\frac{p}{p-20};$$

(2) 当 $p=3$ 时的需求价格弹性为

$$\left.\frac{EQ}{Ep}\right|_{P=3}=-\frac{3}{17}\approx-0.18;$$

(3) 由于总收益

$$R=pQ=10p-\frac{p^2}{2},$$

于是总收益的价格弹性函数

$$\frac{ER}{Ep}=\frac{\mathrm{d}R}{\mathrm{d}p}\cdot\frac{p}{R}=(10-p)\cdot\frac{p}{10p-\dfrac{p^2}{2}}=\frac{2(10-p)}{20-p},$$

从而在 $p=3$ 时，总收益的价格弹性

$$\left.\frac{ER}{Ep}\right|_{p=3}=\left.\frac{2(10-p)}{20-p}\right|_{p=3}\approx0.82.$$

故在 $p=3$ 时，若价格上涨 1%，需求仅减少 0.18%，总收益将增加，总收益约增加 0.82%.

应用收入的弹性与需求弹性的关系，可以解释经济学中著名的**丰收悖论**——丰收通常会降低农民的收入. 这是因为人们对大米、小麦等粮食的需求并不会因为价格低而大量增加，也不会因为价格高而大量减少，粮食的需求对于价格的变动反应迟钝，这些粮食的需求弹性小于 1，在市场经济体制下，农业的丰收提高了农产品的供给，进而引起价格的下降，但价格的下降不会使粮食的需求增加很多，结果农民的收入反而减少，好收成常常伴随着低收入.

3. 供给价格弹性

供给价格弹性是指当价格变化一定的百分比以后引起的供给量的反应程度. 设供给函数为 $S = S(p)$, 则供给价格弹性为

$$E(p) = S' \cdot \frac{p}{S}.$$

一般而言, 供给函数 $S = S(p)$ 是价格 p 的单调递增函数, ΔS 与 Δp 同号, 因此供给价格弹性为正数.

供给价格弹性的经济意义是, 在价格达到 p 时, 如果价格再提高或降低 1%, 供给量则会增加或减少百分之 $|E(p)|\%$ (近似的).

例 10　设某商品的供给函数 $Q = 4 + 5p$, 求供给弹性函数及 $p = 2$ 时的供给弹性.

解　$Ep = \dfrac{\mathrm{d}Q}{\mathrm{d}p} \times \dfrac{p}{Q} = 5\dfrac{p}{4+5p} = \dfrac{5p}{4+5p}$, $p = 2$ 时, $Ep = \dfrac{10}{4+10} = \dfrac{5}{7}$.

习　题　3-1

1. 某化工厂日产能力最高为 1 000 吨, 每日产品的总成本 C (单位:元)是日产量 x (单位: 吨)的函数, $C = C(x) = 1\,000 + 7x + 50\sqrt{x}$, $x \in [0,\ 1\,000]$.

(1) 求当日产量为 100 吨时的边际成本;

(2) 求当日产量为 100 吨时的平均单位成本.

2. 设某产品的成本函数和收入函数分别为 $C(x) = 100 + 5x + 2x^2$, $R(x) = 200x + x^2$, 其中 x 表示产品的产量, 求:

(1) 边际成本函数、边际收入函数和边际利润函数;

(2) 已生产并销售 25 个单位产品, 第 26 个单位产品会有多少利润?

3. 某商品的价格 P 关于需求量 Q 的函数为 $P = 10 - \dfrac{Q}{5}$, 求:

(1) 总收益函数、平均收益函数和边际收益函数;

(2) 当 $Q = 20$ 个单位时的总收益、平均收益和边际收益.

4. 设巧克力糖每周的需求量 Q (单位:公斤)是价格 P (单位:元)的函数

$$Q = f(P) = \frac{1\,000}{(2P+1)^2}.$$

求当 $P = 10$ (元)时, 巧克力糖的边际需求量, 求说明其经济意义.

5. 设某商品的总收益 R 关于销售量 Q 的函数为 $R(Q) = 104Q - 0.4Q^2$.

求:(1) 销售量为 Q 时总收入的边际收入;

(2) 销售量 $Q = 50$ 个单位时总收入的边际收入;

(3) 销售量 $Q = 100$ 个单位时总收入对 Q 的弹性.

6. 设某商品的需求函数为 $Q = \mathrm{e}^{-\frac{p}{5}}$,求:

(1) 需求弹性函数;

(2) $p = 3$,5,6 时的需求弹性,并说明其经济意义.

7. 某商品的需求量 Q 为价格 P 的函数,$Q = 150 - 2P^2$.

求:(1) 当 $P = 6$ 时的边际需求,并说明其经济意义;

(2) 当 $P = 6$ 时的需求弹性,并说明其经济意义;

(3) 当 $P = 6$ 时,若价格下降 2%,总收益将变化百分之几? 是增加还是减少?

8. 设某商品的需求函数为 $Q = 100 - 5p$,其中 Q,p 分别表示需求量和价格,试分别求出需求弹性大于 1,等于 1 的商品价格的取值范围.

3.2 函数的单调性与极值

3.2.1 函数的单调性

1. 微分中值定理

定理 1 设函数 $f(x)$ 满足:

(1) 在闭区间 $[a, b]$ 上连续;

(2) 在开区间 (a, b) 内可导,

则至少存在一点 $\xi \in (a, b)$,使得

$$f'(\xi) = \frac{f(b) - f(a)}{b - a}.$$

如图 3-1 所示,定理的几何意义是:如果连续曲线弧 $y = f(x)$ 除端点外处处存在不垂直于 x 轴的切线(处处可导),那么在曲线上至少有一点 C,使曲线在 C 点的切线平行于弦 AB.

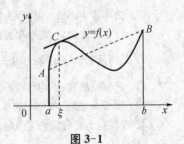

图 3-1

对 $\forall x_1$,$x_2 \in (a, b)$,微分中值定理在区间上 $[x_1, x_2]$ 仍然成立,故 $\exists \xi \in (x_1, x_2)$,使得

$$f(x_2) - f(x_1) = f'(\xi)(x_2 - x_1)$$

成立. 如果 $\forall x_1$,$x_2 \in (a, b)$ 都有 $f'(x) > 0$(或 $f'(x) < 0$),则必有 $f'(\xi) > 0$(或 $f'(\xi) < 0$),从而有 $f(x_2) - f(x_1) > 0$(或 $f(x_2) - f(x_1) < 0$),那么可以判断函数在区间 (a, b) 内为增函数(或减函数),由此得到判断函数单调性的方法.

2. 函数的单调性

定理 2 设函数 $y = f(x)$ 在 $[a, b]$ 上连续,在开区间 (a, b) 内可导.

（1）如果在 (a, b) 内，$f'(x) > 0$，那么函数 $y = f(x)$ 在 $[a, b]$ 上单调增加；

（2）如果在 (a, b) 内，$f'(x) < 0$，那么函数 $y = f(x)$ 在 $[a, b]$ 上单调减少.

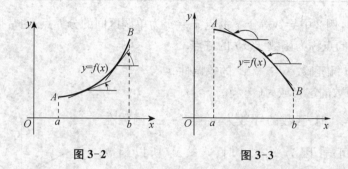

图 3-2   图 3-3

从图像上也可解释上述定理，由图 3-2 可以看出，如果函数 $y = f(x)$ 在闭区间 $[a, b]$ 上单调增加，那么它的图像是一条沿 x 轴正向上升的曲线，这时曲线上各点的切线的倾斜角都是锐角，因此它们的斜率 $f'(x)$ 都是正的，即 $f'(x) > 0$. 同样由图 3-3 可以看出，如果函数 $y = f(x)$ 在 $[a, b]$ 上单调减少，那么它的图像是一条沿 x 轴正向下降的曲线，这时曲线上各点的切线的倾斜角都是钝角，因此它们的斜率 $f'(x)$ 都是负的，即 $f'(x) < 0$.

关于函数单调性的判别法，我们提出几点注释：

（1）上述定理中的区间 $[a, b]$ 若改为其他区间甚至无穷区间，其定理结论同样成立；

（2）有的可导函数在区间内的个别点，导数为零，而在其他地方恒为正或恒为负，则函数 $f(x)$ 在该区间上仍是单调增加或单调减少，例如，幂函数 $y = x^3$ 的导数 $y' = 3x^2$，当 $x = 0$ 时，$y' = 0$，但它在 $(-\infty, +\infty)$ 单调增加.

例 1　判定函数 $y = x - \sin x$ 在 $[0, 2\pi]$ 上的单调性.

解　因为在 $(0, 2\pi)$ 内 $y' = 1 - \cos x > 0$，所以由判定法可知函数 $y = x - \sin x$ 在 $[0, 2\pi]$ 上单调增加.

例 2　判定函数 $y = f(x) = e^x - ex - 1$ 的单调性.

解　函数 $f(x) = e^x - ex - 1$ 的定义域为 $(-\infty, +\infty)$，求导数得 $f'(x) = e^x - e$，当 $x > 1$ 时，$e^x > e$ 因而 $f'(x) > 0$；而当 $x < 1$ 时，$e^x < e$ 因而 $f'(x) < 0$；当 $x = 1$ 时，$e^x = e$，因而 $f'(x) = 0$.

因为 $f(x)$ 在 $(-\infty, +\infty)$ 连续可导，所以根据上面的讨论可知函数的单调性如下表所示（表中 ↗ 表示单调增加，↘ 表示单调减少）：

x	$(-\infty, 1)$	1	$(1, +\infty)$
$f'(x)$	$-$	0	$+$
$f(x)$	↘		↗

注意到,例 2 中导数等于零的点 $x = 1$ 为单调区间的分界点. 通常把使得导数 $f'(x) = 0$ 的点称为函数 $f(x)$ 的**驻点**.

例 3 讨论函数 $y = \sqrt[3]{x^2}$ 的单调性.

解 函数的定义域为 $(-\infty, +\infty)$.

当 $x \neq 0$ 时,函数的导数为 $y' = \dfrac{2}{3\sqrt[3]{x}}$,函数在 $x = 0$ 处不可导. 因为 $x < 0$ 时,$y' < 0$,所以函数 $y = \sqrt[3]{x^2}$ 在 $(-\infty, 0]$ 上单调减少;因为 $x > 0$ 时,$y' > 0$,所以函数 $y = \sqrt[3]{x^2}$ 在 $[0, +\infty)$ 上单调增加. 函数 $y = \sqrt[3]{x^2}$ 的图像如图 3-4 所示.

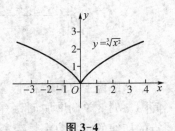

图 3-4

注意到,例 3 中导数不存在的点 $x = 0$ 为单调区间的分界点. 通常把使得导数 $f'(x)$ 不存在的点称为 $f(x)$ 的**不可导点**.

由例 2 和例 3 不难看出,判定函数的单调性可按如下**步骤**进行:

(1) 确定函数的定义区间;

(2) 求导数 $f'(x)$,找出定义区间内所有**驻点**和**不可导点**,并按从小到大的顺序排列;

(3) 用上述点将定义区间分成若干个开区间;

(4) 判定 $f'(x)$ 在每个开区间内的符号,在某区间内如果 $f'(x) > 0$,那么函数在该区间内是单调增加的,如果 $f'(x) < 0$,那么函数在该区间内是单调减少的.

例 4 确定函数 $f(x) = 2x^3 - 9x^2 + 12x - 3$ 的单调区间.

解 $f(x)$ 在 $(-\infty, +\infty)$ 上有定义,因为 $f'(x) = 6x^2 - 18x + 12 = 6(x-1)(x-2)$,故 $f(x)$ 在定义区间内无不可导点,令 $f'(x) = 0$,得驻点 $x_1 = 1$, $x_2 = 2$,从而把定义域 $(-\infty, +\infty)$ 分成三个开区间:$(-\infty, 1)$, $(1, 2)$, $(2, +\infty)$. 具体见下表:

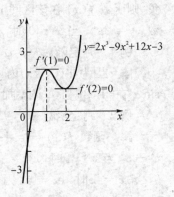

图 3-5

x	$(-\infty, 1)$	1	$(1, 2)$	2	$(2, +\infty)$
$f'(x)$	$+$	0	$-$	0	$+$
$f(x)$	↗		↘		↗

由表可知:函数 $f(x) = 2x^3 - 9x^2 + 12x - 3$ 在 $(-\infty, 1)$ 及 $(2, +\infty)$ 内是单调增加的,在 $(1, 2)$ 内是单调减少的. 函数 $f(x) = 2x^3 - 9x^2 + 12x - 3$ 的图像如图 3-5 所示.

注意:对初等函数 $f(x)$ 而言,不可导点即为使 $f'(x)$ 无定义的点,例 4 中 $f'(x) = 6x^2 - 18x + 12$,不存在无定义的点,故 $f(x)$ 无不可导点.

练习

1. 指出下列函数在定义域内的驻点和不可导点.

(1) $y = \sqrt[5]{x^2}$;   (2) $y = 3x^3 - 9x + 1$.

2. 求下列函数的单调区间:

(1) $y = x^3 - x^2 - x + 1$;   (2) $y = 2x^2 - \ln x$.

3.2.2 函数的极值

1. 极值的概念

如图 3-6 所示,函数在点 c_1 的函数值比它左右近旁的函数值都大,而在点 c_2 的函数值比它左右近旁的函数值都小,它们是函数曲线局部的高点(称为"峰")和低点(称为"谷"). 曲线上这些点的横坐标叫做函数的极值点,纵坐标叫做函数的极值. 它们在实际应用中具有非常重要的意义. 对于这种特殊的点和它对应的函数值,我们给出如下定义:

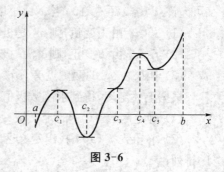

图 3-6

定义 1 设函数 $f(x)$ 在区间 (a, b) 内有定义,x_0 是 (a, b) 内的一个点.

(1) 如果对于点 x_0 近旁的任一点 $x(x \neq x_0)$,都有 $f(x) < f(x_0)$,那么称 $f(x_0)$ 为函数 $f(x)$ 的一个**极大值**,点 x_0 称为 $f(x)$ 的一个**极大值点**.

(2) 如果对于点 x_0 近旁的任一点 $x(x \neq x_0)$,都有 $f(x) > f(x_0)$,那么称 $f(x_0)$ 为函数 $f(x)$ 的一个**极小值**,点 x_0 称为 $f(x)$ 的一个**极小值点**.

函数的极大值与极小值统称为函数的**极值**,极大值点与极小值点统称为函数的**极值点**.

例如,在图 3-7 中,$f(c_1)$,$f(c_4)$ 是函数的极大值,c_1,c_4 是函数的极大值点；$f(c_2)$，$f(c_5)$ 是函数的极小值，c_2，c_5 是函数的极小值点.

关于函数的极值，我们作几点**说明**：

(1) 极值是指函数值，而极值点是指自变量的值，两者不能混淆；

(2) 极值只是一个局部概念，它仅是与极值点邻近的函数值比较而言较大或较小的，而不是在整个区间上的最大值或最小值.

(3) 函数的极值点只能在开区间 (a,b) 内取得，而函数的最大值点和最小值点可能出现在区间内部，也可能在区间的端点处取得.

(4) 函数的极大值与极小值可能有很多个，极大值不一定比极小值大，极小值不一定比极大值小，如图 3-7 中的极大值 $f(c_1)$ 就比极小值 $f(c_5)$ 小；

(5) 函数的极值可能取在导数不存在的点.

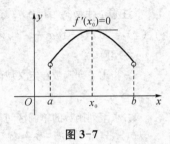

图 3-7

2. 函数极值的判定和求法

由图 3-7 可以看出，极值点有一个共性，就是这些点左右两侧的单调性发生了变化，左减右增为极小值点，左增右减为极大值点. 由此可得一种判断极值点的方法：

定理 3（极值判别法 I） 设函数 $f(x)$ 在点 x_0 的某一去心邻域内连续且可导（可允许 $f'(x_0)$ 不存在），当 x 由小增大经过 x_0 点时，若

(1) $f'(x)$ 由正变负，则 x_0 是极大值点；

(2) $f'(x)$ 由负变正，则 x_0 是极小值点；

(3) 如果在 x_0 的两侧近旁，函数导数的符号相同，则 x_0 不是极值点.

根据上述定理，得到求函数极值点和极值的步骤如下：

(1) 确定函数 $f(x)$ 的定义域；

(2) 求导数 $f'(x)$，找出定义区间内所有**驻点和不可导点**，并按从小到大的顺序排列；

(3) 用上述点将定义区间分成若干个开区间，判定 $f'(x)$ 在每个开区间内的符号，划分单调区间；

(4) 有定义的单调性分界点即为极值点，左减右增为极小值点，左增右减为极大值点；

(5) 求出各极值点处的函数值，即得函数 $f(x)$ 的全部极值.

例 5 求函数 $y = \dfrac{1}{3}x^3 - 4x + 4$ 的极值.

解 (1) 函数的定义域为 $(-\infty, +\infty)$.

(2) $y' = x^2 - 4 = (x+2)(x-2)$.

(3) 令 $f'(x) = 0$,得到两个驻点 $x_1 = -2$,$x_2 = 2$,定义域内没有不可导点.

(4) 列表如下,由表可看出,函数取得极大值为 $9\frac{1}{3}$,极小值为 $-1\frac{1}{3}$.

x	$(-\infty, -2)$	-2	$(-2, 2)$	2	$(2, +\infty)$
$f'(x)$	$+$	0	$-$	0	$+$
$f(x)$	↗	极大值 $9\frac{1}{3}$	↘	极小值 $-1\frac{1}{3}$	↗

例 6 求函数 $f(x) = (x^2 - 1)^3 + 1$ 的极值.

解 (1)函数的定义域为 $(-\infty, +\infty)$.

(2) $f'(x) = 6x (x+1)^2 (x-1)^2$.

(3) 令 $f'(x) = 0$,得到三个驻点 $x_1 = -1$,$x_2 = 0$,$x_3 = 1$,定义域内没有不可导点.

(4) 列表如下,考察 $f'(x)$ 的符号.由表可知函数的极小值为 $f(0) = 0$,驻点 $x_1 = -1$,$x_3 = 1$ 不是极值点.

x	$(-\infty, -1)$	-1	$(-1, 0)$	0	$(0, 1)$	1	$(1, +\infty)$
$f'(x)$	$-$	0	$-$	0	$+$	0	$+$
$f(x)$	↘	无极值	↘	极小值 0	↗	无极值	↗

例 7 确定函数 $f(x) = \frac{2}{3}x - (x-1)^{\frac{2}{3}}$ 的极值.

解 (1)该函数的定义域为 $(-\infty, +\infty)$.

(2) $f'(x) = \frac{2}{3} - \frac{2}{3}(x-1)^{-\frac{1}{3}} = \frac{2}{3}\left(1 - \frac{1}{\sqrt[3]{x-1}}\right)$.

(3) $f'(x) = 0$,得驻点 $x = 2$,此外,显然 $x = 1$ 为 $f(x)$ 的不可导点.

(4) 列表如下,考虑 $f'(x)$ 的符号:

x	$(-\infty, 1)$	1	$(1, 2)$	2	$(2, +\infty)$
$f'(x)$	$+$	不存在	$-$	0	$+$
$f(x)$	↗	极大值 $\frac{2}{3}$	↘	极小值 $\frac{1}{3}$	↗

函数的极大值为 $f(1) = \frac{2}{3}$,极小值为 $f(2) = \frac{1}{3}$.

练习

1. 指出下列函数的极值可疑点.

(1) $y = x^3 - 3x + 2$;　　(2) $y = x + \dfrac{1}{x}$;　　(3) $y = x^{\frac{4}{3}}$.

2. 求下列函数的极值.

(1) $y = x^4 - 2x^3$;　　(2) $y = 1 - (x-2)^{\frac{2}{3}}$.

除了利用一阶导数来判别函数的极值以外,当函数 $f(x)$ 在驻点处的二阶导数存在且不为零时,用下面定理判别函数的极值较为方便.

定理 4(极值判别法 Ⅱ)　设函数 $f(x)$ 在 x_0 处存在二阶导数,且 $f'(x_0) = 0$.

(1) 若 $f''(x_0) < 0$,则 $f(x)$ 在 x_0 处取极大值;

(2) 若 $f''(x_0) > 0$,则 $f(x)$ 在 x_0 处取极小值;

(3) 若 $f''(x_0) = 0$,则不能判断 $f(x_0)$ 是否是极值.

对于 $f''(x_0) = 0$ 的情形, $f(x)$ 可能是极大值,可能是极小值,也可能不是极值. 例如 $f(x) = -x^4$, $f'(0) = 0$, $f''(0) = 0$, $f(0) = 0$ 是极大值; $g(x) = x^4$, $g'(0) = 0$, $g''(0) = 0$, $g(0) = 0$ 是极小值; $h(x) = x^3$, $h'(0) = 0$, $h''(0) = 0$, 但 $h(0) = 0$ 不是极值.

例 8　求函数 $f(x) = \dfrac{1}{3}x^3 - x$ 的极值.

解　$f(x)$ 的定义域为 $(-\infty, +\infty)$.

$f'(x) = x^2 - 1$, 令 $f'(x) = 0$,得 $x = \pm 1$, $f''(x) = 2x$.

由于 $f'(-1) = 0$,且 $f''(-1) = -2 < 0$,故 $f(x)$ 在 $x = -1$ 处取得极大值,极大值为 $f(-1) = \dfrac{2}{3}$;

由于 $f'(1) = 0$,且 $f''(1) = 2 > 0$,故 $f(x)$ 在 $x = 1$ 处取得极小值,极小值为 $f(1) = -\dfrac{2}{3}$.

练习

利用二阶导数求函数 $f(x) = x^3 - x^2 - x + 1$ 的极值.

<h2 style="text-align:center">习　题　3-2</h2>

1. 求下列函数的单调区间.

(1) $y = 2x^3 - 6x^2 - 18x - 7$;　　(2) $y = (x+2)^2 (x-1)^4$;

(3) $y = x - \ln(1+x)$;　　(4) $y = \dfrac{x^2}{1+x}$;

(5) $y = x^4 - 2x^2 + 3$;　　(6) $y = e^x - x - 1$;

(7) $y = \arctan x - x$;　　(8) $y = 3x^2 + 6x + 5$.

(8) $y = 2x + \dfrac{8}{x}$ $(x > 0)$;　　　　　(9) $y = \sqrt{2x - x^2}$, $0 < x < 1$.

2. 求下列函数的极值.

(1) $y = 2x^3 - 3x^2$;　　　　　　(2) $y = x^2 + 2x - 4$;

(3) $y = x^2 \ln x$;　　　　　　　(4) $y = x^2 e^{-x}$.

3. 求下列函数的极值.

(1) $y = 2x^2 - 8x + 3$;　　　　　(2) $y = x - \ln(x + 1)$;

(3) $y = x + \tan x$;　　　　　　(4) $y = \dfrac{2x}{1 + x^2}$;

(5) $y = \dfrac{(x - 2)(3 - x)}{x^2}$;　　　　(6) $y = 3 - \sqrt[3]{(x - 2)^2}$.

4. 利用二阶导数, 求下面函数的极值.

(1) $y = x^3 - 3x^2 - 9x - 5$;　　　(2) $y = (x - 3)^2(x - 2)$;

(3) $y = 2e^x + e^{-x}$;　　　　　　(4) $y = 2x^2 - x^4$.

3.3　最值问题及其应用

在工农业生产、工程技术实践和各种经济分析中,往往会遇到在一定条件下,怎样使"产品最多""用料最省""成本最低""利润最大"等问题,这类问题在数学上可归结为求某个函数(称为目标函数)的最大值或最小值问题. 求函数最大、最小值的问题就称为**最值问题**.

如何求最大值、最小值问题呢?

3.3.1　函数最值的求法

1. 闭区间上连续函数的最值

设函数 $y = f(x)$ 在闭区间 $[a, b]$ 上连续,由闭区间上连续函数的性质知道,函数 $y = f(x)$ 在闭区间 $[a, b]$ 上一定有最大值与最小值. 最大值与最小值可能取在区间内部,也可能取在区间的端点处,如果取在区间内部,那么,它们一定取在函数的驻点处或者导数不存在的点处.

函数的极值是局部概念,在一个区间内可能有很多个极值,但函数的最值是整体概念,在一个区间上只有一个最大值和一个最小值.

通过以上分析,可得闭区间 $[a, b]$ 上连续函数的最大值、最小值的求法:

(1) 求出函数 $f(x)$ 在开区间 (a, b) 内所有的驻点及不可导点;

(2) 计算以上各点以及区间端点的函数值,比较大小,可得函数最大值及最小值.

例 1　求函数 $f(x) = 2x^3 + 3x^2 - 12x + 14$ 在区间 $[-3, 4]$ 上的最大值与最

小值.

解 (1) $f'(x) = 6x^2 + 6x - 12 = 6(x+2)(x-1)$,

令 $f'(x) = 0$,得函数 $f(x)$ 定义域内的驻点为 $x_1 = -2$,$x_2 = 1$.

(2) $f(-2) = 34$,$f(1) = 7$,$f(-3) = 23$,$f(4) = 142$.

比较以上各函数值,可以得到,函数 $f(x)$ 在区间 $[-3, 4]$ 上的最大值为 $f(4) = 142$,最小值为 $f(1) = 7$.

例 2 求函数 $f(x) = (x-2)^2 (x+1)^{\frac{2}{3}}$ 在闭区间 $[-2, 3]$ 上最大值及最小值.

解 (1) $f'(x) = 2(x-2)(x+1)^{\frac{2}{3}} + \frac{2}{3}(x-2)^2 (x+1)^{-\frac{1}{3}}$

$$= \frac{2(x-2)(4x+1)}{3\sqrt[3]{x+1}}.$$

驻点:$x = 2, -\dfrac{1}{4}$;不可导点:$x = -1$.

(2) $f(-1) = 0$;$f\left(-\dfrac{1}{4}\right) = \left(\dfrac{9}{4}\right)^2 \left(\dfrac{3}{4}\right)^{\frac{2}{3}}$;$f(2) = 0$;$f(-2) = 16$;

$f(3) = 4^{\frac{2}{3}}$.

比较可得:$M = f(-2) = 16$,$m = f(-1) = f(2) = 0$.

练习

求下列函数在给定闭区间上的最值.

(1) $y = x^3 - 3x + 3$,$\left[-\dfrac{3}{2}, \dfrac{5}{2}\right]$;

(2) $y = x + \sqrt{1-x}$,$[-1, 5]$.

2. 特殊可导函数最值的求法

如图 3-8 所示,如果函数 $f(x)$ 在一个开区间内可导且有唯一的极值点 x_0,那么当 $f(x_0)$ 是极大值时,$f(x_0)$ 就是 $f(x)$ 在该区间上的最大值;当 $f(x_0)$ 是极小值时,$f(x_0)$ 就是 $f(x)$ 在该区间上的最小值.

例 3 求函数 $y = -x^2 + 4x - 3$ 最大值.

解 函数的定义域为 $(-\infty, +\infty)$,因为

$$f'(x) = -2x + 4 = -2(x-2),$$

令 $f'(x) = 0$,得驻点为 $x = 2$,

可以判断 $x = 2$ 是 y 的极大值点. 由于函数在 $(-\infty, +\infty)$ 内只有唯一的一个极值点,所以函数的极大值就是它的最大值,即最大值为 $f(2) = 1$(图 3-9).

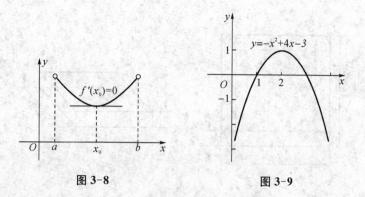

图 3-8   图 3-9

结论 在实际问题中,往往根据问题的性质就可判断可导函数 $f(x)$ 在区间内有最大值还是最小值,且其区间内只有唯一一个驻点 x_0,则此时不必讨论 x_0 是否为极值点,就可直接判定 $f(x_0)$ 就是所求的最大值或最小值. 该结论通常称之为**实际最值原理**.

例 4 把 100 cm 长的铁丝弯成一个矩形,问当其长、宽为多少时,才能使矩形的面积最大?

解 设矩形的面积为 y,长为 x,则其宽为 $(100-2x)/2$,于是

$$y = x(50-x) = 50x - x^2, \quad \text{其中 } 0 < x < 50.$$

$y' = 50 - 2x$,令 $y' = 0$ 得 y 在 $(0,\ 50)$ 内唯一驻点:$x = 25$.

此时,宽为 $(100 - 2 \times 25)/2 = 25$,面积 $y = 50 \times 25 - 25^2 = 625$.

所以当矩形的长为 25 cm、宽为 25 cm 时,其面积最大为 $y_{\max} = 625\ (\text{cm}^2)$.

说明:在求解实际中的最值问题时,完全可根据上述结论来进行求解.

练习

求函数 $y = -x^2 + 4x - 7$ 在定义域内的最值.

3.3.2 几何应用问题

在求实际问题的最值时,一般是先建立起描述问题的函数关系(这一步是关键,假设目标函数在定义域内可导),然后求出该函数在其有意义的区间内的驻点. 这里强调指出:在实际的最值问题中,通常只能得到唯一的驻点,当求最大值时,该驻点对应的函数值就是最大值,当求最小值时,该驻点对应的函数值就是最小值,不必验证该驻点是极大值点还是极小值点.

例 5 用边长为 48 cm 的正方形铁皮做一个无盖的铁盒时,在铁皮的四角各截去一个面积相等的小正方形如图 3-10 (a)所示. 然后把四边折起,就能焊成铁盒,如图 3-10 (b)所示. 问在四角应截去边长多大的正方形,方能使所做的铁盒容

积最大?

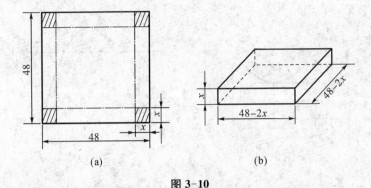

图 3-10

解 设截去的小正方形边长为 x（cm），则铁盒的底边长为 $48-2x$（cm），铁盒的容积（单位 cm³）为

$$V = x(48-2x)^2 \quad (0 < x < 24).$$

此问题归结为：当 x 取何值时，函数 V 在区间 $(0, 24)$ 内取得最大值.

求导数 $V' = (48-2x)^2 + 2x(48-2x)(-2) = 12(24-x)(8-x)$.

令 $V' = 0$，得 $x_1 = 24$，$x_2 = 8$，在 $(0, 24)$ 内只有唯一驻点 $x = 8$，由于铁盒必然存在最大容积，因此，当 $x = 8$ 时，函数 V 有最大值，即当截去的小正方形边长为 8 cm 时铁盒的容积最大.

例 6 求内接于半径为 R 的圆且周长最大的矩形的边长.

解 如图 3-11 所示，设矩形长为 $2x$（$0 < x < R$），则宽为 $2\sqrt{R^2-x^2}$，矩形周长为 y，则

$$y = (2x + 2\sqrt{R^2-x^2}) \times 2 \, (0 < x < R),$$

$$y' = 4 - \frac{4x}{\sqrt{R^2-x^2}},$$

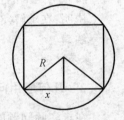

图 3-11

令 $y' = 0$，即 $\sqrt{R^2-x^2} = x$，

解得 $x_1 = \dfrac{\sqrt{2}}{2}R$，$x_2 = -\dfrac{\sqrt{2}}{2}R$（因 $0 < x < R$，舍去）.

此时长为 $2 \cdot \dfrac{\sqrt{2}}{2}R = \sqrt{2}R$，宽为 $2\sqrt{R^2 - \left(\dfrac{\sqrt{2}}{2}R\right)^2} = \sqrt{2}R$.

这是唯一的驻点，所以当矩形长、宽均为 $\sqrt{2}R$ 时周长最大.

例 7 要作一个容积为 V 的带盖的圆柱形容器（缸子），问当其底半径与其高

成何比例时,所用材料最省?

解 设其底半径为 r,高为 $2h$,由 $V = 2\pi r^2 h \Rightarrow h = V/(2\pi r^2)$,
于是其表面积 $S = 2\pi r^2 + 2\pi r \cdot 2h = 2\pi r^2 + 2V/r$,其中 $r > 0$;

$$S' = 4\pi r - \frac{2V}{r^2}, \quad \text{令 } S' = 0 \Rightarrow r = \sqrt[3]{\frac{V}{2\pi}} \Rightarrow h = \sqrt[3]{\frac{V}{2\pi}}\ (\text{唯一驻点}).$$

所以当底直径与高相等时,圆柱形容器的表面积最小,即所用材料最省.

由上例看出,对于求解最值问题关键在于正确建立函数关系,有些实际问题的函数关系是较明显的,即把所求的最值量设为函数,而引起其发生变化的某变量就设为自变量. 当然有些实际问题的函数关系就不太明显,此时应仔细分析题意.

例 8 如图 3-12 所示,某矿务局拟自地平上一点 A 处挖一巷道至地下一点 C,设 AB 长 600 m,BC 长 240 m;地平面 AB 是粘土,掘进费为 5 元/m,地下是岩石,掘进费为 13 元/m,问怎样的挖法,所用费用最省? 为多少?

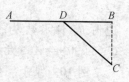

图 3-12

解 设先水平挖 $(600 - x)$ m,即 $BD = x$,
$AD = 600 - x$,其中 $0 \leqslant x \leqslant 600$.

由几何知 $CD = \sqrt{x^2 + 240^2}$,所需费用为

$$S = 5(600 - x) + 13\sqrt{x^2 + 240^2},$$
$$S' = -5 + 13x/\sqrt{x^2 + 240^2}.$$

令 $S' = 0$ 解得定义域内的唯一驻点 $x = 100$.

此时,$AD = 600 - 100 = 500$,$S = 5\,880$.

所以,当 AD 为 500 m 时费用最省,为 $S_{\min} = 5\,880$(元).

练习

以直的河岸为一边用篱笆围出一矩形场地. 现有篱笆长 36 m,问所能围出的最大场地的面积是多少?

3.3.3 经济应用问题

经济管理中的一个重要问题,是使经济效益最优化,例如在一定的条件下,成本最低、利润最大、费用最小等. 下面举例说明函数极值在经济效益最优化方面的应用.

1. 最小成本问题

例 9 某工厂生产产量为 q(件)时,生产成本函数(元)为 $C(q) = 9\,000 +$

$40q + 0.001q^2$. 求该厂生产多少件产品时,平均成本达到最小? 并求出其最小平均成本和相应的边际成本.

解 平均成本函数为 $\bar{C}(q) = \dfrac{C(q)}{q} = \dfrac{9\,000}{q} + 40 + 0.001q$;

$$\bar{C}'(q) = -\frac{9\,000}{q^2} + 0.001, \quad \bar{C}''(q) = \frac{18\,000}{q^3} > 0;$$

令 $\bar{C}'(q) = -\dfrac{9\,000}{q^2} + 0.001 = 0$, 得 $q = 3\,000$, 这是唯一的驻点,它也是极小值点,因此,当 $q = 3\,000$ 时平均成本达到最小,最小平均成本为

$$\bar{C}(3\,000) = \frac{9\,000}{3\,000} + 40 + 0.001 \times 3\,000 = 46 \,(\text{元}).$$

边际成本函数为 $C'(q) = 40 + 0.002q$, 当 $q = 3\,000$ 时, 边际成本为 $C'(3\,000) = 46\,(\text{元})$.

例 10 某工厂生产某种商品,其年销售量为 100 万件,分为 N 批生产,每批生产需要增加生产准备费 1 000 元,而每件商品的一年库存费为 0.05 元,如果年销售率是均匀的,且上批售完后立即生产出下批(此时商品的库存量的平均值为商品批量的一半). 问 N 为何值时,才能使生产准备费与库存费两项之和最小?

解 设每年的生产准备费与库存费之和为 C, 批量为 x, 则

$$C(x) = 1\,000\left(\frac{1\,000\,000}{x}\right) + 0.05\left(\frac{x}{2}\right) = \frac{10^9}{x} + \frac{x}{40}.$$

由 $C'(x) = \dfrac{1}{40} - \dfrac{10^9}{x^2}$ 得驻点 $x_0 = 2 \times 10^5$, 由 $C''(x) = \dfrac{2 + 10^9}{x^3} > 0$, 知驻点为最小值点.

因此, $x = 20$ 万件时, C 最小,此时 $N = \dfrac{100\,\text{万}}{20\,\text{万}} = 5$.

例 11 某商场一年内要分批购进某商品 2 400 件,每件商品批发价为 6 元(购进),每件商品每年占用银行资金为 10% 利率,每批商品的采购费用为 160 元,问分几批购进时,才能使上述两项开支之和最少(不包括商品批发价)?

解 设分 x 批购进,两项开支之和为

$$g(x) = 160x + \frac{2\,400}{x} \times 6 \times 10\% = 160x + \frac{240 \times 6}{x},$$

且

$$g'(x) = 160 - \frac{240 \times 6}{x^2}.$$

令 $g'(x) = 0$, 得, $x = 3$,

$$g''(x) = \frac{2 \times 240 \times 6}{x^3} > 0.$$

所以 $g(x)$ 在 $x = 3$ 取得极小值,由于驻点唯一,所以 $g(x)$ 在 $x = 3$ 也取最小值. 故分三批购进,两项开支之和最少.

2. 最大利润问题

利润是衡量企业经济效益的一个主要指标. 在一定的设备条件下,如何安排生产才能获得最大利润,这是企业管理中的一个现实问题.

例 12 某厂生产某种产品,其固定成本为 3 万元,每生产一百件产品,成本增加 2 万元. 其总收入 R(单位:万元)是产量 q(单位:百件)的函数: $R = 5q - 0.5q^2$, 求达到最大利润时的产量.

解 由题意,成本函数为 $C(q) = 3 + 2q$, 于是,

利润函数 $L(q) = R(q) - C(q) = -3 + 3q - 0.5q^2$, 则 $L'(q) = 3 - q$,

令 $L'(q) = 0$, 得 $q = 3$(百件), $L''(3) = -1 < 0$,

所以当 $q = 3$(百件)时,函数取得极大值,因为是唯一的极值点,所以就是最大值点. 即产量为 300 件时取得最大利润.

例 13 设某企业在生产一种商品 x 件时的总收益为 $R(x) = 100x - x^2$(元),总成本函数为 $C(x) = 200 + 50x + x^2$, 在企业获得最大利润的情况下,问政府对每件商品征收货物税为多少时(元/件),总税额最大?

解 设每件商品征收的货物税为 a,

$$L(x) = R(x) - C(x) - ax = 100x - x^2 - (200 + 50x + x^2) - ax$$
$$= -2x^2 + (50 - a)x - 200,$$
$$L'(x) = -4x + 50 - a.$$

令 $L'(x) = 0$ 得 $x = \frac{50-a}{4}$. 此时 $L(x)$ 取最大值.

税收为 $T = ax = \frac{a(50-a)}{4}$, $T' = \frac{1}{4}(50 - 2a) = 0$, $a = 25$.

$T'' = -\frac{1}{2} < 0$, $\therefore a = 25$ 时 T 取最大值.

故征收货物税应为 25.

练习

1. 假设某种商品的需求量 Q 是单价 P 的函数 $Q = 12\,000 - 80P$, 商品的总成本 C 是需求量

Q 的函数 $C = 25\,000 + 50Q$，每单位商品需纳税 2. 试求使销售利润最大的商品价格和最大利润.

2. 某厂生产电视机 q 台成本 $C(q) = 5\,000 + 250q - 0.01q^2$，销售收入是 $R(q) = 400q - 0.02q^2$，如果生产的所有电视机都能售出，问应生产多少台，才能获得最大利润？

3. 某大楼有 50 间办公室出租，若定价每间每月租金 120 元，则可全部租出，租出的办公室每月需由房主负担维修费 10 元，若每月租金每提高一个 5 元，将空出一间办公室，试求房主所获得利润与闲置办公室的间数的函数关系，并确定每间月租金多少时才能获得最大利润？这时利润是多少？

4. 某企业生产产品 x 件时，总成本函数为 $C(x) = ax^2 + bx + c$，总收益函数为 $R(x) = ax^2 + \beta x (a, b, c, \alpha, \beta > 0, a > \alpha)$，当企业按最大利润投产时，对每件产品征收税额为多少才能使总税额最大？

3. 经济优化模型

(1) 酒瓶对酒厂利润的影响

某制造商制造并出售球形瓶装的某种酒，瓶子的制造成本为 $0.8\pi r^2$（分），其中 r 是瓶子的半径(单位:cm). 设每出售 $1\ \mathrm{cm}^3$ 的酒，商人可获利 0.2 分，他能制作的瓶子最大半径为 $6\ \mathrm{cm}$，问:

① 瓶子半径多大时，能使每瓶酒获利最大？

② 瓶子半径多大时，每瓶酒获利最少？

解 每瓶酒的获利为

$$L(r) = 0.2 \times \frac{4}{3}\pi r^3 - 0.8\pi r^2$$

$$= 0.8\pi \left(\frac{r^3}{3} - r^2 \right),\ 0 < r \leqslant 6.$$

令 $L'(r) = 0.8\pi(r^2 - 2r) = 0$，得 $r = 2$. 当 $r \in (0.2)$ 时，$L'(r) < 0$；$r \in (2, 6)$ 时 $L'(r) > 0$，则 $r = 2$ 是 $(0, 6]$ 内唯一的极小值点，即最小值点. $r = 6$ 时，$L(r)$ 可达到最大值，所以半径越大，获利越大，半径为 $2\ \mathrm{cm}$ 时，获利最小. $L(3) = 0$，$r \in (0, 3)$ 时，$L(r) < 0$，此时制造商亏损，要想获利，必须以更好的价格出售. 所以，市场上小包装的货物一般比大包装的货物更贵些.

(2) 何时出售酒最有利

设某酒厂有一批新酿的好酒，如果现在(假定 $t = 0$) 就售出，总收入为 R_0 (元)；如果窖藏起来待来年按陈酒价格出售，t 年末总收入为 $R = R_0 \mathrm{e}^{\frac{2}{5}\sqrt{t}}$（元）. 假定银行的年利率为 r，并以连续复利计息，试求窖藏多少年出售可使总收入的现值最大？并求 $r = 0.05$ 时的 t 值.

解 设 t 年末总收入为 R 的现值为 $\bar{R}$，则

$$\bar{R} = \mathrm{Re}^{-rt} = R_0 e^{\frac{2}{5}\sqrt{t}} e^{-rt} = R_0 e^{\frac{2}{5}\sqrt{t} - rt},$$

$$\bar{R}' = R_0 e^{\frac{2}{5}\sqrt{t} - rt} \left(\frac{1}{5\sqrt{t}} - r \right).$$

令 $\bar{R}' = 0$，得唯一驻点 $t = \dfrac{1}{25r^2}$. 由于 $t < \dfrac{1}{25r^2}$ 时，$\bar{R}' > 0$；$t > \dfrac{1}{25r^2}$ 时，$\bar{R}' < 0$，故 $t = \dfrac{1}{25r^2}$ 是极大值点即最大值点，所以窖藏 $\dfrac{1}{25r^2}$ 年售出可使总收入的现值最大.

当 $r = 0.05$ 时，$t = \dfrac{1}{25 \times 0.05^2} = 16$（年）.

练习

1. 某学生在暑假期间制作并销售项链，他以 10 元一条出售，每天可售出 20 条，当他把价格每提高 1 元时，他每天就少售出 2 条.

(1) 求价格函数（假设价格与销售量符合线性关系）；

(2) 如果制作一条项链成本为 6 元，他以什么价格出售才能获得最大利润.

2. 某种商品的平均成本为 $\bar{C}(q) = 2$，价格函数为 $p(q) = 20 - 4q$，q 为销售量. 每件销售的商品须向国家交税 t 元.

(1) 企业销售多少商品时，利润最大？

(2) 在企业取得最大利润的情况下，t 为何值才能使总税收最大？

习 题 3-3

1. 求下列函数在给定区间上的最大值和最小值.

(1) $y = x + 2\sqrt{x}$，$[0, 4]$；　　　　(2) $y = x^2 - 4x + 6$，$[-3, 10]$；

(3) $y = x + \dfrac{1}{x}$，$[0.001, 100]$；　　(4) $y = \dfrac{x-1}{x+1}$，$[0, 4]$.

2. 从长为 12 cm，宽为 8 cm 的矩形铁片的四个角上剪去相同的小正方形，折起来做成一个无盖的盒子，要使盒子的容积最大，剪去的小正方形的边长应为多少？

3. 把长为 24 cm 的铁丝剪成两段，一段作成圆，另一段作成正方形，应如何剪法才能使圆和正方形面积之和最小？

4. 设某厂每天生产某种产品 q 单位时的总成本函数为 $C(q) = 0.5q^2 + 36q + 9800$，问每天生产多少单位的产品时，其平均成本最低？

5. 某个体户以每条 10 元的价格购进一批牛仔裤，设此牛仔裤的需求函数为 $Q = 40 - p$，问该个体户将销售价定为多少时，才能获得最大利润？

6. 生产某种产品 q 个单位时费用为 $C(q) = 5q + 200$，收入函数为 $R(q) = 10q - 0.001q^2$，问每批生产多少个单位，才能使利润 L 最大？

7. 已知某产品的需求函数为 $p = 10 - \dfrac{q}{5}$，成本函数为 $C(q) = 50 + 2q$，求产量为多少时总

利润 L 最大?

8. 欲做一个容积为 $300 \ m^3$ 的无盖圆柱形蓄水池,已知池底单位造价为周围单位造价的两倍.问蓄水池的尺寸应怎样设计才能使总造价最低?

9. 某通讯公司要从一条东西流向的河岸 A 点向河北岸 B 点铺设地下光缆.已知从点 A 向东直行 $1\ 000 \ m$ 到 C 点,而 C 点距其正北方向的 B 点也恰好为 $1\ 000 \ m$.根据工程的需要,铺设线路是先从 A 点向东铺设 $x(0 \leqslant x \leqslant 1\ 000)\ m$,然后直接从河底直线铺设到河对岸的 B 点.已知河岸地下每米铺设费用是 16 元,河底每米铺设费用是 20 元.求使总费用最少的 x?

3.4* 利用导数研究函数图像

3.4.1 函数图像的凹向与拐点

在研究函数图像的变化状况时,了解它上升和下降的规律是重要的,但是只了解这一点是不够的,上升和下降还不能完全反映图像的变化.图 3-13 所示函数的图像在区间内始终是上升的,但却有不同的弯曲状况,L_1 是向下弯曲的"凸"弧,L_2 向上弯曲的是"凹"弧 ,L_3 既有凸弧,也有凹弧.从图 3-14 中还可观察到,曲线向上弯曲的弧段位于该弧段上任意一点的切线上方;而向下弯曲的弧段则位于该弧段上任意一点的切线的下方.据此,我们给出如下定义:

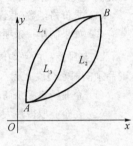

图 3-13

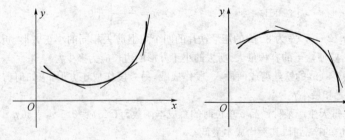

图 3-14

定义 1 在区间 I 上任意作曲线 $y = f(x)$ 的切线,若曲线总是在切线上方,则称此曲线在区间 I 上是(向上)凹的;若曲线总是在切线下方,则称此曲线在区间 I 上是(向上)凸的;曲线的凹凸分界点称为曲线的拐点.

同时,由图 3-14 还可以看出:

(1) 当曲线是凹时, 切线的斜率随着 x 的增大而增大, 即 $f'(x)$ 单调增加;

(2) 当曲线是凸时, 切线的斜率随着 x 的增大而减小, 即 $f'(x)$ 单调减少.

而函数 $f'(x)$ 的单调性, 可用 $f''(x)$ 的符号来判别. 故曲线 $y = f(x)$ 的凹凸性与 $f''(x)$ 的符号有关. 下面给出曲线凹凸性的判定定理:

定理 设函数 $f(x)$ 在区间 (a, b) 内具有二阶导数, 如果对于任意 $x \in (a, b)$, 有

(1) $f''(x) > 0$, 则曲线 $y = f(x)$ 在区间 (a, b) 内是凹的;

(2) $f''(x) < 0$, 则曲线 $f(x)$ 在区间 (a, b) 内是凸的.

例 1 判定曲线 $y = x^3$ 的凹凸性.

解 函数 $y = f(x) = x^3$ 定义域为 $(-\infty, +\infty)$,
$$y' = 3x^2, \quad y'' = 6x.$$

令 $y'' = 0$, 得 $x = 0$, 它把区间 $(-\infty, +\infty)$ 分成 $(-\infty, 0)$ 和 $(0, +\infty)$ 两个区间.

当 $x \in (0, +\infty)$ 时, $y'' > 0$, 曲线是凹的; 当 $x \in (-\infty, 0)$ 时, $y'' < 0$, 曲线是凸的, 这里点 $(0, 0)$ 是曲线的拐点. 其图像如图 3-15 所示.

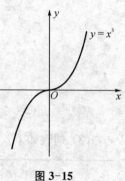

图 3-15

拐点既然是凹与凸的分界点, 那么在拐点的左、右邻近 $f''(x)$ 必然异号, 因而在拐点处有 $f''(x) = 0$ 或 $f''(x)$ 不存在. 与极值可疑点的情形类似, 使 $f''(x) = 0$ 的点或 $f''(x)$ 不存在的点只是可能的拐点. 究竟是否为拐点, 还要根据 $f''(x)$ 在该点的左、右邻近是否异号来确定.

于是, 我们归纳法出曲线的凹凸区间与拐点的一般**步骤**:

(1) 确定 $f(x)$ 的定义域, 并求 $f'(x)$, $f''(x)$;

(2) 解出使 $f''(x) = 0$ 的点和 $f''(x)$ 不存在的点;

(3) 用这些点将定义域分成若干小区间, 列表判定 $f''(x)$ 的符号;

(4) 得出结论.

例 2 求函数 $f(x) = x^4 - 4x^3 + 2x - 5$ 的凹凸区间及拐点.

解 (1) 函数的定义域为 $(-\infty, +\infty)$,
$$f'(x) = 4x^3 - 12x^2 + 2,$$
$$f''(x) = 12x^2 - 24x = 12x(x - 2).$$

(2) 令 $f''(x) = 0$, 得 $x_1 = 0, x_2 = 2$.

(3) 列表如下:

x	$(-\infty, 0)$	0	$(0, 2)$	2	$(2, +\infty)$
$f''(x)$	$+$	0	$-$	0	$+$
$f(x)$	∪	拐点	∩	拐点	∪

(4) 由表可知,函数 $f(x)$ 在 $(-\infty, 0]$ 与 $[2, +\infty)$ 是凹的,在 $[0, 2]$ 是凸的,曲线 $f(x)$ 的拐点为 $(0, -5)$ 和 $(2, -17)$.

例 3 求函数 $f(x) = (x-1)\sqrt[3]{x^2}$ 的凹凸区间与拐点.

解 (1) 函数的定义域为 $(-\infty, +\infty)$,

$$f'(x) = \frac{5}{3}x^{\frac{2}{3}} - \frac{2}{3}x^{-\frac{1}{3}},$$

$$f''(x) = \frac{10}{9}x^{-\frac{1}{3}} + \frac{2}{9}x^{-\frac{4}{3}} = \frac{2(5x+1)}{9x^{\frac{4}{3}}}.$$

(2) 令 $f''(x) = 0$ 得 $x = -\frac{1}{5}$,而 $x = 0$ 时,$f''(x)$ 不存在.

(3) 列表如下:

x	$\left(-\infty, -\frac{1}{5}\right)$	$-\frac{1}{5}$	$\left(-\frac{1}{5}, 0\right)$	0	$(0, +\infty)$
$f''(x)$	$-$	0	$+$	不存在	$+$
$f(x)$	∩	拐点	∪	非拐点	∪

(4) 所以 $f(x)$ 在 $\left(-\infty, -\frac{1}{5}\right)$ 是凸的,在 $\left[-\frac{1}{5}, 0\right)$ 和 $[0, +\infty)$ 是凹的,$\left(-\frac{1}{5}, -\frac{6}{25}\sqrt[3]{5}\right)$ 是拐点.

练习

求函数 $f(x) = 3x^4 - 4x^3 + 1$ 的凹凸区间与拐点.

3.4.2 函数图像的描绘

1. 曲线的渐近线

先看我们熟悉的函数,如:

(1) 函数 $y = e^x$,当 $x \to -\infty$ 时,函数值无限趋近于零,那么曲线 $y = e^x$ 无限接近于直线 $y = 0$.

(2) 函数 $y = \tan x$，当 $x \rightarrow \dfrac{\pi}{2}$ 时，函数值的绝对值无限增大，那么曲线 $y = \tan x$ 无限接近于直线 $x = \dfrac{\pi}{2}$.

(3) 函数 $y = \arctan x$，当 $x \rightarrow +\infty$ 时，函数值无限接近于 $\dfrac{\pi}{2}$，那么曲线 $y = \arctan x$ 无限接近于直线 $y = \dfrac{\pi}{2}$；当 $x \rightarrow -\infty$ 时，函数值无限接近于 $-\dfrac{\pi}{2}$，那么曲线 $y = \arctan x$ 无限接近于直线 $y = -\dfrac{\pi}{2}$.

一般地，当曲线 $y = f(x)$ 上的一动点 P 沿着曲线移向无穷远时，如果点到某定直线 l 的距离趋向于零，那么直线 l 就称为曲线 $y = f(x)$ 的一条渐近线. 渐近线分为水平、垂直和斜渐近线，我们给出下面的定义：

定义 2 设曲线 $y = f(x)$，

(1) 如果 $\lim\limits_{x \to \infty} f(x) = b$（或 $\lim\limits_{x \to +\infty} f(x) = b$，$\lim\limits_{x \to -\infty} f(x) = b$），则称直线 $y = b$ 为曲线 $y = f(x)$ 的一条**水平渐近线**；

(2) 如果 $\lim\limits_{x \to x_0} f(x) = \infty$（或 $\lim\limits_{x \to x_0^+} f(x) = \infty$，$\lim\limits_{x \to x_0^-} f(x) = \infty$），则称直线 $x = x_0$ 为曲线 $y = f(x)$ 的一条**垂直渐近线**.

例如，直线 $y = 0$ 是曲线 $y = e^x$ 的水平渐近线，直线 $x = \dfrac{\pi}{2}$ 是曲线 $y = \tan x$ 的垂直渐近线.

例 4   求曲线 $y = \dfrac{1}{1-x}$ 的水平渐近线和垂直渐近线.

解 因为
$$\lim_{x \to \infty} \frac{1}{1-x} = 0,$$

所以直线 $y = 0$ 是曲线 $y = \dfrac{1}{1-x}$ 的水平渐近线.

因为
$$\lim_{x \to 1} \frac{1}{1-x} = \infty,$$

所以直线 $x = 1$ 是曲线 $y = \dfrac{1}{1-x}$ 的垂直渐近线.

例 5   求曲线 $y = \dfrac{4(x+1)}{x^2} - 2$ 的水平和垂直渐近线.

解 因为
$$\lim_{x \to \infty} \left[\frac{4(x+1)}{x^2} - 2 \right] = -2,$$

所以直线 $y=-2$ 是曲线的水平渐近线,

因为

$$\lim_{x \to 0}\left[\frac{4(x+1)}{x^2}-2\right]=\infty,$$

所以直线 $x=0$ 是曲线的垂直渐近线.

2. 函数图形的描绘

前面介绍了如何判定函数的单调性、极值、凹凸性与拐点,掌握了函数的这些重要几何性态,我们就能用手工大概描绘出函数曲线的简图.**步骤**如下:

(1) 确定 $f(x)$ 的定义域,奇偶性,周期性.

(2) 求 $f'(x)$,找出 $f(x)$ 在定义域内的驻点和 $f'(x)$ 不存在的点;求 $f''(x)$,找出 $f''(x)=0$ 的点或 $f''(x)$ 不存在的点.

(3) 用所有这些点把定义域分成若干小区间,列表,确定单调区间与极值点,凹凸区间与拐点.

(4) 讨论 $f(x)$ 有无水平或垂直渐近线.

(5) 求出一些特殊的点(如曲线与坐标轴的交点),根据以上各步描绘 $y=f(x)$ 的草图.

例 6 作函数 $y=x^3-x^2-x+1$ 的图像.

解 (1)函数的定义域为 $(-\infty,+\infty)$,非奇偶函数,非周期函数.

(2) $y'=3x^2-2x-1=3\left(x+\frac{1}{3}\right)(x-1)$,

令 $y'=0$,得驻点 $x_1=-\frac{1}{3}$, $x_2=1$,

$y''=6x-2$,令 $y''=0$,得 $x_3=\frac{1}{3}$.

(3) 列表如下:

x	$\left(-\infty,-\frac{1}{3}\right)$	$-\frac{1}{3}$	$\left(-\frac{1}{3},\frac{1}{3}\right)$	$\frac{1}{3}$	$\left(\frac{1}{3},1\right)$	1	$(1,+\infty)$
y'	+	0	−	−	−	0	+
y''	−	−	−	0	+	+	+
y	↗	极大	↘	拐点	↘	极小	↗

$$y_{极大}=y|_{x=-\frac{1}{3}}=\frac{32}{27}, \quad y_{极小}=y|_{x=1}=0, \quad 点\left(\frac{1}{3},\frac{16}{27}\right)为拐点.$$

(4) 描出一些特殊点,如:$f(-1)=0$, $f(1)=0$, $f\left(\frac{3}{2}\right)=\frac{5}{8}$.

（5）描出草图，如图 3-16 所示.

例 7　作函数 $f(x) = \mathrm{e}^{-x^2}$ 的图像.

解　（1）函数 $f(x)$ 的定义域是 $(-\infty, +\infty)$，为偶函数，它的曲线关于 y 轴对称，由对称性，只讨论函数在 $[0, +\infty)$ 的图形.

（2）$f'(x) = -2x\mathrm{e}^{-x^2}$，令 $f'(x) = 0$，得 $x_1 = 0$，

$$f''(x) = 2\mathrm{e}^{-x^2}(2x^2 - 1).$$

令 $f''(x) = 0$，得 $x_2 = \dfrac{-\sqrt{2}}{2}$，$x_3 = \dfrac{\sqrt{2}}{2}$.

（3）列表如下：

x	0	$(0, \sqrt{2}/2)$	$\sqrt{2}/2$	$(\sqrt{2}/2, +\infty)$
y'	0	$-$	$-$	$-$
y''	$-$	$-$	0	$+$
y	极大	↘	拐点	↘

从表知：当 $x = 0$ 时，有极大值 $y = 1$；曲线的拐点为 $\left(\pm\dfrac{\sqrt{2}}{2}, \dfrac{\sqrt{\mathrm{e}}}{\mathrm{e}}\right)$.

（4）因为 $\lim\limits_{x \to \infty} \mathrm{e}^{-x^2} = 0$，所以 $y = 0$ 是曲线的水平渐近线.

（5）描出草图，如图 3-17 所示.

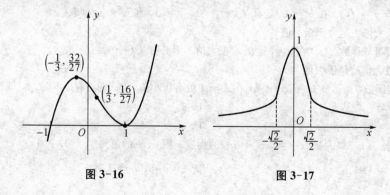

图 3-16　　　　　图 3-17

练习

作函数 $y = \dfrac{1}{3}x^3 - x$ 的图像.

习 题 3-4

1. 求下列曲线的渐近线.

(1) $y = c + \dfrac{a^2}{(x-b)}$;

(2) $y = \dfrac{4x-1}{(x-2)^2}$.

2. 求下列函数的凹凸区间与拐点.

(1) $y = x^3 - 5x^2 + 3x - 5$;

(2) $y = x + x^{\frac{5}{3}}$;

(3) $y = 2x^2 - x^3$;

(4) $y = \ln(x^2 + 1)$.

3. 对下列各函数进行全面讨论,并画出它们的图像.

(1) $y = \dfrac{x}{1+x^2}$;

(2) $y = x^4 - 2x^3 + 1$.

复习题 3

一、选择题

1. 设函数 $f(x)$ 在区间 (a, b) 内可导,则在 (a, b) 内 $f'(x) > 0$ 是 $f(x)$ 在 (a, b) 内单调增的( ).

A. 必要而非充分条件

B. 充分而非必要条件

C. 充分必要条件

D. 既非充分也非必要条件

2. 若 $f(x)$ 的二阶导数存在,且 $f''(x) > 0$,则 $F(x) = \dfrac{f(x) - f(a)}{x - a}$ 在 $(a, b]$ 内是( ).

A. 单调增加的

B. 单调减少的

C. 有极大值

D. 有极小值

3. 下列命题中,正确的是( ).

A. 若 $y = f(x)$ 在 $x = x_0$ 处有 $f'(x) = 0$,则 $f(x)$ 在 $x = x_0$ 处取极值

B. 极大值一定大于极小值

C. 若可导函数 $f(x)$ 在 $x = x_0$ 处取极大值,则必有 $f'(x_0) = 0$

D. 最大值就是极大值

4. 若函数 $f(x) = x^3 + ax^2 + bx$ 在 $x = 1$ 处有极小值 -2,则必有( ).

A. $a = -4$,$b = 1$

B. $a = 4$,$b = -7$

C. $a = 0$,$b = -3$

D. $a = 1$,$b = 1$

5. 若点 $(1, 3)$ 是曲线 $y = ax^3 + bx^2$ 的拐点,则 a,b 的值为( ).

A. $a = \dfrac{9}{2}$,$b = -\dfrac{3}{2}$

B. $a = -6$,$b = 9$

C. $a = -\dfrac{3}{2}$,$b = \dfrac{9}{2}$

D. $a = -\dfrac{9}{2}$,$b = \dfrac{3}{2}$

6. 曲线 $y = x + \dfrac{x}{x^2-1}$ ( ).

A. 没有渐近线（水平和垂直）　　　B. 有水平渐近线 $y = 0$

C. 有垂直渐近线 $x = \pm 1$　　　　D. 有水平渐近线 $y = 1$

7. 函数 $y = x + \dfrac{4}{x}$ 的单调减少区间是（　　）.

A. $(-\infty, -2) \bigcup (2, +\infty)$　　　　B. $(-2, 2)$

C. $(-\infty, 0) \bigcup (0, +\infty)$　　　　D. $(-2, 0) \bigcup (0, 2)$

8. 以下结论正确的是（　　）.

A. 函数 $f(x)$ 的导数不存在的点，一定不是 $f(x)$ 的极值点

B. 若 x_0 为函数 $f(x)$ 的驻点，则 x_0 必为函数 $f(x)$ 的极值点

C. 若函数 $f(x)$ 在点 x_0 处有极值，且 $f'(x_0)$ 存在，则必有 $f'(x_0) = 0$

D. 若函数 $f(x)$ 在点 x_0 处连续，则 $f'(x_0)$ 一定存在

9. 函数 $y = \mathrm{e}^{-x}$ 在定义区间内是严格单调（　　）.

A. 增加且凹的　　　B. 增加且凸的　　　C. 减少且凹的　　　D. 减少且凸的

10. 曲线 $y = 6x - 24x^2 + x^4$ 的凸区间是（　　）.

A. $(-2, 2)$　　　B. $(-\infty, 0)$　　　C. $(0, +\infty)$　　　D. $(-\infty, +\infty)$

11. 函数 $y = \ln(1 + x^2)$ 的单调增加区间是（　　）.

A. $(-5, 5)$　　　B. $(-\infty, 0)$　　　C. $(0, +\infty)$　　　D. $(-\infty, +\infty)$

12. 函数 $y = x - \arctan x$ 在 $(-\infty, +\infty)$ 内是（　　）.

A. 单调增加　　　B. 单调减少　　　C. 不单调　　　D. 不连续

二、填空题

1. 函数 $y = \ln(1 + x^2)$ 的单调增加区间是_____.

2. 函数 $y = x^3 - 3x^2 + 7$ 的极小值是_____.

3. 函数 $y = \mathrm{e}^x - x - 1$ 的极值_____.

4. 曲线 $y = 2x^3 + 3x^2 - 12x + 14$ 的拐点为_____.

5. 函数 $f(x) = \dfrac{1}{3}x^3 - 3x^2 + 9x$ 在区间 $[0, 4]$ 上的最大值点 $x =$ _____.

6. 函数 $f(x) = \mathrm{e}^x - x$ 在 $(-\infty, +\infty)$ 的最小值点 $x =$ _____.

7. 函数 $f(x) = x\mathrm{e}^{-x}$ 在 $(-\infty, +\infty)$ 的最大值点 $x =$ _____.

8. 极限 $\lim\limits_{x \to \frac{\pi}{2}} \dfrac{\tan x}{\tan 3x} =$ _____.

9. 曲线 $y = \dfrac{\ln(1 + x)}{x}$ 的水平渐近线方程是_____.

10. 极限 $\lim\limits_{x \to 0} \dfrac{x}{\mathrm{e}^x - \mathrm{e}^{-x}} =$ _____.

11. 设函数 $y = \dfrac{1 - \mathrm{e}^{-x^2}}{1 + \mathrm{e}^{-x^2}}$，则其函数图像的水平渐近线方程是_____.

12. 极限 $\lim\limits_{x \to \infty} x(\mathrm{e}^{\frac{1}{x}} - 1) =$ _____.

13. 如果点 (1，3) 是曲线 $y = ax^3 + bx^2$ 的拐点,则 $a =$ _____ ; $b =$ _____ .

14. 曲线 $y = xe^{2x}$ 的下凹区间是 _____ .

15. 曲线 $y = 2\ln x + x^2 - 1$ 的拐点坐标是 _____ .

16. 曲线 $y = \ln(x^2 + 1)$ 的下凹区间是 _____ .

17. 曲线 $y = \dfrac{x^3}{3} + \dfrac{x^4}{4}$ 的上凹区间是 _____ .

18. 曲线 $y = 3x - x^3$ 的拐点坐标是 _____ .

19. 曲线 $y = \dfrac{\ln x}{x}$ 的渐近线方程是 _____ .

20. 曲线 $y = x^3 - 6x + 2$ 的拐点是 _____ .

三、求下列极限

1. $\lim\limits_{x\to 1}\dfrac{x^5-1}{x^9-1}$.

2. $\lim\limits_{x\to 0}\dfrac{\ln(1-5x)}{\sin 4x}$.

3. $\lim\limits_{x\to 0}\dfrac{\ln\cos x}{x^2}$.

4. $\lim\limits_{x\to 1}\left(\dfrac{1}{1-x} - \dfrac{2}{1-x^2}\right)$.

5. $\lim\limits_{x\to 1}\left(\dfrac{x}{x-1} - \dfrac{1}{\ln x}\right)$.

6. $\lim\limits_{x\to 0^+}\left(\dfrac{1}{x} - \dfrac{1}{e^x-1}\right)$.

7. $\lim\limits_{x\to\infty}x(e^{\frac{1}{x}}-1)$.

四、求下列函数的单调增减区间

1. $y = 2x^2 - \ln x$.

2. $y = x\sqrt{4x - x^2}$.

3. $y = (x-1)(x+1)^3$.

五、求下列函数的极值

1. $y = 2x^3 - 6x^2 - 18x + 7$.

2. $y = x - \ln(1+x)$.

六、应用题

1. 欲围一个面积为 150 平方米的矩形场地,所用材料的造价其正面是每平方米 6 元,其余三面是每平方米 3 元,问场地的长、宽各为多少米时,才能使所用的材料费最少?

2. 欲用围墙围成面积为 216 平方米的矩形场地,并在正中用一堵墙将其隔成两快,问此场地的长、宽各为多少米时,才能使所用的建筑材料最少?

3. 某窗的形状为半圆置于矩形之上,若此窗框的周长为一定值 l. 试确定半圆的半径 r 和矩形的高 h,使所能通过的光线最为充足.

第4章 不定积分

前面我们已经研究了一元函数的微分学,其基本内容是对于给定的函数 $F(x)$,求其导数 $F'(x)$ 或微分 $\mathrm{d}F(x)$. 而在实际问题中,往往要研究与此相反的问题,对于给定的函数 $f(x)$,要找出 $F(x)$,使得 $F'(x) = f(x)$ 或 $\mathrm{d}F(x) = f(x)\mathrm{d}x$,这就是不定积分要完成的任务.

4.1 不定积分的概念与性质

4.1.1 不定积分的概念

先看一个实例:

例1(列车何时制动)   列车快进站时,需要减速. 若列车减速后的速度为 $v(t) = 1 - \dfrac{1}{3}t$ (km/min),那么,列车应该在离站台多远的地方开始减速呢?

解   列车进站时开始减速,当速度为 $v(t) = 1 - \dfrac{1}{3}t = 0$ 时列车停下,解出 $t = 3$ (min),即列车从开始减速到列车完全停下来共需要 3 min 的时间.

设列车从减速开始到 t 时刻所走过的路程为 $s(t)$,列车从减速到停下来这一段时间所走的路程为 $s(3)$,由速度与位移的关系知 $v(t) = s'(t)$,路程 $s(t)$ 满足

$$s'(t) = 1 - \frac{1}{3}t, \quad 且 \ s(0) = 0.$$

问题转化为求 $s(t)$,即什么函数的导数为 $1 - \dfrac{1}{3}t$. 不难验证,可取

$$s(t) = t - \frac{1}{6}t^2 + C.$$

因为 $s(0) = 0$,于是 $C = 0$,得

$$s(t) = t - \frac{1}{6}t^2.$$

列车从减速开始到停下来的 3 min 内所走的路程为

$$s(3) = 3 - \frac{1}{6} \times 3^2 = 1.5 \,(\text{km}).$$

即列车在距站台 1.5 km 处开始减速.

这个问题的核心是已知一个函数的导函数 $F'(x) = f(x)$，反过来求函数 $F(x)$. 这就引出了原函数与不定积分的概念.

1. 原函数

定义 1　如果在区间 I 内，可导函数 $F(x)$ 的导函数为 $f(x)$，即

$$F'(x) = f(x)(x \in I) \quad \text{或} \quad \mathrm{d}F(x) = f(x)\mathrm{d}x,$$

则称 $F(x)$ 为 $f(x)$ 在区间 I 内的一个**原函数**.

例如，在 $(-\infty, +\infty)$ 内，$(\sin x)' = \cos x$，故 $\sin x$ 是 $\cos x$ 的一个原函数；在 $t \in [0, T]$ 内，$s'(t) = v(t)$，故路程函数 $s(t)$ 是与它对应的速度函数 $v(t)$ 的一个原函数.

现在进一步要问：如果一个已知函数 $f(x)$ 的原函数存在，那么 $f(x)$ 的原函数是否唯一？

因为 $(\sin x)' = \cos x$，而常数的导数等于零，所以有 $(\sin x + 1)' = \cos x$，$(\sin x + 2)' = \cos x$，…，$(\sin x + C)' = \cos x$（这里 C 是任意常数）. 由此可见，如果已知函数 $f(x)$ 有原函数，那么 $f(x)$ 的原函数就不止一个，而是有无穷多个. 那么 $f(x)$ 的全体原函数之间的内在联系是什么呢？

定理　若函数 $f(x)$ 在区间 I 上存在原函数，则其任意两个原函数之间只差一个常数.

这个定理表明：若 $F(x)$ 是 $f(x)$ 的一个原函数，则 $f(x)$ 的全体原函数为 $F(x) + C$（其中 C 是任意常数）.

一个函数具备怎样的条件，就能保证它的原函数存在呢？这里给出一个简明的结论：**连续的函数都有原函数**. 由于初等函数在其定义区间上都是连续函数，所以初等函数在其定义区间上都有原函数. 下面引入不定积分的概念.

2. 不定积分

定义 2　如果函数 $F(x)$ 是 $f(x)$ 的一个原函数，那么 $f(x)$ 的全体原函数 $F(x) + C$（C 为任意常数），称为函数 $f(x)$ 的**不定积分**，记作 $\int f(x)\mathrm{d}x$，即

$$\int f(x)\mathrm{d}x = F(x) + C.$$

其中，把符号 $\int$ 称为**积分号**，$f(x)$ 称为**被积分函数**，$f(x)\mathrm{d}x$ 称为**被积分表达式**，

x 称为积分变量，C 称为积分常数.

由此可见，求不定积分 $\int f(x)\mathrm{d}x$，就是求 $f(x)$ 的全体原函数，为此，只需求得 $f(x)$ 的一个原函数 $F(x)$，然后再加任意常数 C 即可.

例 2　求下列函数的不定积分.

(1) $\int x^2\,\mathrm{d}x$;　　　　　　　　　　　　(2) $\int \dfrac{1}{1+x^2}\mathrm{d}x$.

解　(1) 因为 $\left(\dfrac{x^3}{3}\right)' = x^2$，所以 $\dfrac{x^3}{3}$ 是 x^2 的一个原函数，因此，$\int x^2\,\mathrm{d}x = \dfrac{x^3}{3}+C$.

(2) 因为 $(\arctan x)' = \dfrac{1}{1+x^2}$，所以 $\arctan x$ 是 $\dfrac{1}{1+x^2}$ 的一个原函数，因此

$$\int \frac{1}{1+x^2}\mathrm{d}x = \arctan x + C.$$

例 3　求 $\int \dfrac{1}{\sqrt{1-x^2}}\mathrm{d}x$.

解　因 $(\arcsin x)' = \dfrac{1}{\sqrt{1-x^2}}$　$(-1<x<1)$，所以在 $(-1,\ 1)$ 上

$$\int \frac{1}{\sqrt{1-x^2}}\mathrm{d}x = \arcsin x + C.$$

例 4　求 $\int \dfrac{1}{x}\mathrm{d}x$.

解　当 $x>0$ 时，有 $(\ln x)' = \dfrac{1}{x}$，

当 $x<0$ 时，有 $[\ln(-x)]' = \dfrac{1}{-x}(-x)' = \dfrac{1}{-x}(-1) = \dfrac{1}{x}$，

而　　　　　　　　$\ln|x| = \begin{cases} \ln x, & x>0, \\ \ln(-x), & x<0. \end{cases}$

综上所述，　　　　　　　$\int \dfrac{1}{x}\mathrm{d}x = \ln|x| + C.$

例 5　验证下式成立：$\int x^\alpha\,\mathrm{d}x = \dfrac{1}{\alpha+1}x^{\alpha+1} + C(\alpha\neq -1)$.

解　因为 $\left(\dfrac{1}{\alpha+1}x^{\alpha+1}\right)' = \dfrac{1}{\alpha+1}\cdot(\alpha+1)x^\alpha = x^\alpha$，

所以

$$\int x^\alpha\,\mathrm{d}x = \frac{1}{\alpha+1}x^{\alpha+1} + C(\alpha\neq -1).$$

例 5 所验证的正是幂函数的积分公式,其中指数 α 是不等于 -1 的任意实数.

3. 基本积分公式

由前面的例子可知,微分运算与积分运算互为逆运算. 因此,由基本导数或基本微分公式,可以得到相应的基本积分公式:

(1) $\int k \mathrm{d}x = kx + C$（$k$ 为常数）;

(2) $\int x^\mu \mathrm{d}x = \dfrac{x^{\mu+1}}{\mu+1} + C$（$\mu \neq -1$）;

(3) $\int \dfrac{1}{x} \mathrm{d}x = \ln|x| + C$;

(4) $\int a^x \mathrm{d}x = \dfrac{a^x}{\ln a} + C$;

(5) $\int \mathrm{e}^x \mathrm{d}x = \mathrm{e}^x + C$;

(6) $\int \sin x \mathrm{d}x = -\cos x + C$;

(7) $\int \cos x \mathrm{d}x = \sin x + C$;

(8) $\int \sec^2 x \mathrm{d}x = \tan x + C$;

(9) $\int \csc^2 x \mathrm{d}x = -\cot x + C$;

(10) $\int \sec x \cdot \tan x \mathrm{d}x = \sec x + C$;

(11) $\int \csc x \cdot \cot x \mathrm{d}x = -\csc x + C$;

(12) $\int \dfrac{1}{\sqrt{1-x^2}} \mathrm{d}x = \arcsin x + C = -\arccos x + C$;

(13) $\int \dfrac{1}{1+x^2} \mathrm{d}x = \arctan x + C = -\operatorname{arccot} x + C$.

以上 13 个基本积分公式组成基本积分表,基本积分公式是计算不定积分的基础,必须熟悉牢记.

例 6 计算下列不定积分.

(1) $\int \sqrt[3]{x^2} \mathrm{d}x$;　　(2) $\int \dfrac{1}{x^2} \mathrm{d}x$;　　(3) $\int \dfrac{1}{\sqrt{x}} \mathrm{d}x$.

解 (1) $\int \sqrt[3]{x^2} \mathrm{d}x = \int x^{\frac{2}{3}} \mathrm{d}x = \dfrac{1}{\frac{2}{3}+1} x^{\frac{2}{3}+1} + C = \dfrac{3}{5} x^{\frac{5}{3}} + C.$

(2) $\displaystyle\int \frac{1}{x^2}\mathrm{d}x = \int x^{-2}\mathrm{d}x = \frac{1}{-2+1}x^{-2+1}+C = -1x^{-1}+C = -\frac{1}{x}+C.$

(3) $\displaystyle\int \frac{1}{\sqrt{x}}\mathrm{d}x = \int x^{-\frac{1}{2}}\mathrm{d}x = \frac{1}{-\frac{1}{2}+1}x^{-\frac{1}{2}+1}+C = 2x^{\frac{1}{2}}+C.$

练习

1. 求下列函数的不定积分.

(1) $\displaystyle\int \sqrt{x\sqrt{x\sqrt{x}}}\,\mathrm{d}x$;　　　(2) $\displaystyle\int \frac{1}{\sqrt[3]{x^2}}\mathrm{d}x$;　　　(3) $\displaystyle\int x^2 \cdot \sqrt[4]{x^3}\,\mathrm{d}x$.

2. 求 $\displaystyle\left(\int x^3\mathrm{d}x\right)'$ 及 $\displaystyle\int \left(\frac{x^4}{4}\right)'\mathrm{d}x$.

4.1.2　不定积分的性质

不定积分有以下性质(假定以下所涉及的函数,其原函数都存在).

性质 1　(1) $\displaystyle\left[\int f(x)\mathrm{d}x\right]' = f(x)$ 或 $\displaystyle d\left[\int f(x)\mathrm{d}x\right] = f(x)\mathrm{d}x$;

　　　　　(2) $\displaystyle\int F'(x)\mathrm{d}x = F(x)+C$ 或 $\displaystyle\int \mathrm{d}F(x) = F(x)+C.$

即若先积分后求导,则两者的作用互相抵消;反之,若先求导后积分,则抵消后要多一个任意常数项.

性质 2　$\displaystyle\int [f(x)\pm g(x)]\mathrm{d}x = \int f(x)\mathrm{d}x \pm \int g(x)\mathrm{d}x.$

即两个函数和(差)的不定积分等于这两个函数的不定积分的和(差).

性质 3　$\displaystyle\int kf(x)\mathrm{d}x = k\int f(x)\mathrm{d}x\ (k\neq 0, k$ 是常数).

即被积函数中的不为零的常数因子可以提到积分号外.

用不定积分的定义可直接验证以上性质. 利用基本积分公式以及不定积分的性质,可以直接计算一些简单函数的不定积分.

例 7　求 $\displaystyle\int (3x^3 - 4x^2 + 2x - 5)\mathrm{d}x.$

解　$\displaystyle\int (3x^3 - 4x^2 + 2x - 5)\mathrm{d}x = \int 3x^3\mathrm{d}x - \int 4x^2\mathrm{d}x + \int 2x\mathrm{d}x - \int 5\mathrm{d}x$

$\displaystyle\qquad\qquad = 3\int x^3\mathrm{d}x - 4\int x^2\mathrm{d}x + 2\int x\mathrm{d}x - 5\int \mathrm{d}x$

$\displaystyle\qquad\qquad = \frac{3}{4}x^4 - \frac{4}{3}x^3 + x^2 - 5x + C.$

注意:此题中被积函数是积分变量 x 的多项式函数,在利用不定积分性质 2 之后,拆成了四项分别求不定积分,从而可得到四个积分常数,因为任意常数与任意常数的和仍为任意常数. 因此,无论"有限项不定积分的代数和"中的有限项为多少项,在求出原函数后只加一个积分常数 C.

例8 求 $\int(2^x-3\sin x)\mathrm{d}x$.

解 $\int(2^x-3\sin x)\mathrm{d}x=\int 2^x\mathrm{d}x-\int 3\sin x\mathrm{d}x$

$$=\int 2^x\mathrm{d}x-3\int\sin x\mathrm{d}x$$

$$=\frac{2^x}{\ln 2}+3\cos x+C.$$

注意:计算不定积分所的结果是否正确,可以进行检验. 检验的方法很简单,只需验证所得结果的导数是否等于被积函数即可. 如例8中,因为有

$$\left(\frac{2^x}{\ln 2}+3\cos x+C.\right)'=\left(\frac{2^x}{\ln 2}\right)'+(3\cos x)'+C'$$

$$=2^x-3\sin x,$$

所以所求结果是正确的.

有些不定积分虽然不能直接使用基本公式,但当被积函数经过适当的代数或三角恒等变形,便可以利用基本积分公式及不定积分的性质计算不定积分.

例9 求 $\int\sqrt{x}(x+1)(x-1)\mathrm{d}x$.

解 因为被积函数

$$\sqrt{x}(x+1)(x-1)=\sqrt{x}(x^2-1)=x^2\sqrt{x}-\sqrt{x}=x^{\frac{5}{2}}-x^{\frac{1}{2}},$$

所以有

$$\int\sqrt{x}(x+1)(x-1)\mathrm{d}x=\int(x^{\frac{5}{2}}-x^{\frac{1}{2}})\mathrm{d}x=\int x^{\frac{5}{2}}\mathrm{d}x-\int(x^{\frac{1}{2}}\mathrm{d}x)$$

$$=\frac{2}{7}x^{\frac{7}{2}}-\frac{2}{3}x^{\frac{3}{2}}+C.$$

例10 求 $\int\frac{(1+\sqrt{x})^2}{\sqrt[3]{x}}\mathrm{d}x$.

解 因为被积函数

$$\frac{(1+\sqrt{x})^2}{\sqrt[3]{x}}=\frac{1+2\sqrt{x}+x}{\sqrt[3]{x}}=x^{-\frac{1}{3}}+2x^{\frac{1}{6}}+x^{\frac{2}{3}},$$

所以有

$$\int \frac{(1+\sqrt{x})^2}{\sqrt[3]{x}}\mathrm{d}\,x = \int (x^{-\frac{1}{3}} + 2x^{\frac{1}{6}} + x^{\frac{2}{3}})\mathrm{d}\,x$$

$$= \int x^{-\frac{1}{3}}\mathrm{d}\,x + \int 2x^{\frac{1}{6}}\mathrm{d}\,x + \int x^{\frac{2}{3}}\mathrm{d}\,x$$

$$= \frac{3}{2}x^{\frac{2}{3}} + \frac{12}{7}x^{\frac{7}{6}} + \frac{3}{5}x^{\frac{5}{3}} + c.$$

例 11　求 $\int \dfrac{x^2-1}{x^2+1}\mathrm{d}\,x.$

解　将被积函数化为下面的形式:

$$\frac{x^2-1}{x^2+1} = \frac{x^2+1-1-1}{x^2+1} = 1 - \frac{2}{x^2+1},$$

即有

$$\int \frac{x^2-1}{x^2+1}\mathrm{d}\,x = \int \left(1 - \frac{2}{x^2+1}\right)\mathrm{d}x$$

$$= \int \mathrm{d}\,x - 2\int \frac{1}{1+x^2}\mathrm{d}x$$

$$= x - 2\arctan x + C.$$

例 12　求 $\int \tan^2 x \mathrm{d}\,x.$

解　本题不能直接利用基本积分公式,但被积函数可以经过三角恒等变形化为

$$\tan^2 x = \sec^2 x - 1,$$

所以有

$$\int \tan^2 x \mathrm{d}\,x = \int (\sec^2 x - 1)\mathrm{d}x$$

$$= \int \sec^2 x \mathrm{d}\,x - \int \mathrm{d}\,x$$

$$= \tan x - x + C.$$

例 13　求 $\int \cos^2 \dfrac{x}{2}\mathrm{d}\,x.$

解　本题也不能直接利用基本积分公式,可以用二倍角的余弦公式将被积函数作恒等变形,然后再逐项积分,即

$$\int \cos^2 \frac{x}{2} \mathrm{d}\, x = \int \frac{1+\cos x}{2} \mathrm{d}\, x$$

$$= \frac{1}{2}\int \mathrm{d}\, x + \frac{1}{2}\int \cos x \mathrm{d}\, x$$

$$= \frac{1}{2}x + \frac{1}{2}\sin x + C.$$

例 14 $\int \dfrac{\cos 2x}{\sin^2 x \cos^2 x}\mathrm{d}\, x.$

解 由于 $\cos 2x = \cos^2 x - \sin^2 x$，因此

$$\int \frac{\cos 2x}{\sin^2 x \cos^2 x}\mathrm{d}\, x = \int \frac{\mathrm{d}\, x}{\sin^2 x} - \int \frac{\mathrm{d}\, x}{\cos^2 x} = -\cot x - \tan x + C.$$

练习

求下列函数的不定积分.

(1) $\int (x^6 + x^5 + x^2 + 1)\mathrm{d}\, x$;

(2) $\int \dfrac{\cos 2x}{\cos x - \sin x}\mathrm{d}\, x$;

(3) $\int \dfrac{1}{\sin^2 x \cos^2 x}\mathrm{d}\, x$;

(4) $\int \dfrac{3x^2 + 1}{x^2(x^2 + 1)}\mathrm{d}\, x$.

4.1.3 不定积分的几何意义

例 15 求过已知点 $(2,5)$，且其切线的斜率始终为 $2x$ 的曲线方程.

解 设已知曲线为 $y = y(x)$，由题意可知，该曲线上点 (x,y) 处的切线斜率为 $2x$，即

$$y' = 2x,$$

所以

$$y = \int 2x \mathrm{d}\, x = x^2 + C.$$

$y = x^2$ 是一条抛物线，而 $y = x^2 + C$ 是一族抛物线. 我们要求的曲线是这一族抛物线中经过点 $(2,5)$ 的那一条，将 $x = 2$，$y = 5$ 代入 $y = x^2 + C$ 中可确定积分常数 C：$5 = 2^2 + C$，即 $C = 1$.

由此所求曲线方程是 $y = x^2 + 1$，如图 4-1 所示.

从几何上看，抛物线族 $y = x^2 + C$，可由其中一条抛物线 $y = x^2$ 沿着 y 轴上下平移得到，而且在横坐标相同的点 x 处，它们的切线相互平行.

通常称 $y = x^2$ 的图像是函数 $y = 2x$ 的一条积分曲线，函数族 $y = x^2 + C$ 的图像是函数 $y = 2x$ 的积分曲线族.

一般言之,函数 $f(x)$ 在某区间上的一个原函数 $F(x)$,在几何上表示一条曲线 $y = F(x)$,称为 $f(x)$ 的一条**积分曲线**. $f(x)$ 的全部原函数 $y = F(x) + C$ $\left[即 f(x) 的不定积分 \int f(x) \mathrm{d}\,x \right]$是一族积分曲线,或称为 $f(x)$ 的**积分曲线族**,这一族积分曲线可由其中任一条沿着 y 轴上下平移得到,在每一条积分曲线横坐标相同的点 x 处作切线,它们相互平行,其斜率都等于 $f(x)$,如图 4-2 所示.

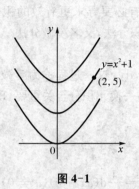

图 4-1

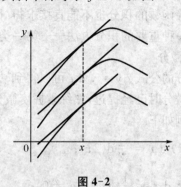

图 4-2

习 题 4-1

1. 求下列不定积分.

(1) $\int (x^2 - 3x + 2) \mathrm{d}\,x$;

(2) $\int \dfrac{12}{1 + x^2} \mathrm{d}\,x$;

(3) $\int \left(\dfrac{1}{1 + x^2} + \dfrac{1}{\sqrt{1 - x^2}} \right) \mathrm{d}\,x$;

(4) $\int \dfrac{2 \cdot 3^x - 5 \cdot 2^x}{3^x} \mathrm{d}\,x$.

2. 求过已知点 $(0, 1)$,且其切线的斜率始终为 x^2 的曲线方程.

3. 求下列不定积分.

(1) $\int \dfrac{\mathrm{d}\,x}{x^2 \sqrt{x}}$;

(2) $\int \left(\dfrac{2}{x} + \dfrac{x}{3} \right)^2 \mathrm{d}\,x$;

(3) $\int \mathrm{e}^{x+1} \mathrm{d}\,x$;

(4) $\int (\cos x - \sin x) \mathrm{d}\,x$;

(5) $\int \cot^2 x \mathrm{d}\,x$;

(6) $\int \dfrac{x^2}{1 + x^2} \mathrm{d}\,x$;

(7) $\int (x^3 + 3^x) \mathrm{d}\,x$;

(8) $\int \dfrac{x^2 - x + \sqrt{x} - 1}{x} \mathrm{d}\,x$;

(9) $\int \dfrac{1 - \mathrm{e}^{2x}}{1 + \mathrm{e}^x} \mathrm{d}\,x$;

(10) $\int \dfrac{1}{x^2 (x^2 + 1)} \mathrm{d}\,x$;

(11) $\int \dfrac{\cos 2x}{\cos x + \sin x} \mathrm{d}\,x$;

(12) $\int \sin^2 \dfrac{x}{2} \mathrm{d}\,x$.

4. 求下列不定积分.

(1) $\int \dfrac{\sin x}{\cos^2 x} \mathrm{d}\,x$;

(2) $\int \sec x (\sec x + \tan x) \mathrm{d}\,x$;

(3) $\int \dfrac{(x + 1)^2}{x(1 + x^2)} \mathrm{d}\,x$;

(4) $\int \dfrac{\mathrm{d}\,x}{1 + \cos 2x}$.

5. 已知 $f(x)$ 的导数是 x 的二次函数，$f(x)$ 在 $x=-1$，$x=5$ 处有极值，且 $f(0)=2$，$f(-2)=0$. 求 $f(x)$.

4.2 第一类换元积分法

用直接积分法能计算的不定积分是很有限的，即使像 $\tan x$ 与 $\ln x$ 这样的一些基本初等函数的积分也不能直接求得. 因此，有必要寻求更有效的积分方法. 本节将介绍一种重要的积分方法——第一类换元积分法，又名凑微分法.

1. 凑微分

由微分的公式 $\mathrm{d}y=y'\mathrm{d}x$ 可以得到 $y'\mathrm{d}x=\mathrm{d}y$，这一过程称为**凑微分**. 在本书第 2 章讲微分时已经提过，熟练掌握凑微分对第一换元积分至关重要. 现将常用的凑微分举例如下.

如： (1) $\mathrm{d}x=\dfrac{1}{2}\mathrm{d}(2x)$; $\qquad\qquad \mathrm{d}x=\dfrac{1}{2}\mathrm{d}(2x-3)$.

公式 $\mathrm{d}x=\dfrac{1}{a}\mathrm{d}(ax)(a\neq 0)$; $\qquad \mathrm{d}x=\dfrac{1}{a}\mathrm{d}(ax+b)(a\neq 0)$.

(2) $\dfrac{1}{\sqrt{x}}\mathrm{d}x=2d\sqrt{x}$; $\qquad\qquad \dfrac{1}{x^2}\mathrm{d}x=-\mathrm{d}\left(\dfrac{1}{x}\right)$;

$x\mathrm{d}x=\dfrac{1}{2}\mathrm{d}x^2$; $\qquad\qquad x^2\mathrm{d}x=\dfrac{1}{3}\mathrm{d}x^3$.

公式 $\qquad\qquad x^\mu\mathrm{d}x=\dfrac{1}{\mu+1}\mathrm{d}x^{\mu+1}$.

常用的公式还有：

$\mathrm{e}^x\mathrm{d}x=\mathrm{d}(\mathrm{e}^x)$; $\qquad\qquad \dfrac{1}{x}\mathrm{d}x=\mathrm{d}(\ln x)$;

$\cos x\,\mathrm{d}x=\mathrm{d}\sin x$; $\qquad\qquad \sin x\,\mathrm{d}x=-\mathrm{d}\cos x$;

$\tan x\sec x\,\mathrm{d}x=\mathrm{d}\sec x$; $\qquad \cot x\csc x\,\mathrm{d}x=-\mathrm{d}\csc x$;

$\sec^2 x\,\mathrm{d}x=\mathrm{d}(\tan x)$; $\qquad\qquad \csc^2 x\,\mathrm{d}x=-\mathrm{d}(\cot x)$;

$$\dfrac{1}{\sqrt{1-x^2}}\mathrm{d}x=-\mathrm{d}(\arccos x)=\mathrm{d}(\arcsin x);$$

$$\dfrac{1}{1+x^2}\mathrm{d}x=\mathrm{d}(\arctan x)=-\mathrm{d}(\operatorname{arccot} x).$$

有时候还会在这些公式的基础上添加需要的常数：

$$x\mathrm{d}x=\dfrac{1}{2}\mathrm{d}(x^2+3)=\dfrac{1}{2}\mathrm{d}(x^2-7).$$

2. 第一类换元积分法(凑微分法)

先分析一个例子:求 $\int e^{2x} \mathrm{d}x$.

解 被积函数 e^{2x} 是复合函数,不能直接套用公式 $\int e^x \mathrm{d}x = e^x + C$,为了套用这个公式,先把原积分作下列变形,再作计算:

$$\int e^{2x} \mathrm{d}x = \int e^{2x} \frac{1}{2} \mathrm{d}(2x) \xrightarrow{\text{令} u = 2x} \frac{1}{2} \int e^u \mathrm{d}u$$

$$= \frac{1}{2} e^u + C \xrightarrow{\text{回代} u = 2x} \frac{1}{2} e^{2x} + C.$$

验证:因为 $\left(\frac{1}{2} e^{2x} + C\right)' = e^{2x}$,所以 $\frac{1}{2} e^{2x} + C$ 确实是 e^{2x} 的原函数,这说明上面的方法是正确的.

此解法的特点是引入新变量 $u = 2x$,从而把原积分化为积分变量为 u 的积分,再用基本积分公式求解.它就是利用 $\int e^x \mathrm{d}x = e^x + C$,得 $\int e^u \mathrm{d}u = e^u + C$,再回代 $u = 2x$ 而得其积分结果的.

现在进一步问,如果更一般地,设有积分恒等式 $\int f(x) \mathrm{d}x = F(x) + C$,那么当 u 是 x 的任何一个可导函数 $u = \varphi(x)$ 时,积分等式

$$\int f(u) \mathrm{d}u = F(u) + C$$

是否也成立? 回答是肯定的.事实上, 由

$$\int f(x) \mathrm{d}x = F(x) + C$$

得
$$\mathrm{d}F(x) = f(x) \mathrm{d}x.$$

根据前一章证得的微分形式不变性可以知道,当 u 是 x 的一个可导函数 $u = \varphi(x)$ 时, 有

$$\mathrm{d}F(u) = f(u) \mathrm{d}u,$$

从而根据不定积分定义,有 $\int f(u) \mathrm{d}u = F(u) + C$.

这个结论表明:在基本积分公式中,自变量 x 换成任一可导函数 $u = \varphi(x)$ 时,公式仍成立,这就大大扩大了基本积分公式的使用范围.这个结论又称为不定积分

的形式不变性.

一般地,如果积分 $\int g(x)\mathrm{d}x$ 可以"**凑成**"

$$\int f[\varphi(x)]\varphi'(x)\mathrm{d}x \quad 或 \quad \int f[\varphi(x)]\mathrm{d}\varphi(x)$$

的形式,则令 $\varphi(x)=u$ 当积分 $\int f(u)\mathrm{d}u=F(u)+C$ 容易求得时,可按下述方法计算不定积分:

$$\int g(x)\mathrm{d}x \xrightarrow{凑微分} \int f[\varphi(x)]\varphi'(x)\mathrm{d}x = \int f[\varphi(x)]\mathrm{d}\varphi(x)$$

$$\xrightarrow[令\ \varphi(x)=u]{换元} \int f(u)\mathrm{d}u = F(u)+C \xrightarrow[u=\varphi(x)]{回代} F[\varphi(x)]+C.$$

这种先"凑"微分式,再作变量置换的方法,叫做**第一类换元积分法**.

定理(第一类换元法) 设 $f(u)$ 具有原函数 $F(u)$, $u=\varphi(x)$ 可导,则有

$$\int f[\varphi(x)]\cdot\varphi'(x)\mathrm{d}x = \int f(u)\mathrm{d}u = F(u)+C \xrightarrow{回代} F[\varphi(x)]+C.$$

第一类换元法又称**凑微分法**,凑微分法的基本步骤为:凑微分、换元求出积分、回代原变量.其中最关键的步骤是凑微分,现举例说明几种常见的凑微形式,要求把它们作为公式记住.

(1) 凑微公式 $\mathrm{d}x=\dfrac{1}{a}\mathrm{d}(ax+b)(a\neq0)$

例1 求 $\int(3+2x)^6\mathrm{d}x$.

解 被积函数是复合函数,中间变量为 $u=3+2x$,故将 $\mathrm{d}x$ 凑微分为 $\dfrac{1}{2}\mathrm{d}(3+2x)$.

因此
$$\int(3+2x)^6\mathrm{d}x = \frac{1}{2}\int(3+2x)^6\mathrm{d}(3+2x)$$
$$= \frac{1}{2}\int u^6\mathrm{d}u = \frac{1}{2}\cdot\frac{1}{7}u^7+C$$
$$= \frac{1}{14}(3+2x)^7+C.$$

例2 求 $\int\sin(3x+1)\mathrm{d}x$.

解　被积函数是复合函数,中间变量为 $u = 3x+1$,故将 $\mathrm{d}x$ 凑微分为 $\dfrac{1}{3}\mathrm{d}(3x+1)$.

因此

$$\int \sin(3x+1)\mathrm{d}x = \frac{1}{3}\int \sin(3x+1)\mathrm{d}(3x+1)$$

$$= \frac{1}{3}\int \sin u\,\mathrm{d}u = -\frac{1}{3}\cos u + C$$

$$= -\frac{1}{3}\cos(3x+1) + C.$$

当运算比较熟练后,设定中间变量 $\varphi(x) = u$ 和回代过程 $u = \varphi(x)$ 可以省略,将 $\varphi(x)$ 当作 u 积分就行了.

例 3　求 $\displaystyle\int \mathrm{e}^{-2x+1}\mathrm{d}x$.

解　$\displaystyle\int \mathrm{e}^{-2x+1}\mathrm{d}x = -\frac{1}{2}\int \mathrm{e}^{-2x+1}\mathrm{d}(-2x+1) = -\frac{1}{2}\mathrm{e}^{-2x+1} + C.$

例 4　求 $\displaystyle\int \frac{\mathrm{d}x}{\sqrt[3]{1-2x}}$.

解　$\displaystyle\int \frac{\mathrm{d}x}{\sqrt[3]{1-2x}} = -\frac{1}{2}\int (1-2x)^{-\frac{1}{3}}\mathrm{d}(1-2x)$

$$= -\frac{1}{2} \cdot \frac{3}{2}(1-2x)^{\frac{2}{3}} + C$$

$$= -\frac{3}{4}\sqrt[3]{(1-2x)^2} + C.$$

例 5　求 $\displaystyle\int \frac{1}{1+7x}\mathrm{d}x$.

解　$\displaystyle\int \frac{1}{1+7x}\mathrm{d}x = \frac{1}{7}\int \frac{1}{1+7x}\mathrm{d}(1+7x) = \frac{1}{7}\ln|1+7x| + C.$

例 6　求 $\displaystyle\int \frac{1}{a^2+x^2}\mathrm{d}x \,(a \neq 0)$.

解　$\displaystyle\int \frac{1}{a^2+x^2}\mathrm{d}x = \frac{1}{a^2}\int \frac{1}{1+\left(\dfrac{x}{a}\right)^2}\mathrm{d}x = \frac{1}{a}\int \frac{1}{1+\left(\dfrac{x}{a}\right)^2}\mathrm{d}\left(\frac{x}{a}\right) = \frac{1}{a}\arctan\frac{x}{a} + C.$

例 7　求 $\displaystyle\int \frac{1}{\sqrt{a^2-x^2}}\mathrm{d}x \,(a > 0)$.

解　$\displaystyle\int \frac{1}{\sqrt{a^2-x^2}}\mathrm{d}x = \frac{1}{a}\int \frac{\mathrm{d}x}{\sqrt{1-\left(\dfrac{x}{a}\right)^2}} = \int \frac{\mathrm{d}\left(\dfrac{x}{a}\right)}{\sqrt{1-\left(\dfrac{x}{a}\right)^2}} = \arcsin\frac{x}{a} + C.$

(2) 凑微公式 $x^\mu \mathrm{d}x = \dfrac{1}{\mu+1}\mathrm{d}x^{\mu+1}$ $(\mu \neq -1)$

例 8 求 $\displaystyle\int x\mathrm{e}^{x^2}\mathrm{d}x$.

解 $\displaystyle\int x\mathrm{e}^{x^2}\mathrm{d}x = \frac{1}{2}\int \mathrm{e}^{x^2}\mathrm{d}x^2 = \mathrm{e}^{x^2}$.

例 9 求 $\displaystyle\int x\sqrt{1+x^2}\,\mathrm{d}x$.

解 $\displaystyle\int x\sqrt{1+x^2}\,\mathrm{d}x = \frac{1}{2}\int (1+x^2)^{\frac{1}{2}}\mathrm{d}x^2 = \frac{1}{2}\int (1+x^2)^{\frac{1}{2}}\mathrm{d}(1+x^2)$

$$= \frac{1}{2} \cdot \frac{1}{1+\frac{1}{2}}(1+x^2)^{\frac{1}{2}+1} + C$$

$$= \frac{1}{3}(1+x^2)^{\frac{3}{2}} + C.$$

例 10 求 $\displaystyle\int \frac{x\mathrm{d}x}{(1+x^2)^2}$.

解 $\displaystyle\int \frac{x\mathrm{d}x}{(1+x^2)^2} = \frac{1}{2}\int (1+x^2)^{-2}\mathrm{d}x^2 = \frac{1}{2}\int (1+x^2)^{-2}\mathrm{d}(1+x^2)$

$$= -\frac{1}{2(1+x^2)} + C.$$

(3) 凑微公式 $\dfrac{1}{x}\mathrm{d}x = \mathrm{d}\ln x$

例 11 求 $\displaystyle\int \frac{\ln^2 x}{x}\mathrm{d}x$.

解 $\displaystyle\int \frac{\ln^2 x}{x}\mathrm{d}x = \int \ln^2 x\,\mathrm{d}\ln x = \frac{1}{3}\ln^3 x + C$.

例 12 求 $\displaystyle\int \frac{1}{x(1+\ln x)}\mathrm{d}x$.

解 $\displaystyle\int \frac{1}{x(1+\ln x)}\mathrm{d}x = \int \frac{1}{1+\ln x}\mathrm{d}\ln x = \int \frac{1}{1+\ln x}\mathrm{d}(1+\ln x)$

$$= \ln|1+\ln x| + C.$$

(4) 凑微公式 $\mathrm{e}^x\mathrm{d}x = \mathrm{d}\mathrm{e}^x$

例 13 求 $\displaystyle\int \frac{\mathrm{e}^x}{\mathrm{e}^x+2}\mathrm{d}x$.

解 $\displaystyle\int \frac{\mathrm{e}^x}{\mathrm{e}^x+2}\mathrm{d}x = \int \frac{1}{\mathrm{e}^x+2}\mathrm{d}\mathrm{e}^x = \int \frac{1}{\mathrm{e}^x+2}\mathrm{d}(\mathrm{e}^x+2)$

$$= \ln(\mathrm{e}^x+2) + C.$$

（5）凑微公式 $\cos x \mathrm{d}x = \mathrm{d}\sin x$，$\sin x \mathrm{d}x = -\mathrm{d}\cos x$

例 14　求 $\displaystyle\int \tan x \mathrm{d}x$.

解　$\displaystyle\int \tan x \mathrm{d}x = \int \frac{\sin x}{\cos x}\mathrm{d}x = -\int \frac{1}{\cos x}\mathrm{d}\cos x = -\ln|\cos x| + C$.

用同样的方法可以求得：$\displaystyle\int \cot x \mathrm{d}x = \ln|\sin x| + C$.

例 15　求 $\displaystyle\int \sin^5 x \cos x \mathrm{d}x$.

解　$\displaystyle\int \sin^5 x \cos x \mathrm{d}x = \int \sin^5 x \mathrm{d}\sin x = \frac{\sin^6 x}{6} + C$.

（6）凑微公式 $\sec^2 x \mathrm{d}x = \mathrm{d}\tan x$

例 16　求 $\displaystyle\int \tan^2 x \sec^2 x \mathrm{d}x$.

解　$\displaystyle\int \tan^2 x \sec^2 x \mathrm{d}x = \int \tan^2 x \mathrm{d}\tan x = \frac{\tan^3 x}{3} + C$.

（7）凑微公式 $\dfrac{1}{1+x^2}\mathrm{d}x = \mathrm{d}\arctan x$，$\dfrac{1}{\sqrt{1-x^2}}\mathrm{d}x = \mathrm{d}\arcsin x$

例 17　求 $\displaystyle\int \frac{(\arctan x)^4}{1+x^2}\mathrm{d}x$.

解　$\displaystyle\int \frac{(\arctan x)^4}{1+x^2}\mathrm{d}x = \int (\arctan x)^4 \mathrm{d}\arctan x = \frac{(\arctan x)^5}{5} + C$.

例 18　求 $\displaystyle\int \frac{\mathrm{e}^{\arcsin x}}{\sqrt{1-x^2}}\mathrm{d}x$.

解　$\displaystyle\int \frac{\mathrm{e}^{\arcsin x}}{\sqrt{1-x^2}}\mathrm{d}x = \int \mathrm{e}^{\arcsin x}\mathrm{d}\arcsin x = \mathrm{e}^{\arcsin x} + C$.

前面仅列举了常见的几种凑微形式，凑微的形式还有很多，需要多做练习，不断归纳，积累经验，才能灵活运用.

练习

1. 在下列各等式右端的括号内填入适当的常数，使等式成立.

(1) $\mathrm{d}x = (\quad)\mathrm{d}(7x-3)$；　　　　(2) $x\mathrm{d}x = (\quad)\mathrm{d}(x^2)$；

(3) $x\mathrm{d}x = (\quad)\mathrm{d}(4x^2)$；　　　　(4) $x\mathrm{d}x = (\quad)\mathrm{d}(1+4x^2)$；

(5) $x^2\mathrm{d}x = (\quad)\mathrm{d}(2x^3+4)$；　　(6) $\mathrm{e}^{3x}\mathrm{d}x = (\quad)\mathrm{d}(\mathrm{e}^{3x})$.

2. 求下列不定积分.

(1) $\displaystyle\int (5-3x)^8 \mathrm{d}x$；　　(2) $\displaystyle\int \cos(4x+3)\mathrm{d}x$；　　(3) $\displaystyle\int \mathrm{e}^{6x+1}\mathrm{d}x$；

(4) $\displaystyle\int \frac{1}{\sqrt{1+2x}}\mathrm{d}x$；　　(5) $\displaystyle\int \frac{1}{1-6x}\mathrm{d}x$；　　(6) $\displaystyle\int x^4 \mathrm{e}^{x^5}\mathrm{d}x$；

(7) $\int x^3 \sqrt{1+x^4}\,\mathrm{d}x$;　　(8) $\int \dfrac{x^2\,\mathrm{d}x}{(1+x^3)^5}$;　　(9) $\int \dfrac{\ln^3 x}{x}\,\mathrm{d}x$;

(10) $\int \dfrac{1}{x(8+\ln x)^2}\,\mathrm{d}x$;　　(11) $\int \dfrac{\mathrm{e}^x}{(\mathrm{e}^x+5)^3}\,\mathrm{d}x$;　　(12) $\int \dfrac{\sin x}{\cos^3 x}\,\mathrm{d}x$;

(13) $\int \sin^2 x\cos x\,\mathrm{d}x$;　　(14) $\int \dfrac{1}{(1+x^2)\arctan x}\,\mathrm{d}x$;

(15) $\int \dfrac{1}{\sqrt{1-x^2}}(\arcsin x)^5\,\mathrm{d}x$;　　　　(16) $\int \tan^5 x\sec^2 x\,\mathrm{d}x$;

(17) $\int \sin^3 x\cos^2 x\,\mathrm{d}x$;　　(18) $\int \dfrac{1}{x^2-3x+2}\,\mathrm{d}x$.

习　题　4-2

1. 填空使等号成立.

(1) $\mathrm{d}x = (\quad)\mathrm{d}(1-7x)$;　　(2) $x^2\,\mathrm{d}x = (\quad)\mathrm{d}(3x^3-1)$;

(3) $\mathrm{e}^{-\frac{x}{2}}\,\mathrm{d}x = (\quad)\mathrm{d}(1+\mathrm{e}^{-\frac{x}{2}})$;　　(4) $\sin\dfrac{2}{3}x\,\mathrm{d}x = (\quad)\mathrm{d}\left(\cos\dfrac{2}{3}x\right)$;

(5) $\dfrac{\mathrm{d}x}{x} = (\quad)\mathrm{d}(1-5\ln x)$;　　(6) $\dfrac{\mathrm{d}x}{1+9x^2} = (\quad)\mathrm{d}(\arctan 3x)$;

(7) $\dfrac{x\,\mathrm{d}x}{\sqrt{1-x^2}} = (\quad)\mathrm{d}\sqrt{1-x^2}$;　　(8) $\dfrac{\mathrm{d}x}{\sqrt{1-x^2}} = (\quad)\mathrm{d}(1-\arcsin x)$.

2. 求下列不定积分.

(1) $\int \dfrac{1}{1-2x}\,\mathrm{d}x$;　　(2) $\int (1-3x)^5\,\mathrm{d}x$;

(3) $\int \dfrac{\mathrm{d}x}{\sqrt{2-x^2}}$;　　(4) $\int \dfrac{x}{1-x^2}\,\mathrm{d}x$;

(5) $\int \mathrm{e}^{\mathrm{e}^x+x}\,\mathrm{d}x$;　　(6) $\int \dfrac{\sin x}{\cos^2 x}\,\mathrm{d}x$.

3. 求下列不定积分.

(1) $\int \dfrac{1}{\sqrt[3]{2-3x}}\,\mathrm{d}x$;　　(2) $\int \mathrm{e}^{-3x+1}\,\mathrm{d}x$;

(3) $\int \dfrac{1}{\sin^2 3x}\,\mathrm{d}x$;　　(4) $\int \tan(2x-5)\,\mathrm{d}x$;

(5) $\int \dfrac{\mathrm{d}x}{x\sqrt{1-\ln^2 x}}$;　　(6) $\int \dfrac{\mathrm{d}x}{\mathrm{e}^x+\mathrm{e}^{-x}}$;

(7) $\int \tan^5 x\sec^2 x\,\mathrm{d}x$;　　(8) $\int \dfrac{\sin x\cos x}{1+\sin^4 x}\,\mathrm{d}x$;

(9) $\int \dfrac{1}{x^2}\sin\dfrac{1}{x}\,\mathrm{d}x$;　　(10) $\int \dfrac{\sin^3 x}{\cos^2 x}\,\mathrm{d}x$;

(11) $\int \dfrac{\sin x+\cos x}{\sqrt[3]{\sin x-\cos x}}\,\mathrm{d}x$;　　(12) $\int \dfrac{10^{2\arccos x}}{\sqrt{1-x^2}}\,\mathrm{d}x$;

$(13) \int \dfrac{1}{\sqrt{x}(1+x)} \mathrm{d}x;$　　　　$(14) \int \dfrac{1+\ln x}{(x \ln x)^2} \mathrm{d}x.$

4.3 分部积分法

积分为求导的逆运算. 对应于求导法则中的和、差运算, 我们介绍了直接积分法, 对应于求复合函数的链式法则, 我们介绍了换元积分法. 它们都是重要的积分方法, 但对于某些类型的积分, 它们往往不能奏效, 如 $\int x\cos x \mathrm{d}x$, $\int e^x \cos x \mathrm{d}x$, $\int \ln x \mathrm{d}x$ 等. 为此, 下面将给出建立在求导乘法法则基础上的一种积分方法——分部积分法.

由两个函数之积的导数公式

$$(uv)' = u'v + uv',$$

得

$$uv' = (uv)' - u'v.$$

两边求不定积分, 有

$$\int uv' \mathrm{d}x = \int [(uv)' - u'v] \mathrm{d}x = \int (uv)' \mathrm{d}x - \int u'v \mathrm{d}x,$$

即

$$\int u \mathrm{d}v = uv - \int v \mathrm{d}u.$$

上式称为**分部积分公式**. 它的特点是把左边积分 $\int u \mathrm{d}v$ 换为了右边积分 $\int v \mathrm{d}u$, 如果 $\int v \mathrm{d}u$ 比 $\int u \mathrm{d}v$ 容易求, 就可以试用此法.

一般地, 若被积函数为不同类函数的乘积, 则要用分部积分法. 下面通过例题来说明如何运用这个重要公式.

例 1 求不定积分 $\int x\cos x \mathrm{d}x$.

解 如何选择 u 和 v 呢?

方法一 选 x 为 u,

$$\int x\cos x \mathrm{d}x = \int x \mathrm{d}(\sin x) = x\sin x - \int \sin x \mathrm{d}x$$
$$= x\sin x + \cos x + C.$$

此种选择是成功的.

方法二 如果选 $\cos x$ 为 u, 结果会怎样呢?

$$\int x\cos x\mathrm{d}x = \frac{1}{2}\int \cos x\mathrm{d}(x^2) = \frac{1}{2}x^2\cos x + \int \frac{1}{2}x^2\sin x\mathrm{d}x.$$

比较一下不难发现,被积函数中 x 的幂次反而升高了,积分的难度增大,这样选择 u 是不适合的.所以在应用分部积分法时,恰当选取 u 是一个关键.选取 u 一般要考虑下面两点:

(1) v 要容易求得;

(2) $\int v\mathrm{d}u$ 比 $\int u\mathrm{d}v$ 容易求得.

关于 u 的选取规则,我们给出这样一句口诀:**五指山上觅对象——反常.**"指"表示指数函数;"山"表示三角函数;"觅"表示幂函数;"对"表示对数函数;"反"表示反三角函数.一般地,两种不同类型函数乘积的不定积分,按照"指幂对三反"的顺序,谁排在后面谁做 u,谁做 u 谁不变,剩下的那个函数和 $\mathrm{d}x$ 凑微分.

例2 求 $\int x\sin x\mathrm{d}x$.

解 被积函数是幂函数 x 和三角函数 $\sin x$ 的乘积,根据口诀顺序,"觅(幂)"排在"山(三)"的后面,故选取幂函数 x 做 u.又因 $\sin x\mathrm{d}x = -\mathrm{d}\cos x$,故

$$\int x\sin x\mathrm{d}x = -\int x\mathrm{d}\cos x = -(x\cos x - \int \cos x\mathrm{d}x) = -x\cos x + \int \cos x\mathrm{d}x$$
$$= -x\cos x + \sin x + C.$$

例3 求 $\int x\mathrm{e}^{3x}\mathrm{d}x$.

解 被积函数是幂函数 x 和指数函数 e^{3x} 的乘积,根据口诀顺序,"觅(幂)"排在"指"的后面,故选取幂函数 x 做 u.又因 $\mathrm{e}^{3x}\mathrm{d}x = \frac{1}{3}\mathrm{e}^{3x}\mathrm{d}(3x) = \frac{1}{3}\mathrm{d}\mathrm{e}^{3x}$,故

$$\int x\mathrm{e}^{3x}\mathrm{d}x = \frac{1}{3}\int x\mathrm{d}(\mathrm{e}^{3x}) = \frac{1}{3}(x\mathrm{e}^{3x} - \int \mathrm{e}^{3x}\mathrm{d}x)$$
$$= \frac{1}{3}\left[x\mathrm{e}^{3x} - \frac{1}{3}\int \mathrm{e}^{3x}\mathrm{d}(3x)\right] = \frac{1}{3}x\mathrm{e}^{3x} - \frac{1}{9}\mathrm{e}^{3x} + C.$$

例4 求 $\int x\ln x\mathrm{d}x$.

解 被积函数是幂函数 x 和对数函数 $\ln x$ 的乘积,根据口诀顺序,"对"排在"觅(幂)"的后面,故选取对数函数 $\ln x$ 做 u.又因 $x\mathrm{d}x = \frac{1}{2}\mathrm{d}x^2$,故

$$\int x\ln x\mathrm{d}x = \frac{1}{2}\int \ln x\mathrm{d}x^2 = \frac{1}{2}(x^2\ln x - \int x^2\mathrm{d}\ln x)$$
$$= \frac{1}{2}x^2\ln x - \frac{1}{2}\int x\mathrm{d}x = \frac{1}{2}x^2\ln x - \frac{x^2}{4} + C.$$

例 5 求 $\displaystyle\int x \arctan x \, \mathrm{d}x$.

解 被积函数是幂函数 x 和反三角函数 $\arctan x$ 的乘积,根据口诀顺序,"反"排在"觅(幂)"的后面,故选取反三角函数 $\arctan x$ 做 u. 又因 $x\mathrm{d}x = \dfrac{1}{2}\mathrm{d}x^2$,故

$$
\begin{aligned}
\int x \arctan x \mathrm{d}x &= \frac{1}{2}\int \arctan x \mathrm{d}x^2 = \frac{1}{2}x^2\arctan x - \frac{1}{2}\int x^2 \mathrm{d}\arctan x \\
&= \frac{1}{2}x^2\arctan x - \frac{1}{2}\int \frac{x^2}{1+x^2}\mathrm{d}x \\
&= \frac{x^2}{2}\arctan x - \frac{1}{2}\int \frac{1+x^2-1}{1+x^2}\mathrm{d}x \\
&= \frac{x^2}{2}\arctan x - \frac{1}{2}\int \left(1 - \frac{1}{1+x^2}\right)\mathrm{d}x \\
&= \frac{x^2}{2}\arctan x - \frac{1}{2}(x - \arctan x) + C.
\end{aligned}
$$

例 6 求 $\displaystyle\int \ln x\mathrm{d}x$.

解 因为被积函数是单一函数,就可以看做被积表达式已经自然分成 $u\mathrm{d}v$ 的形式了,直接应用分部积分公式,得

$$
\int \ln x\mathrm{d}x = x\ln x - \int x\mathrm{d}(\ln x) = x\ln x - \int \mathrm{d}x = x\ln x - x + C.
$$

例 7 求 $\displaystyle\int \arcsin x \, \mathrm{d}x$.

解 同上例,

$$
\begin{aligned}
\int \arcsin x\mathrm{d}x &= x\arcsin x - \int x\mathrm{d}\arcsin x = x\arcsin x - \int \frac{x}{\sqrt{1-x^2}}\mathrm{d}x \\
&= x\arcsin x + \frac{1}{2}\int \frac{1}{\sqrt{1-x^2}}\mathrm{d}(1-x^2) \\
&= x\arcsin x + \sqrt{1-x^2} + C.
\end{aligned}
$$

因此,使用分部积分公式的一般步骤是:

$$
\int uv'\mathrm{d}x \xrightarrow{\text{凑微分}} \int u\mathrm{d}v \xrightarrow{\text{代入公式}} uv - \int v\mathrm{d}u \xrightarrow{\text{求 }\mathrm{d}u} \int vu'\mathrm{d}x \xrightarrow{\text{积分}} F(x) + C.
$$

运算熟练后,u,$\mathrm{d}v$ 及 $\mathrm{d}u$,v 只需记在心里,而不必写出来.

练习

求下列各不定积分.

(1) $\int x\sec^2 x\,\mathrm{d}x$;　　(2) $\int x\mathrm{e}^{-x}\,\mathrm{d}x$;　　(3) $\int x\operatorname{arccot}x\,\mathrm{d}x$;　　(4) $\int \arctan x\,\mathrm{d}x$.

有时须经过几次分部积分才能得出结果;有时经过几次分部积分后,又会还原到原来的积分,此时通过移项、合并求出积分.

例8　求 $\int x^2\mathrm{e}^x\,\mathrm{d}x$.

解　$\int x^2\mathrm{e}^x\,\mathrm{d}x=\int x^2\mathrm{d}\mathrm{e}^x=x^2\mathrm{e}^x-\int \mathrm{e}^x\,\mathrm{d}x^2=x^2\mathrm{e}^x-2\int x\mathrm{e}^x\,\mathrm{d}x$,

右端的积分再次用分部积分公式,得

$$\int x^2\mathrm{e}^x\,\mathrm{d}x=x^2\mathrm{e}^x-2\int x\mathrm{d}\mathrm{e}^x=x^2\mathrm{e}^x-2\left(x\mathrm{e}^x-\int \mathrm{e}^x\,\mathrm{d}x\right)$$
$$=x^2\mathrm{e}^x-2x\mathrm{e}^x+2\mathrm{e}^x+C=\mathrm{e}^x(x^2-2x+2)+C.$$

例9　求不定积分 $\int \mathrm{e}^x\sin x\mathrm{d}x$.

解　$\int \mathrm{e}^x\sin x\mathrm{d}x=\int \sin x\mathrm{d}\mathrm{e}^x=\mathrm{e}^x\sin x-\int \mathrm{e}^x\mathrm{d}\sin x$

$$=\mathrm{e}^x\sin x-\int \mathrm{e}^x\cos x\,\mathrm{d}x=\mathrm{e}^x\sin x-\int \cos x\mathrm{d}\mathrm{e}^x$$
$$=\mathrm{e}^x\sin x-\mathrm{e}^x\cos x+\int \mathrm{e}^x\mathrm{d}\cos x$$
$$=\mathrm{e}^x\sin x-\mathrm{e}^x\cos x-\int \mathrm{e}^x\sin x\,\mathrm{d}x.$$

得到一个关于所求积分 $\int \mathrm{e}^x\sin x\mathrm{d}x$ 的方程,解出得

$$2\int \mathrm{e}^x\sin x\mathrm{d}x=\mathrm{e}^x(\sin x-\cos x)+C_1,$$

所以　　　　　　$\int \mathrm{e}^x\sin x\mathrm{d}x=\dfrac{1}{2}\mathrm{e}^x(\sin x-\cos x)+C.$

其中 $C=\dfrac{1}{2}C_1$.

练习

求下列各不定积分.

(1) $\int x^2\sin x\,\mathrm{d}x$;　　　(2) $\int \mathrm{e}^x\cos x\mathrm{d}x$;　　　(3) $\int x\cos 3x\mathrm{d}x$.

习 题 4-3

1. 求下列不定积分.

(1) $\displaystyle\int x\mathrm{e}^{2x}\mathrm{d}x$;　　　　　　　　　　(2) $\displaystyle\int x^2\ln x\mathrm{d}x$;

(3) $\displaystyle\int x\cos 2x\mathrm{d}x$;　　　　　　　　　(4) $\displaystyle\int(x^2-1)\cos x\mathrm{d}x$.

2. 求下列不定积分.

(1) $\displaystyle\int x\cos x\sin x\mathrm{d}x$;　　(2) $\displaystyle\int\ln^2 x\mathrm{d}x$;　　(3) $\displaystyle\int x^2\mathrm{e}^{-x}\mathrm{d}x$;　　(4) $\displaystyle\int\frac{\ln x}{x^2}\mathrm{d}x$.

4.4　不定积分应用

1. 在几何中的应用

例 1　设曲线通过点 $(1,2)$,且曲线上任一点处的切线斜率等这点横坐标的两倍,求此曲线的方程.

解　设所求曲线方程为 $y=f(x)$,依题意,曲线上任一点 (x,y) 处的切线斜率为即 $f(x)$ 是 $2x$ 的一个原函数. $2x$ 的不定积分为 $\displaystyle\int 2x\mathrm{d}x=x^2+C$.

因此必有某个常数 C 使 $f(x)=x^2+C$, 即曲线方程为 $y=x^2+C$ 曲线族中的某条.

又所求曲线通过点 $(1,2)$,故 $2=1+C$, $C=1$.

于是所求曲线为 $y=x^2+1$.

2. 在物理中的应用

例 2　美丽的冰城常年积雪,滑冰场完全靠自然结冰,结冰的速度由 $\dfrac{\mathrm{d}y}{\mathrm{d}x}=k\sqrt{t}$ ($k>0$ 为常数)确定,其中 y 是从结冰起到时刻 t 时冰的厚度,求结冰厚度 y 关于 t 的函数.

解　根据题意,结冰厚度 y 关于时间 t 的函数为

$$y=\int kt^{\frac{1}{2}}\mathrm{d}t=\frac{3}{2}kt^{\frac{3}{2}}+C.$$

其中常数 C 由结冰的时间确定.

如果 $t=0$ 时开始结冰的厚度为 0,即 $y(0)=0$ 代入上式得 $C=0$.

这时 $y=\dfrac{2}{3}kt^{\frac{3}{2}}$ 为结冰厚度关于时间的函数.

例 3　一电路中电流关于时间的变化率为 $\dfrac{\mathrm{d}i}{\mathrm{d}t}=4t-0.06t^2$. 若 $t=0$ s 时,

$i=2A$,求电流 i 关于时间 t 的函数.

解 由 $\dfrac{\mathrm{d}i}{\mathrm{d}t}=4t-0.06t^2$,求不定积分得

$$i(t)=\int(4t-0.06t^2)\,\mathrm{d}t=2t^2-0.02t^3+C.$$

将 $i(0)=2$ 代入上式,得 $C=2$. 所以

$$i(t)=2t^2-0.02t^3+2.$$

3. 在经济学中的应用

由前面的边际分析可知,经济函数 $F(x)$ 的边际函数就是它的导数 $F'(x)$. 不定积分作为导数的逆运算,在已知经济函数的边际函数的前提下,可以利用不定积分 $\int F'(x)\,\mathrm{d}x$ 来求得原经济函数 $F(x)$,其中,积分常数 C 由 $F(0)=F_0$ 的具体条件确定.

例4 某工厂生产某产品的边际成本函数为 $C'(q)=3q^2-14q+100$,已知固定成本为 10 000 元,求该产品的总成本函数.

解 由边际成本函数为 $C'(q)=3q^2-14q+100$ 可知

$$C(q)=\int C'(q)\,\mathrm{d}q=\int(3q^2-14q+100)\,\mathrm{d}q=q^3-7q^2+100q+C.$$

再将 $C(0)=10\,000$ 代入上式,得 $C=10\,000$,故该产品的总成本函数为

$$C(q)=q^3-7q^2+100q+10\,000.$$

例5 某商品的需求量是价格 p 的函数,已知边际需求为 $Q'(p)=-4$,该商品的最大需求量为 80(即 $p=0$ 时,$q=80$),求该商品的需求函数.

解 由边际需求为 $Q'(p)=-4$ 可知,

$$Q(p)=\int Q'(p)\,\mathrm{d}p=\int(-4)\,\mathrm{d}p=-4p+C.$$

再将 $p=0$ 时,$q=80$ 代入上式,可解得 $C=80$,故该商品的需求函数为

$$Q(p)=-4p+80.$$

例6 已知某企业生产某种产品的边际成本为 $C'(q)=\dfrac{1}{50}q+30$,且固定成本为 900 元,试求产量为多少时平均成本最低?

解 由边际成本为 $C'(q)=\dfrac{1}{50}q+30$ 可知,

$$C(q) = \int C'(q)\mathrm{d}\, q = \int \left(\frac{1}{50}q + 30\right)\mathrm{d}\, q = \frac{1}{100}q^2 + 30q + C.$$

再将 $C(0) = 900$ 代入上式，得 $C = 900$，故该产品的总成本函数为

$$C(q) = \frac{1}{100}q^2 + 30q + 900,$$

因此平均成本函数为

$$\bar{C}(q) = \frac{C(q)}{q} = \frac{1}{100}q + 30 + \frac{900}{q},$$

由

$$\bar{C}'(q) = \frac{1}{100} - \frac{900}{q^2},$$

令 $\bar{C}'(q) = 0$，解得 $q_1 = 300 (q_2 = -300$ 舍去$)$.

$\bar{C}(q)$ 仅有唯一的驻点 $q_1 = 300$，由实际问题本身可知 $\bar{C}(q)$ 有最小值. 故当产量为 300 时，平均成本最低.

例 7　已知某公司的边际成本函数 $C'(x) = 3x\sqrt{x^2 + 1}$，边际收益函数为 $R'(x) = \frac{7}{2}x\left(x^2 + 1\right)^{\frac{3}{4}}$. 设固定成本是 10 000 万元，试求此公司的成本函数和收益函数.

解　因为边际成本函数为 $C'(x) = 3x\sqrt{x^2 + 1}$，所以成本函数为

$$C(x) = \int C'(x)\mathrm{d}\, x = \int 3x\sqrt{x^2 + 1}\,\mathrm{d}\, x = \frac{3}{2}\int (x^2 + 1)^{\frac{1}{2}}\mathrm{d}(x^2 + 1)$$

$$= \frac{2}{3} \cdot \frac{1}{\frac{1}{2} + 1}(x^2 + 1)^{\frac{1}{2} + 1} + c = (x^2 + 1)^{\frac{3}{2}} + c.$$

又因固定成本为 10 000 万元，即 $C(0) = 10\,000$（万元），即

$$C(0) = (0^2 + 1)^{\frac{3}{2}} + c = 10\,000,$$

所以 $c = 10\,000 - 1 = 9\,999$（万元）.

故所求成本函数为 $C(x) = (x^2 + 1)^{\frac{3}{2}} + 9\,999$（万元）.

因为边际收益函数为 $R'(x) = \frac{7}{2}x\left(x^2 + 1\right)^{\frac{3}{4}}$. 所以

$$R(x) = \int R'(x)\mathrm{d}x = \int \frac{7}{2}x\,(x^2+1)^{\frac{3}{4}}\,\mathrm{d}x = \frac{7}{2} \cdot \frac{1}{2}\int (x^2+1)^{\frac{3}{4}}\mathrm{d}(x^2+1)$$

$$= \frac{7}{4} \cdot \frac{1}{\frac{3}{4}+1}(x^2+1)^{\frac{3}{4}+1} + c = (x^2+1)^{\frac{7}{4}} + c.$$

又当 $x = 0$ 时，$R(0) = 0$ 可得 $c = -1$.

故所求的收益函数为 $R(x) = (x^2+1)^{\frac{7}{4}} - 1$.

例 8 已知某企业净投资流量(单位:万元)$I(t) = 6\sqrt{t}$ (t 的单位是年)，初始资本为 500 万元. 试求：

(1) 前 9 年的资本积累；

(2) 第 9 年末的资本总额.

解 净投资流量函数 $I(t)$ 是资本存量函数 $K(t)$ 对时间的导数，而 $I(t) = \frac{\mathrm{d}K(t)}{\mathrm{d}t}$，所以资本存量函数 $K(t)$ 为 $I(t)$ 的一个原函数，因此

$$K(t) = \int I(t)\mathrm{d}t = 6\int \sqrt{t}\,\mathrm{d}t = 4t^{\frac{3}{2}} + C.$$

因为初始资本为 500 万元，即 $t = 0$ 时，$K = 500$，故 $500 = 4 \times 0 + C$，$C = 500$，从而

$$K(t) = 4t^{\frac{3}{2}} + 500.$$

前 9 年的基本积累为

$$K(9) - K(0) = (4 \times 9^{\frac{3}{2}} + 500)\text{万元} - 500\text{ 万元} = 108\text{ 万元}.$$

第 9 年末的资本总额为

$$K(9) = 4 \times 9^{\frac{3}{2}}\text{ 万元} + 500\text{ 万元} = 608\text{ 万元}.$$

习 题 4-4

1. 已知某产品产量对时间的变化率是时间 t 的函数 $q(t) = \frac{1}{5}t + 1$，设此产品的产量函数为 $Q(t)$，且 $Q(0) = 0$，求 $Q(t)$.

2. 某产品的边际成本 $C'(q) = q^{-\frac{1}{2}} + \frac{1}{2\,000}$，边际收入 $R'(q) = 100 - 0.01q$，已知固定成本为 10 元，求总成本函数及总收入函数.

3. 某产品边际成本为 $C'(q) = 3 + q$(万元/台)，边际收入为 $R'(q) = 4q$(万元/台)，固定成

本为 4(万元),求利润函数 $L(q)$.

复习题 4

一、单项选择题

1. 积分 $\int \cos x f'(1-2\sin x)\mathrm{d}x = ($).

A. $2f(1-2\sin x)+C$

B. $\dfrac{1}{2}f(1-2\sin x)+C$

C. $-2f(1-2\sin x)+C$

D. $-\dfrac{1}{2}f(1-2\sin x)+C$

2. 下列函数中,不是 $e^{2x}-e^{-2x}$ 的原函数的是( ).

A. $\dfrac{1}{2}(e^x+e^{-x})^2$

B. $\dfrac{1}{2}(e^x-e^{-x})^2$

C. $\dfrac{1}{2}(e^{2x}+e^{-2x})$

D. $\dfrac{1}{2}(e^{2x}-e^{-2x})$

3. 设 $F(x)$ 是 $f(x)$ 在 $(0,+\infty)$ 内的一个原函数,下列等式不成立的是( ).

A. $\int \dfrac{f(\ln x)}{x}\mathrm{d}x = F(\ln x)+C$

B. $\int \cos x f(\sin x)\mathrm{d}x = F(\sin x)+C$

C. $\int 2xf(x^2+1)\mathrm{d}x = F(x^2+1)+C$

D. $\int 2^x f(2^x)\mathrm{d}x = F(2^x)+C$

4. 设 $f(x)$ 是在 $(-\infty,+\infty)$ 上的连续函数,且 $\int f(x)\mathrm{d}x = e^{x^2}+c$,则 $\int \dfrac{f(\sqrt{x})}{\sqrt{x}}\mathrm{d}x =$

( ).

A. $-2e^{x^2}$

B. $2e^x+c$

C. $-\dfrac{1}{2}e^{x^2}+c$

D. $\dfrac{1}{2}e^x+c$

5. 若 $I=\int \dfrac{1}{3+2x}\mathrm{d}x$,则 $I=($).

A. $\dfrac{1}{2}\ln|3+2x|+C$

B. $\dfrac{1}{2}\ln(3+2x)+C$

C. $\ln|3+2x|+C$

D. $\ln(3+2x)+C$

二、填空题

1. $f(x)$ 的一个原函数为 xe^{-x},则 $f(x)=$ _____.

2. 计算 $\int x^2 f(x^3)\cdot f'(x^3)\mathrm{d}x =$ _____.

三、计算题

1. $\int \dfrac{1}{x(x-2)^2}\mathrm{d}x$;

2. $\int \dfrac{\mathrm{d}x}{x^2\sqrt{4x^2-1}}$;

3. $\int \cos\sqrt{x}\,\mathrm{d}x$;

4. $\int \dfrac{\sin x}{\cos x\sqrt{1+\sin^2 x}}\mathrm{d}x$;

5. $\int \dfrac{5x-1}{x^2-x-2}\mathrm{d}x$;

6. $\int \dfrac{\sin 2x}{\cos^4 x-\sin^4 x}\mathrm{d}x$;

7. $\int \dfrac{2\ln x + 1}{x^3 (\ln x)^2} \mathrm{d}x$;

8. $\int \dfrac{1}{\cos^2 x \sqrt[4]{\tan x}} \mathrm{d}x$;

9. $\int \dfrac{\arcsin x}{x^2} \mathrm{d}x$;

10. $\int \dfrac{\cos x - \sin x}{1 + \sin^2 x} \mathrm{d}x$;

11. $\int \dfrac{\sin x \cdot \cos x}{\sin x + \cos x} \mathrm{d}x$;

12. $\int \dfrac{\sin^4 x}{1 + \cos x} \mathrm{d}x$;

13. $\int \dfrac{\mathrm{d}x}{1 - \sin^4 x}$;

14. $\int \dfrac{\ln x}{(1-x)^2} \mathrm{d}x$;

15. $\int \dfrac{\arcsin \sqrt{x}}{\sqrt{1-x}} \mathrm{d}x$;

16. $\int \dfrac{\mathrm{e}^x - 1}{\mathrm{e}^{2x} + 4} \mathrm{d}x$;

17. $\int \dfrac{\arctan \sqrt{x}}{\sqrt{1+x}} \mathrm{d}x$;

18. $\int \dfrac{1 + \sin x + \cos x}{1 + \sin^2 x} \mathrm{d}x$;

19. $\int \dfrac{x^2}{1 + x^2} \arctan x \, \mathrm{d}x$;

20. $\int \dfrac{x \ln(1 + x^2)}{1 + x^2} \mathrm{d}x$;

21. $\int \tan^3 x \, \mathrm{d}x$;

22. $\int \dfrac{1}{\sqrt{1 + \mathrm{e}^{2x}}} \mathrm{d}x$;

23. $\int \dfrac{x}{1 + \cos x} \mathrm{d}x$;

24. $\int \dfrac{x^3}{(x-1)^{100}} \mathrm{d}x$;

25. $\int \mathrm{e}^{2x} (\tan x + 1)^2 \mathrm{d}x$;

26. $\int \dfrac{\arctan x}{x^2 (1 + x^2)} \mathrm{d}x$;

27. $\int \dfrac{\arctan \mathrm{e}^x}{\mathrm{e}^{2x}} \mathrm{d}x$;

28. 设 $f(\sin^2 x) = \dfrac{x}{\sin x}$，求：$\int \dfrac{\sqrt{x}}{\sqrt{1-x}} f(x) \mathrm{d}x$；

29. 已知 $f(x)$ 的一个原函数为 $\ln^2 x$，求：$\int x f'(x) \mathrm{d}x$.

第 5 章　定积分及其应用

在科学技术和经济学的许多问题中,经常需要计算某些"和式的极限",定积分就是从各种计算"和式的极限"问题中抽象出的数学概念,它与不定积分是两个不同的数学概念.但是,微积分基本定理则把这两个概念联系起来,解决了定积分的计算问题,使定积分得到广泛的应用.本章我们首先从几何问题和物理问题引出定积分的概念,然后讨论它的性质和计算方法,最后介绍它的简单应用.

5.1　定积分的定义及其性质

定积分是一元函数积分学的又一个基本问题,它在科技及经济领域中都有非常广泛的应用.我们首先从几何问题和物理问题引出定积分的概念,再介绍它的性质.

5.1.1　引例

1. 曲边梯形的面积

所谓曲边梯形是指由连续曲线 $y = f(x)(f(x) \geqslant 0)$ 与直线 $x = a$,$x = b$ $(b > a)$ 及 x 轴所围成的图形.其底边所在的区间是 $[a, b]$,如图 5-1 所示.

思考:(1)曲边梯形与"直边梯形"的区别?

(2)能否将求这个曲边梯形面积的问题转化为求"直边梯形"面积的问题?

我们首先分析计算中会遇到的困难.由于曲边梯形的高 $f(x)$ 是随 x 而变化的,所以不能直接按矩形或直角梯形的面积公式去计算它的面积.但我们可以用平行于 y 轴的直线将曲边梯形细分为许多小曲边梯形,如图 5-1所示.在每个小曲边梯形以其底边任一点的函数值为高,得到相应的小矩形,把所有这些小矩形的面积加起来,就得到原曲边梯形

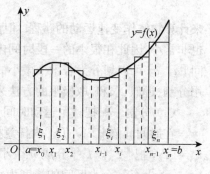

图 5-1

面积的近似值. 容易想象,把曲边梯形划分得越细,所得到的近似值就愈接近原曲边梯形的面积,从而运用极限的思想就为曲边梯形面积的计算提供了一种方法,是一种"以直代曲"思想的体现. 下面我们分三步进行具体讨论:

(1) 分割: 在 $[a, b]$ 中任意插入 $n-1$ 个分点,

$$a = x_0 < x_1 < x_2 < \cdots < x_{n-1} < x_n = b,$$

把 $[a, b]$ 分成 n 个子区间 $[x_0, x_1]$, $[x_1, x_2]$, $\cdots$, $[x_{n-1}, x_n]$, 每个子区间的长度为 $\Delta x_i = x_i - x_{i-1} (i = 1, 2, \cdots, n)$.

(2) 近似求和: 在每个子区间 $[x_{i-1}, x_i] (i = 1, 2, \cdots, n)$ 上任取一点 ξ_i, 以其函数值 $f(\xi_i)$ 为高,得到各个小矩形的面积,并求和

$$\sum_{i=1}^{n} f(\xi_i) \Delta x_i.$$

(3) 取极限: 当上述分割越来越细(即分点越来越多,同时各个子区间的长度越来越小)时,上述和式 $\sum_{i=1}^{n} f(\xi_i) \Delta x_i$ 的值就越来越接近曲边梯形的面积(记作 A). 因此当最长的子区间的长度 λ 趋于零时,就有

$$\sum_{i=1}^{n} f(\xi_i) \Delta x_i \to A. \quad 即 \quad A = \lim_{\lambda \to 0} \sum_{i=1}^{n} f(\xi_i) \Delta x_i.$$

2. 变速直线运动的路程

设一物体作变速直线运动,其速度是时间 t 的连续函数 $v = v(t)$,求物体在时刻 $t = T_1$ 到 $t = T_2$ 间所经过的路程 S.

由于速度 $v(t)$ 随时间的变化而变化,因此不能用匀速直线运动的公式

$$S = vt$$

来计算物体作变速运动的路程. 但由于 $v(t)$ 连续,当 t 的变化很小时,速度的变化也非常小,因此在很小的一段时间内,变速运动可以近似看成匀速运动. 又时间区间 $[a, b]$ 可以划分为若干个微小的区间之和,所以,可以与前述面积问题一样,采用分割、近似、求和、取极限的方法来求变速直线运动的路程.

(1) 分割——把整个运动时间分成 n 个时间段

在时间间隔 $[T_1, T_2]$ 内任意插入 $n-1$ 个分点:$T_1 = t_0 < t_1 < \cdots < t_{n-1} < t_n = T_2$,把 $[T_1, T_2]$ 分成 n 个小区间:$[t_0, t_1]$, $[t_1, t_2]$, $\cdots$, $[t_{i-1}, t_i]$, $\cdots$, $[t_{n-1}, t_n]$,第 i 个小区间的长度为 $\Delta t_i = t_i - t_{i-1} (i = 1, 2, \cdots, n)$,第 i 个时间段内对应的路程记作 $\Delta S_i (i = 1, 2, \cdots, n)$.

（2）近似——在每个小区间上以匀速直线运动的路程近似代替变速直线运动的路程

在小区间 $[t_{i-1},\ t_i]$ 上任取一点 $\xi_i(i=1,\ 2,\ \cdots,\ n)$，用速度 $v(\xi_i)$ 近似代替物体在时间 $[t_{i-1},\ t_i]$ 上各个时刻的速度，则有

$$\Delta S_i \approx v(\xi_i)\Delta t_i (i=1,\ 2,\ \cdots,\ n).$$

（3）求和——求 n 个小时间段路程之和

将所有这些近似值求和，得到总路程的近似值，即

$$S = \Delta S_1 + \Delta S_2 + \cdots + \Delta S_n$$
$$\approx v(\xi_1)\Delta t_1 + v(\xi_2)\Delta t_2 + \cdots + v(\xi_i)\Delta t_n$$
$$= \sum_{i=1}^{n} v(\xi_i)\Delta t_i.$$

（4）取极限

令 $\lambda = \max_{1\leqslant i\leqslant n}\{\Delta t_i\}$，当分点的个数 n 无限增多且 $\lambda \to 0$ 时，和式 $\sum_{i=1}^{n} v(\xi_i)\Delta t_i$ 的极限便是所求的路程 S. 即

$$S = \lim_{\lambda \to 0}\sum_{i=1}^{n} v(\xi_i)\Delta t_i.$$

可见，变速直线运动的路程也是一个和式的极限.

从上面两个实例可以看出，虽然二者的实际意义不同，但是解决问题的方法却是相同的，即采用"分割—近似—求和—取极限"的方法，最后都归结为同一种结构的和式极限问题. 类似这样的实际问题还有很多，我们抛开实际问题的具体意义，抓住它们在数量关系上共同的本质特征，从数学的结构加以研究，就引出了定积分的概念.

5.1.2　定积分的定义

从上面两个例子可以看到，虽然我们所要计算的量的实际意义不同，前者是几何量，后者是物理量，但是计算这些量的思想方法和步骤都是相同的，并且最终归结为求一个和式的极限：

面积　　$A = \lim_{\lambda \to 0}\sum_{i=1}^{n} f(\xi_i)\Delta x_i;$

路程　　$S = \lim_{\lambda \to 0}\sum_{i=1}^{n} v(\xi_i)\Delta t_i.$

类似于这样的实际问题还有很多,抛开这些问题的具体意义,抓住它们在数量关系上共同的本质与特性加以概括,我们就可以抽象出下述定积分定义:

定义 设函数 $y = f(x)$ 在 $[a, b]$ 上有界,在 $[a, b]$ 中任意插入若干个分点

$$a = x_0 < x_1 < x_2 \cdots < x_{n-1} < x_n = b,$$

把区间 $[a, b]$ 分成个小区间 $[x_0, x_1]$, $[x_1, x_2]$, $\cdots$, $[x_{n-1}, x_n]$.

第 i 个小区间的长度为 $\Delta x_i = x_i - x_{i-1}(i = 1, \cdots, n)$,在每个小区间 $[x_{i-1}, x_i]$ 上任取一点 $\xi_i(i = 1, 2, \cdots, n)$,$x_{i-1} \leqslant \xi_i \leqslant x_i$,作函数值 $f(\xi_i)$ 与小区间长度 Δx_i 的乘积 $f(\xi_i)\Delta x_i(i = 1, 2, \cdots, n)$,并作出和

$$\sum_{i=1}^{n} f(\xi_i)\Delta x_i.$$

记 $\lambda = \max\{\Delta x_1, \Delta x_2, \cdots, \Delta x_n\}$,如果不论对 $[a, b]$ 怎样分法,也不论在小区间 $[x_{i-1}, x_i]$ 上点 ξ_i 怎样取法,只要当 $\lambda \to 0$ 时,上面的和式有确定的极限,那么我们称这个极限为函数 $y = f(x)$ 在区间 $[a, b]$ 上的**定积分**,记为 $\int_a^b f(x)\mathrm{d}\,x$,即

$$\int_a^b f(x)\mathrm{d}\,x = \lim_{\lambda \to 0} \sum_{i=1}^{n} f(\xi_i)\Delta x_i.$$

其中 $f(x)$ 称为**被积函数**,$f(x)\mathrm{d}x$ 称为**被积表达式**,x 称为**积分变量**,a, b 分别称为**积分下限**与**积分上限**,$[a, b]$ 称为**积分区间**.

如果定积分 $\int_a^b f(x)\mathrm{d}\,x$ 存在,则称 $f(x)$ 在 $[a, b]$ 上**可积**.

利用定积分的定义,前面所讨论的两个实际问题可以分别表述如下:

(1) 由曲线 $y = f(x)$ 和直线 $x = a$,$x = b$,$y = 0$ 围成的曲边梯形的面积为

$$A = \int_a^b f(x)\mathrm{d}\,x.$$

(2) 变速直线运动的物体所经过的路程 s 等于其速度函数 $v = v(t)$ 在时间区间 $[a, b]$ 上的定积分:

$$s = \int_a^b v(t)\mathrm{d}\,t.$$

注:(1) 区间 $[a, b]$ 划分的细密程度不能仅由分点个数的多少或 n 的大小来确定.因为尽管 n 很大,但每一个子区间的长度却不一定都很小.所以在求和式的极限时,必须要求最长的子区间的长度 $\lambda \to 0$,这时必然有 $n \to \infty$.

(2) 定义中的两个"任取"意味着这是一种具有特定结构的极限,它不同于以

前讲述的函数极限. 尽管和式 $\sum\limits_{i=1}^{n} f(\xi_i)\Delta x_i$ 随着区间的不同划分及介点的不同选取而不断变化着, 但当 $\lambda \to 0$ 时却都以唯一确定的值为极限. 只有这时, 我们才说定积分存在.

（3）由定义可知, 当 $f(x)$ 在区间 $[a, b]$ 上的定积分存在时, 它的值只与被积函数 $f(x)$ 以及积分区间 $[a, b]$ 有关, 而与积分变量 x 无关, 所以定积分的值不会因积分变量的改变而改变, 即有

$$\int_a^b f(x)\mathrm{d}x = \int_a^b f(t)\mathrm{d}t = \cdots = \int_a^b f(u)\mathrm{d}u.$$

（4）我们仅对 $a < b$ 的情形定义了积分 $\int_a^b f(x)\mathrm{d}x$, 为了今后使用方便, 对 $a = b$ 与 $a > b$ 的情况作如下补充规定:

当 $a = b$ 时, 规定 $\int_a^b f(x)\mathrm{d}x = 0$;

当 $a > b$ 时, 规定 $\int_a^b f(x)\mathrm{d}x = -\int_b^a f(x)\mathrm{d}x.$

5.1.3　定积分的几何意义

1. 在 $[a, b]$ 上 $f(x) \geqslant 0$

在 $[a, b]$ 上当 $f(x) \geqslant 0$ 时, 定积分 $\int_a^b f(x)\mathrm{d}x$ 的数值在几何上表示由连续曲线 $y = f(x)$, 直线 $x = a$, $x = b$ 和 x 轴所围成的曲边梯形的面积, 即

$$\int_a^b f(x)\mathrm{d}x = S.$$

2. 在 $[a, b]$ 上 $f(x) \leqslant 0$

在 $[a, b]$ 上当 $f(x) \leqslant 0$ 时, 和式 $\sum\limits_{i=1}^{n} f(\xi_i)\Delta x_i$ 的每一项 $f(\xi_i)\Delta x_i \leqslant 0$, 此时定积分 $\int_a^b f(x)\mathrm{d}x$ 的数值在几何上表示由连续曲线 $y = f(x)$, 直线 $x = a$, $x = b$ 和 x 轴所围成的曲边梯形的面积的负值, 即 $\int_a^b f(x)\mathrm{d}x = -S$, 如图 5-2 所示.

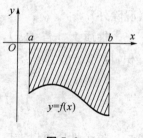

图 5-2

3. 在 $[a, b]$ 上 $f(x)$ 有正有负

在 $[a, b]$ 上 $f(x)$ 有正有负时, 正的区间上定积分值取面积的正值, 负的区间

上定积分值取面积的负值,然后把这些值加起来,即 $\int_a^b f(x)\mathrm{d}x = S_1 - S_2 + S_3$,如图 5-3 所示.

由上面的分析我们可以得到如下结果:

若规定 x 轴上方的面积为正,下方的面积为负,定

积分 $\int_a^b f(x)\mathrm{d}x$ 的几何意义为:它的数值可以用曲边梯

形的面积的代数和来表示.

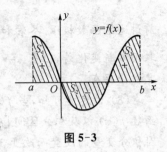

图 5-3

例 1 利用定积分的几何意义,计算定积分 $\int_{-1}^{1}\sqrt{1-x^2}\mathrm{d}x$ 的值.

解 注意到所求定积分代表上半圆 $y = \sqrt{1-x^2}$ 与 x 轴围成平面图形的面积. 显然,这块面积是半径为 1 的圆面积的 $\dfrac{1}{2}$,因此,所求定积分的值为

$$\int_{-1}^{1}\sqrt{1-x^2}\mathrm{d}x = \frac{\pi}{2}.$$

练习

1. 求 $\int_1^1 x^2 \mathrm{e}^x \mathrm{d}x$ 的值.

2. 已知 $\int_0^\pi \sin x\mathrm{d}x = 2$,求 $\int_0^\pi \sin t\mathrm{d}t$ 的值.

3. 利用定积分的几何意义求定积分 $\int_{-1}^{2}(3-x)\mathrm{d}x$ 的值.

5.1.4 定积分的基本性质

下面假定各函数在闭区间 $[a, b]$ 上连续,而对 a, b 的大小不加限制(特别情况除外).

性质 1 若 $f(x)$,$g(x)$ 在 $[a, b]$ 上可积,则 $f(x)\pm g(x)$ 在 $[a, b]$ 上也可积,且

$$\int_a^b [f(x)\pm g(x)]\mathrm{d}x = \int_a^b f(x)\mathrm{d}x \pm \int_a^b g(x)\mathrm{d}x.$$

这个性质可以推广到有限个连续函数的代数和的定积分.

性质 2 若 $f(x)$ 在 $[a, b]$ 上可积,k 为常数,则 $kf(x)$ 在 $[a, b]$ 上可积,且

$$\int_a^b kf(x)\mathrm{d}x = k\int_a^b f(x)\mathrm{d}x.$$

性质 3　如果在区间 $[a, b]$ 上，$f(x) \equiv 1$，那么有

$$\int_a^b 1 \cdot \mathrm{d}x = \int_a^b \mathrm{d}x = b - a.$$

性质 4　如果把区间 $[a, b]$ 分为 $[a, c]$ 和 $[c, b]$ 两个区间，不论 a，b，c 的大小顺序如何，总有

$$\int_a^b f(x)\mathrm{d}x = \int_a^c f(x)\mathrm{d}x + \int_c^b f(x)\,\mathrm{d}x.$$

这性质表明定积分对于积分区间具有可加性.

例 2　已知 $\int_0^{\frac{\pi}{2}} \sin x\mathrm{d}x = 1$，求 $\int_0^{\frac{\pi}{2}} (3\sin x - 2)\mathrm{d}x$.

解　根据定积分的性质 1，2，3，可知

$$\int_0^{\frac{\pi}{2}} (3\sin x - 2)\mathrm{d}x = 3\int_0^{\frac{\pi}{2}} \sin x\mathrm{d}x - 2\int_0^{\frac{\pi}{2}} \mathrm{d}x$$

$$= 3 \times 1 - 2\left(\frac{\pi}{2} - 0\right) = 3 - \pi.$$

例 3　已知 $\int_0^1 x^2\mathrm{d}x = \frac{1}{3}$，$\int_0^1 x\mathrm{d}x = \frac{1}{2}$，求 $\int_0^1 (3x^2 + 2x - 1)\mathrm{d}x$.

解　应用性质 1、性质 2、性质 3，得

$$\int_0^1 (3x^2 + 2x - 1)\mathrm{d}x = 3\int_0^1 x^2\mathrm{d}x + 2\int_0^1 x\mathrm{d}x - \int_0^1 \mathrm{d}x$$

$$= 3 \times \frac{1}{3} + 2 \times \frac{1}{2} - (1 - 0) = 1.$$

例 4　已知 $\int_1^4 f(x)\mathrm{d}x = 2$，$\int_1^9 f(x)\mathrm{d}x = 4$，求 $\int_4^9 f(x)\mathrm{d}x$.

解　应用性质 4，得

$$\int_4^9 f(x)\mathrm{d}x = \int_4^1 f(x)\mathrm{d}x + \int_1^9 f(x)\mathrm{d}x$$

$$= -\int_1^4 f(x)\mathrm{d}x + \int_1^9 f(x)\mathrm{d}x = -2 + 4 = 2.$$

练习

1. 已知 $\int_1^2 x\mathrm{d}x = \frac{3}{2}$，$\int_1^2 x^5\mathrm{d}x = \frac{21}{2}$，求 $\int_1^2 (x^5 - 4x + 3)\mathrm{d}x$ 的值.

2. 已知 $\int_{-2}^0 x^3\mathrm{d}x = -4$，$\int_0^1 x^3\mathrm{d}x = \frac{1}{4}$，求 $\int_{-2}^1 x^3\mathrm{d}x$ 的值.

习　题　5-1

1. 填空题.

(1) 函数 $f(x)$ 在区间 $[a, b]$ 上的定积分是积分和的极限,即 $\int_a^b f(x)\,\mathrm{d}x =$ _____.

(2) 根据定积分的几何意义计算,

$\int_0^e \sqrt{e^2 - x^2}\,\mathrm{d}x =$ _____, $\int_{-1}^2 (2x+2)\,\mathrm{d}x =$ _____, $\int_0^{2\pi} \sin x\,\mathrm{d}x =$ _____.

(3) $\int_{-\pi}^{\pi} \sin x\,\mathrm{d}x =$ _____.

(4) $\int_a^b 1\,\mathrm{d}x =$ _____.

(5) $\int_a^b 1\,\mathrm{d}x =$ _____.

(6) 设 $\int_{-1}^3 2f(x)\,\mathrm{d}x = 8$, $\int_{-1}^3 g(x)\,\mathrm{d}x = 3$, 则 $\int_{-1}^3 \frac{1}{5}[4f(x)+3g(x)]\,\mathrm{d}x =$ _____.

2. 选择题.

(1) 定积分 $\int_{\frac{1}{2}}^1 x^3 \ln x\,\mathrm{d}x$ 的值的符号为(　　).

A. 大于零　　　　　B. 小于零　　　　　C. 等于零　　　　　D. 不能确定

(2) 定积分 $\int_a^b f(x)\,\mathrm{d}x$ 的值与那些量无关(　　).

A. 积分变量　　　B. 积分区间　　　C. 被积函数　　　D. 积分区间长度

(3) $f(x)$ 在区间 $[a, b]$ 上可积,则下列说法错误的是(　　).

A. $f(x)$ 在区间 $[a, b]$ 上连续　　　　B. $f(x)$ 在区间 $[a, b]$ 上有界

C. $f^2(x)$ 在区间 $[a, b]$ 上可积　　　　D. $|f(x)|$ 在区间 $[a, b]$ 上可积

(4) 下列函数在区间 $[0, 1]$ 上不可积的是(　　).

A. $f(x) = \begin{cases} \dfrac{\sin x}{x}, & x \neq 0 \\ 1, & x = 0 \end{cases}$ 　　　　B. $f(x) = \begin{cases} 2, & 0 < x < 1 \\ 0, & x = 0 \text{ 或 } 1 \end{cases}$

C. $f(x) = \begin{cases} x, & 0 \leqslant x \leqslant \dfrac{1}{2} \\ 1-x, & \dfrac{1}{2} \leqslant x \leqslant 1 \end{cases}$ 　　　　D. $f(x) = \begin{cases} \dfrac{1}{x-1}, & x \neq 1 \\ 1, & x = 1 \end{cases}$

(5) 函数 $f(x)$ 在 $[a, b]$ 上连续是 $f(x)$ 在该区间上可积的(　　).

A. 必要条件,但不充分条件　　　　B. 充分条件,但非必要条件

C. 充分必要条件　　　　D. 既不充分条件,也不必要条件

3. 利用定积分表示由抛物线 $y = x^2 + 1$,两直线 $x = -1$, $x = 2$ 及横轴所围成的图形的面积.

4. 已知 $\int_0^2 x^2\,\mathrm{d}x = \dfrac{8}{3}$, $\int_0^2 x\,\mathrm{d}x = 2$,计算下列各式的值.

(1) $\int_0^2 (x+1)^2 \mathrm{d}x$; (2) $\int_0^2 (x-\sqrt{3})(x+\sqrt{3})\mathrm{d}x$.

5. 利用定积分的几何意义说明下列等式.

(1) $\int_0^1 2x\mathrm{d}x = 1$; (2) $\int_0^a \sqrt{a^2-x^2}\mathrm{d}x = \dfrac{\pi}{4}a^2$ （$a>0$）;

(3) $\int_{-\pi}^{\pi} \sin x\mathrm{d}x = 0$; (4) $\int_{-\frac{\pi}{2}}^{\frac{\pi}{2}} \cos x\mathrm{d}x = 2\int_0^{\frac{\pi}{2}} \cos x\mathrm{d}x$.

5.2 定积分的计算

5.2.1 牛顿-莱布尼兹公式

定理 设函数 $f(x)$ 在区间 $[a,b]$ 上连续，$F(x)$ 是 $f(x)$ 的一个原函数，则

$$\int_a^b f(t)\mathrm{d}t = F(b) - F(a) = F(x)\Big|_a^b.$$

上述公式称为**牛顿-莱布尼兹(Newton-Leibniz)公式**，也称为**微积分基本公式**.

定理称为微积分基本定理. 它揭示了定积分与不定积分的内在联系，从而把定积分的计算问题转化为不定积分的计算问题.

例 1 如图 5-4 所示，求正弦曲线 $y=\sin x$ 在 $[0,\pi]$ 上与 x 轴所围成的平面图形的面积.

解 这个曲边梯形的面积

$$A = \int_0^\pi \sin x\mathrm{d}x = [-\cos x]\Big|_0^\pi$$
$$= -(\cos\pi - \cos 0) = 2.$$

注意：在计算定积分时，若能够直接应用不定积分的基本公式或第一类换元积分法则求出原函数，则可直接应用牛顿-莱布尼兹公式计算定积分.

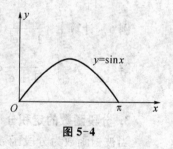

图 5-4

1. 直接应用不定积分的基本公式求原函数

例 2 计算 $\int_1^4 (2x-\sqrt{x})\mathrm{d}x$.

解 第 1 步，计算不定积分求出原函数 $F(x)$.

因为 $\int (2x-\sqrt{x})\mathrm{d}x = x^2 - \dfrac{2}{3}x^{\frac{3}{2}} + C = x^2 - \dfrac{2}{3}x\sqrt{x} + C$,

所以 $F(x) = x^2 - \dfrac{2}{3}x\sqrt{x}$.

第 2 步，分别将积分上、下限代入 $F(x)$ 求差，

$$\int_1^4 (2x - \sqrt{x}) dx = \left[x^2 - \frac{2}{3} x \sqrt{x} \right]_1^4 = \left(16 - \frac{16}{3} \right) - \left(1 - \frac{2}{3} \right) = \frac{31}{3}.$$

熟练后,第一步不必写出来,直接应用牛顿-莱布尼兹公式即可.

例3 计算 $\int_0^\pi (\cos x + \sin x) dx$.

解 $\int_0^\pi (\cos x + \sin x) dx = \left[\sin x - \cos x \right]_0^\pi$

$$= (\sin \pi - \cos \pi) - (\sin 0 - \cos 0) = 2.$$

2. 应用第一类换元积分法则求原函数

例4 计算 $\int_1^4 \frac{1}{2x+1} dx$.

解 $\int_1^4 \frac{1}{2x+1} dx = \frac{1}{2} \int_1^4 \frac{1}{2x+1} d(2x+1) = \frac{1}{2} \left[\ln |2x+1| \right]_1^4$

$$= \frac{1}{2} (\ln 9 - \ln 3) = \frac{1}{2} \ln 3.$$

例5 计算 $\int_{-\frac{\pi}{2}}^{\frac{\pi}{2}} \sin^2 x \cos x dx$.

解 $\int_{-\frac{\pi}{2}}^{\frac{\pi}{2}} \sin^2 x \cos x \, dx = \int_{-\frac{\pi}{2}}^{\frac{\pi}{2}} \sin^2 x d(\sin x) = \frac{1}{3} \left[\sin^3 x \right]_{-\frac{\pi}{2}}^{\frac{\pi}{2}}$

$$= \frac{1}{3} [1^3 - (-1)^3] = \frac{2}{3}.$$

例6 计算 $\int_{-1}^1 \frac{e^x}{1+e^x} dx$.

解 $\int_{-1}^1 \frac{e^x}{1+e^x} dx = \int_{-1}^1 \frac{d(e^x+1)}{1+e^x} = \ln(1+e^x) \Big|_{-1}^1$

$$= \ln(1+e) - \ln(1+e^{-1}) = 1.$$

3. 分段函数的定积分

当被积函数为分段函数时,需要利用定积分的性质4,分段进行积分.

例7 已知 $f(x) = \begin{cases} x, & 0 \leqslant x < 1, \\ 3-x, & 1 \leqslant x \leqslant 2, \end{cases}$ 求

$\int_0^2 f(x) dx$.

解 被积函数 $f(x)$ 是分段函数,其图像如图 5-5 所示.
用分段函数 $f(x)$ 的分段点 $x=1$,将积分区间分为 $[0, 1]$
和 $[1, 2]$,故

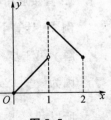

图 5-5

$$\int_0^2 f(x)\mathrm{d}x = \int_0^1 f(x)\mathrm{d}x + \int_1^2 f(x)\mathrm{d}x = \int_0^1 x\mathrm{d}x + \int_1^2 (3-x)\mathrm{d}x$$

$$= \left[\frac{1}{2}x^2\right]_0^1 + \left[3x - \frac{1}{2}x^2\right]_1^2 = \frac{1}{2} + \frac{3}{2} = 2.$$

例 8　求 $\displaystyle\int_{-1}^3 |2-x|\mathrm{d}x$.

解　由于 $|x-1| = \begin{cases} x-1, & x \geqslant 1, \\ 1-x, & x < 1 \end{cases}$ 是分段函数,函数的分段点为 $x = 1$,

积分区间为 $[0,1]$ 和 $[1,3]$,

$$\int_{-1}^3 |2-x|\mathrm{d}x = \int_{-1}^2 |2-x|\mathrm{d}x + \int_2^3 |2-x|\mathrm{d}x$$

$$= \int_{-1}^2 (2-x)\mathrm{d}x + \int_2^3 (x-2)\mathrm{d}x$$

$$= \left(2x - \frac{1}{2}x^2\right)\bigg|_{-1}^2 + \left(\frac{1}{2}x^2 - 2x\right)\bigg|_2^3$$

$$= \frac{9}{2} + \frac{1}{2} = 5.$$

4. 根据被积函数的奇偶性求定积分

结论　设 $f(x)$ 在区间 $[-a, a]$ 上连续,有:

如果 $f(x)$ 为奇函数,则 $\displaystyle\int_{-a}^a f(x)\mathrm{d}x = 0$;

如果 $f(x)$ 为偶函数,则 $\displaystyle\int_{-a}^a f(x)\mathrm{d}x = 2\int_0^a f(x)\mathrm{d}x$.

说明在对称区间上的积分具有"奇零偶倍"的性质. 利用这个结论能很方便地求出一些定积分的值.

例 9　求下列定积分:

(1) $\displaystyle\int_{-\sqrt{3}}^{\sqrt{3}} \frac{x^2 \sin x}{1+x^4}\mathrm{d}x$;　　　　　　　　(2) $\displaystyle\int_{-1}^1 (x^4 + x^2 + \cos x)\mathrm{d}x$.

解　(1) 因为被积函数 $f(x) = \dfrac{x^2 \sin x}{1+x^4}$ 是奇函数,且积分区间 $[-\sqrt{3}, \sqrt{3}]$ 是对称区间,所以

$$\int_{-\sqrt{3}}^{\sqrt{3}} \frac{x^2 \sin x}{1+x^4}\mathrm{d}x = 0.$$

(2) 因为被积函数 $f(x) = x^4 + x^2 + \cos x$ 是偶函数,且积分区间 $[-1, 1]$ 是对称区间,所以

$$\int_{-1}^{1} (x^4 + x^2 + \cos x)\mathrm{d}x = 2\int_{0}^{1} (x^4 + x^2 + \cos x)\mathrm{d}x$$

$$= 2\left[\frac{1}{5}x^5 + \frac{1}{3}x^3 + \sin x\right]_{0}^{1} = 2\left[\frac{8}{15} + \sin 1\right].$$

练习

1.计算下列各定积分.

(1) $\int_{\pi}^{2\pi} (\sin x - 1)\mathrm{d}x$;

(2) $\int_{0}^{1} (2x - 1)^{10}\mathrm{d}x$;

(3) $\int_{-1}^{0} \dfrac{x}{x^2 + 1}\mathrm{d}x$;

(4) $\int_{0}^{1} x\mathrm{e}^x \mathrm{d}x$;

(5) $\int_{1}^{\mathrm{e}} \ln x\mathrm{d}x$;

(6) $\int_{-1}^{1} |x| \mathrm{d}x$;

(7) $\int_{-4}^{4} \dfrac{x^3 + x + \sin x}{x^2 + 1}\mathrm{d}x$.

5.2.2　定积分的分部积分法

将不定积分的分部积分法则与牛顿-莱布尼兹公式结合,可得到定积分的分部积分法则.

设函数 $u(x)$ 与 $v(x)$ 均在区间 $[a, b]$ 上有连续的导数,由微分法则 $\mathrm{d}(uv) = u\mathrm{d}v + v\mathrm{d}u$,可得

$$u\mathrm{d}v = \mathrm{d}(uv) - v\mathrm{d}u.$$

等式两边同时在区间 $[a, b]$ 上积分,有

$$\int_{a}^{b} u\mathrm{d}v = (uv)\Big|_{a}^{b} - \int_{a}^{b} v\mathrm{d}u.$$

这个公式称为定积分的**分部积分公式**,其中 a 与 b 是自变量 x 的下限与上限.

例 10　计算 $\int_{1}^{\mathrm{e}} \ln x\mathrm{d}x$.

解　$\int_{1}^{\mathrm{e}} \ln x\mathrm{d}x = [x\ln x]\Big|_{1}^{\mathrm{e}} - \int_{1}^{\mathrm{e}} x \cdot \dfrac{\mathrm{d}x}{x} = (\mathrm{e} - 0) - (\mathrm{e} - 1) = 1.$

例 11　求 $\int_{1}^{2} x\ln x\mathrm{d}x$.

解　$\int_{1}^{2} x\ln x\mathrm{d}x = \dfrac{1}{2}\int_{1}^{2} \ln x\mathrm{d}(x^2) = \dfrac{1}{2}x^2\ln x\Big|_{1}^{2} - \dfrac{1}{2}\int_{1}^{2} x^2\mathrm{d}(\ln x)$

$$= 2\ln 2 - \dfrac{1}{2}\int_{1}^{2} x\mathrm{d}x = 2\ln 2 - \dfrac{1}{4}x^2\Big|_{1}^{2} = 2\ln 2 - \dfrac{3}{4}.$$

例 12　求 $\int_{0}^{\pi} x\sin x\mathrm{d}x$.

解 $\displaystyle\int_0^\pi x\sin x\,\mathrm{d}x = -\int_0^\pi x\,\mathrm{d}\cos x = -x\cos x\Big|_0^\pi + \int_0^\pi \cos x\,\mathrm{d}x = \pi + \sin x\Big|_0^\pi = \pi.$

此题先利用换元积分法,然后应用分部积分法.

练习

求下列各定积分.

(1) $\displaystyle\int_0^\pi x\cos x\,\mathrm{d}x$;　　(2) $\displaystyle\int_0^{\frac{\pi}{2}} \mathrm{e}^x\sin x\,\mathrm{d}x$;　　(3) $\displaystyle\int_0^1 \arctan x\,\mathrm{d}x$.

习 题 5-2

1. 填空题.

(1) $\displaystyle\int_{-5}^5 \frac{x^{2011}\sin^2 x}{x^4+2x^2+1}\,\mathrm{d}x = $ _____.

(2) $\displaystyle\int_{-\frac{1}{2}}^{\frac{1}{2}} \frac{(\arcsin x)^2}{\sqrt{1-x^2}}\,\mathrm{d}x = $ _____.

(3) $\displaystyle\int_1^e \frac{\sqrt{1+\ln x}}{x}\,\mathrm{d}x = $ _____.

(4) $\displaystyle\int_0^1 \frac{\mathrm{d}x}{1+\mathrm{e}^{-x}} = $ _____.

(5) 设 $\displaystyle\int_0^1 \frac{\mathrm{e}^x\,\mathrm{d}x}{1+x} = A$,则 $\displaystyle\int_{a-1}^a \frac{\mathrm{e}^{-x}\,\mathrm{d}x}{x-a-1} = $ _____.

(6) $\displaystyle\int_{-\pi}^\pi \sin nx\,\mathrm{d}x = $ _____.

(7) 设 $f(5)=2$, $\displaystyle\int_0^5 f(x)\,\mathrm{d}x = 3$,则 $\displaystyle\int_0^5 xf'(x)\,\mathrm{d}x = $ _____.

(8) $\displaystyle\int_0^1 x^2\sin(x)\,\mathrm{d}x = $ _____.

2. 选择题.

(1) 设 $f(x)$ 是 $[a,b]$ 上的连续函数,则下列各式中,正确的有(　　).

A. $\displaystyle\int_a^b f(x)\,\mathrm{d}x = \int_a^b f\Big(\frac{x}{2}\Big)\mathrm{d}\Big(\frac{x}{2}\Big)$　　　　B. $\displaystyle\int_a^b f(x)\,\mathrm{d}x = 2\int_a^b f\Big(\frac{x}{2}\Big)\mathrm{d}\Big(\frac{x}{2}\Big)$

C. $\displaystyle\int_a^b f(x)\,\mathrm{d}x = \frac{1}{2}\int_{2a}^{2b} f\Big(\frac{x}{2}\Big)\mathrm{d}x$　　　　D. $\displaystyle\int_a^b f(x)\,\mathrm{d}x = \frac{1}{2}\int_{\frac{a}{2}}^{\frac{b}{2}} f\Big(\frac{x}{2}\Big)\mathrm{d}x$

(2) 设 $f(x)$ 在 $[-a,a]$ 上连续,则 $\displaystyle\int_{-a}^a f(x)\,\mathrm{d}x = $ (　　).

A. $\displaystyle 2\int_0^a f(x)\,\mathrm{d}x$　　　　　　　　B. 0

C. $\displaystyle\int_0^a [f(x)+f(-x)]\,\mathrm{d}x$　　　　D. $\displaystyle\int_0^a [f(x)-f(-x)]\,\mathrm{d}x$

(3) 设 $f(x) = \dfrac{Ax}{1+x^2}$ 在区间 $[0,2]$ 上的平均值为 $\ln 2$,则 $A = $ (　　).

A. 1   B. 2   C. 3   D. 4

(4) 定积分 $\int_0^{\frac{\pi}{2}} \left| \frac{1}{2} - \sin x \right| \mathrm{d}x = ($).

A. $\frac{\pi}{4} - 1$ B. $1 - \frac{\pi}{4}$ C. $\sqrt{3} - 1 - \frac{\pi}{12}$ D. 0

(5) 设 $f(x) = \begin{cases} \sqrt{x}, & 0 \leqslant x \leqslant 1, \\ \mathrm{e}^{-x}, & 1 < x \leqslant 2, \end{cases}$ 则 $\int_0^2 f(x)\mathrm{d}x = ($).

A. $\mathrm{e}^{-1} + \mathrm{e}^{-2} + \frac{2}{3}$ B. $\mathrm{e}^{-1} + \mathrm{e}^{-2} - \frac{2}{3}$

C. $\mathrm{e}^{-1} - \mathrm{e}^{-2} + \frac{2}{3}$ D. $\mathrm{e}^{-1} - \mathrm{e}^{-2} - \frac{2}{3}$

(6) 设 $\int_0^1 x(a-x)\mathrm{d}x = 1$，则常数 $a = ($).

A. $\frac{8}{3}$ B. $\frac{1}{3}$ C. $\frac{4}{3}$ D. $\frac{2}{3}$

(7) 设 $\frac{\sin x}{x}$ 是 $f(x)$ 的一个原函数，则 $\int_{\frac{\pi}{2}}^{\pi} xf'(x)\mathrm{d}x = ($).

A. $\frac{4}{\pi} - 1$ B. $\frac{4}{\pi} + 1$ C. $\frac{\pi}{4} - 1$ D. $\frac{\pi}{4} + 1$

(8) $\int_{-\frac{\pi}{2}}^{\frac{\pi}{2}} x(1+x^{2012})\sin x\,\mathrm{d}x = ($).

A. 0   B. 1   C. 2   D. -2

(9) 设 $f'(x)$ 在 $[1, 2]$ 上可积，且 $f(1) = f(2) = 1$，$\int_1^2 f(x)\mathrm{d}x = -1$，

则 $\int_1^2 xf'(x)\mathrm{d}x = ($).

A. 2   B. 1   C. 0   D. -1

3. 计算下列定积分.

(1) $\int_0^{2\pi} |\sin x|\,\mathrm{d}x$；   (2) $\int_4^0 \sqrt{x}(1+\sqrt{x})\mathrm{d}x$；   (3) $\int_1^2 \left(x^2 + \frac{1}{x^4}\right)\mathrm{d}x$；

(4) $\int_{-1}^0 \frac{3x^4+3x^2+1}{1+x^2}\mathrm{d}x$；   (5) $\int_0^1 \frac{x^4}{1+x^2}\mathrm{d}x$；   (6) $\int_{-2}^1 \frac{\mathrm{d}x}{(11+5x)^3}$；

(7) $\int_0^1 x\mathrm{e}^{-x}\mathrm{d}x$；   (8) $\int_{\frac{1}{e}}^{e} |\ln x|\,\mathrm{d}x$；   (9) $\int_{-\pi}^{\pi} x^2\cos^2 x\,\mathrm{d}x$；

(10) $\int_0^{\frac{1}{2}} \frac{x\arcsin x}{\sqrt{1-x^2}}\mathrm{d}x$；   (11) $\int_{-\pi}^{\pi} x^6\sin x\,\mathrm{d}x$；   (12) $\int_{-1}^1 (x+\sqrt{4-x^2})^2\,\mathrm{d}x$.

5.3   定积分的几何及物理应用

    定积分是微积分中重要内容，它是解决许多实际问题的重要工具，推动了天文学、物理学、化学、生物学、工程学、经济学等自然科学、社会科学及应用科学各个分

支的发展. 本节中我们将从几何及物理方面举例说明定积分的应用.

5.3.1　定积分的微元法

微元法将一个量表示成定积分的分析方法. 在 5.1 节中,我们用定积分表示过曲边梯形的面积和变速直线运动的路程. 解决这两个问题的基本思想是:分割、近似代替、求和、取极限. 其中关键一步是近似代替,即在局部范围内"以常代变""以直代曲". 下面我们用这种基本思想解决怎样用定积分表示一般的量 U 的问题. 先看一个实例.

1. 实例(水箱积分问题)

设水流到水箱的速度为 $r(t)$ L/min,其中 $r(t)$ 是时间 t 的连续函数,问从 $t=0$ 到 $t=2$ 这段时间水流入水箱的总量 W 是多少?

解　利用定积分的思想,这个问题要用以下几个步骤来解决.

(1) 分割:用任意一组分点把区间 $[0,2]$ 分成长度为 $\Delta t_i = t_i - t_{i-1}(i=1,2,\cdots,n)$ 的 n 个小时间段.

(2) 取近似:设第 i 个小时间段里流入水箱的水量是 ΔW_i,在每个小时间段上,水的流速可视为常量,得 ΔW_i 的近似值

$$\Delta W_i \approx r(\xi_i)\Delta t_i \qquad (t_{i-1} \leqslant \xi_i \leqslant t_i).$$

(3) 求和:得 W 的近似值

$$W \approx \sum_{i=1}^n r(\xi_i)\Delta t_i.$$

(4) 取极限:得 W 的精确值

$$W = \lim_{\lambda \to 0}\sum_{i=1}^n r(\xi_i)\Delta t_i = \int_0^2 r(t)\mathrm{d}t.$$

上述四个步骤"分割-近似-求和-取极限"可概括为两个阶段.

第一个阶段:包括分割和求近似. 其主要过程是将时间间隔细分成很多小的时间段,在每个小的时间段内,"以常代变",将水的流速近似看作是匀速的,设为 $r(\xi_i)$,得到在这个小的时间段内流入水箱的水量的近似值

$$\Delta W_i \approx r(\xi_i)\Delta t_i \approx r(t_i)\Delta t_i.$$

在实际应用时,为了简便起见,省略下标 i,用 ΔW 表示任意小的时间段 $[t, t+\Delta t]$ 上流入水箱的水量,这样

$$\Delta W \approx r(t)\mathrm{d}t.$$

其中,$r(t)\mathrm{d}t$ 是流入水箱水量的微元(或元素),记作 $\mathrm{d}W$.

第二阶段:包括"求和"和"取极限"两步,即将所有小时间段上的水量全部加起来,

$$W = \sum \Delta W.$$

然后取极限,当最大的小时间段趋于零时,得到总流水量:区间 $[0, 2]$ 上的定积分,即

$$W = \int_0^2 r(t)\mathrm{d}t.$$

2. 微元法的步骤

一般地,如果某一个实际问题中所求量 U 符合下列条件:

(1) U 与变量 x 的变化区间 $[a, b]$ 有关;

(2) U 对于区间 $[a, b]$ 具有可加性. 也就是说,如果把区间 $[a, b]$ 分成许多部分区间,则 U 相应地分成许多部分量,而 U 等于所有部分量之和;

(3) 部分量 ΔU_i 的近似值可以表示为 $f(\xi_i)\Delta x_i$.

那么,在确定了积分变量以及其取值范围后,就可以用以下三步来求解:

(1) 取 x 为积分变量,$x \in [a, b]$;

(2) 在区间 $[a, b]$ 上任取一小区间 $[x, x+\mathrm{d}x]$,在该区间上小曲边梯形的面积 $\mathrm{d}U$ 可以用小矩形面积替代 $\mathrm{d}U = f(x)\mathrm{d}x$,即常运用"以常代变,以直代曲"等方法;

(3) 以所求量 U 的微元 $f(x)\mathrm{d}x$ 为被积表达式,写出在区间 $[a, b]$ 上的定积分,得

$$U = \int_a^b f(x)\mathrm{d}x.$$

上述方法称为**微元法**或**元素法**,也称为**微元分析法**. 这一过程充分体现了积分是将微分"加"起来的实质.

下面,我们将应用微元法求解各类实际问题.

5.3.2　定积分的几何应用

1. 平面图形的面积

(1) X 型域:由上下两条曲线 $y = f(x)$ 和 $y = g(x)$ ($g(x) < f(x)$)及直线 $x = a$,$x = b$ 围成图形的面积.

下面用微元法求面积 A (图 5-6).

① 取 x 为积分变量，$x \in [a, b]$.

② 在区间 $[a, b]$ 上任取一小区间 $[x, x+\mathrm{d}x]$，该区间上小曲边梯形的面积 $\mathrm{d}A$ 可以用高 $f(x) - g(x)$，底边为 $\mathrm{d}x$ 的小矩形的面积近似代替，从而得面积元素

$$\mathrm{d}A = [f(x) - g(x)]\mathrm{d}x.$$

③ 写出积分表达式，即

$$A = \int_a^b [f(x) - g(x)]\mathrm{d}x.$$

（2）Y 型域：由左右曲线 $x = \varphi(y)$ 和 $x = \psi(y)$（$\psi(y) < \varphi(y)$）及直线 $y = c$，$y = d$ 围成图形的面积.

与（1）类似可用微元法求面积 A（图 5-7）.

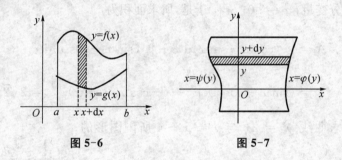

图 5-6　　　　　　　　　图 5-7

① 取 y 为积分变量，$y \in [c, d]$.

② 在区间 $[c, d]$ 上任取一小区间 $[y, y+\mathrm{d}y]$，该区间上小曲边梯形的面积 $\mathrm{d}A$ 可以用高 $\varphi(y) - \psi(y)$，底边为 $\mathrm{d}y$ 的小矩形的面积近似代替，从而得面积元素

$$\mathrm{d}A = [\varphi(y) - \psi(y)]\mathrm{d}y.$$

③ 写出积分表达式，即

$$A = \int_c^d [\varphi(y) - \psi(y)]\mathrm{d}y.$$

在求解实际问题的过程中，首先应准确地画出所求面积的平面图形，弄清曲线的位置以及积分区间，找出面积微元，然后将微元在相应积分区间上积分.

例 1　求由曲线 $y = \mathrm{e}^x$，直线 $y = x, x = 0, x = 1$，所围成图形的面积.

解　如图 5-8 所示，根据上面结论得所求面积为

$$A = \int_0^1 (\mathrm{e}^x - x)\mathrm{d}x = \left[\mathrm{e}^x - \frac{1}{2}x^2\right]_0^1 = \mathrm{e} - \frac{3}{2}.$$

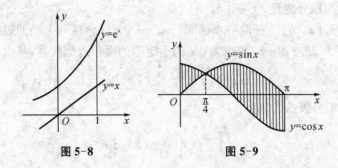

图 5-8   图 5-9

例 2   求曲线 $y = \cos x$ 与 $y = \sin x$ 在区间 $[0, \pi]$ 上所围平面图形的面积.

解   如图 5-9 所示,曲线 $y = \cos x$ 与 $y = \sin x$ 的交点坐标为 $\left(\dfrac{\pi}{4}, \dfrac{\sqrt{2}}{2}\right)$,选取 x 作为积分变量,$x \in [0, \pi]$,于是,所求面积为

$$A = \int_0^{\frac{\pi}{4}} (\cos x - \sin x)\mathrm{d}x + \int_{\frac{\pi}{4}}^{\pi} (\sin x - \cos x)\mathrm{d}x$$

$$= (\sin x + \cos x)\Big|_0^{\frac{\pi}{4}} + (-\cos x - \sin x)\Big|_{\frac{\pi}{4}}^{\pi} = 2\sqrt{2}.$$

例 3   求曲线 $y^2 = 2x$ 与 $y = x - 4$ 所围图形的面积.

解   画出所围的图形(图 5-10).

由方程组 $\begin{cases} y^2 = 2x, \\ y = x - 4 \end{cases}$ 得两条曲线的交点坐标为 $A(2, -2)$,$B(8, 4)$,取 y 为积分变量,$y \in [-2, 4]$. 将两曲线方程分别改写为 $x = \dfrac{1}{2}y^2$ 及 $x = y + 4$ 得所求面积为

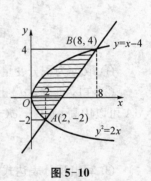

图 5-10

$$A = \int_{-2}^4 \left(y + 4 - \frac{1}{2}y^2\right)\mathrm{d}y = \left(\frac{1}{2}y^2 + 4y - \frac{1}{6}y^3\right)\Big|_{-2}^4 = 18.$$

注意:本题若以 x 为积分变量,由于图形在 $[0, 2]$ 和 $[2, 8]$ 两个区间上的构成情况不同,因此需要分成两部分来计算,其结果应为

$$A = 2\int_0^2 \sqrt{2x}\,\mathrm{d}x + \int_2^8 [\sqrt{2x} - (x - 4)]\mathrm{d}x$$

$$= \frac{4\sqrt{2}}{3}x^{\frac{3}{2}}\Big|_0^2 + \left[\frac{2\sqrt{2}}{3}x^{\frac{3}{2}} - \frac{1}{2}x^2 + 4x\right]\Big|_2^8 = 18.$$

显然,对于例 3 选取 x 作为积分变量,不如选取 y 作为积分变量计算简便. 可见适当选取积分变量,可使计算简化.

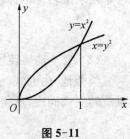

例 4　求由两条抛物线 $y = x^2$ 和 $x = y^2$ 所围成图形的面积.

解　如图 5-11 所示,解方程组 $\begin{cases} y = x^2, \\ x = y^2, \end{cases}$ 得两曲线的

图 5-11

交点为 $(0,0)$,$(1,1)$.

将该平面图形视为 X 型图形,确定积分变量为 x,积分区间为 $[0,1]$,

$$A = \int_0^1 (\sqrt{x} - x^2)\,\mathrm{d}x = \left[\frac{2}{3}x^{\frac{3}{2}} - \frac{1}{3}x^3 \right]_0^1 = \frac{2}{3} - \frac{1}{3} = \frac{1}{3}.$$

将该平面图形视为 Y 型图形,确定积分变量为 y,积分区间为 $[0,1]$,

$$A = \int_0^1 (\sqrt{y} - y^2)\,\mathrm{d}y = \left[\frac{2}{3}y^{\frac{3}{2}} - \frac{1}{3}y^3 \right]_0^1 = \frac{2}{3} - \frac{1}{3} = \frac{1}{3}.$$

练习

1. 求直线 $y = 2x + 3$ 与抛物线 $y = x^2$ 所围图形的面积.
2. 求三直线 $y = 2x$,$y = x$ 与 $x = 2$ 所围图形的面积.
3. 求直线 $y = x$ 与抛物线 $x = y^2$ 所围图形的面积.
4. 求曲线 $y = \mathrm{e}^x$,$y = \mathrm{e}^{-x}$ 和直线 $x = 1$ 所围成的图形的面积.
5. 计算由两条抛物线 $y^2 = x$,$y = x^2$ 所围成的图形的面积.
6. 计算抛物线 $y^2 = 2x$ 与直线 $y = x - 4$ 所围成的图形的面积.

2. 旋转体的体积

旋转体是一个平面图形绕这平面内的一条直线旋转而成的立体. 这条直线叫做**旋转轴**. 球体、圆柱体、圆台、圆锥、椭球体等都是旋转体.

（1）绕 x 轴旋转所成的立体的体积

由曲线 $y = f(x)$（$f(x) > 0$）,直线 $x = a$,$x = b$ 及 $y = 0$ 围成图形绕 x 轴旋转所成旋转体的体积.

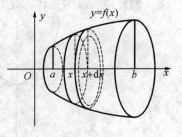

如图 5-12 所示:选取 x 为积分变量,在 $[a, b]$ 任取一个小区间 $[x, x + \mathrm{d}x]$,将该区间上的旋转体看作底面积为 $\pi[f(x)]^2$ 高为 $\mathrm{d}x$ 的薄圆柱体,得体积微元为

图 5-12

$$\mathrm{d}V = \pi[f(x)]^2\mathrm{d}x = \pi y^2\mathrm{d}x,$$

于是所求旋转体的体积为

$$V = \int_a^b \pi \left[f(x) \right]^2 \mathrm{d}x = \int_a^b \pi y^2 \mathrm{d}x.$$

（2）绕 y 轴旋转所成的立体的体积

类似地，由曲线 $x = \varphi(y)$ 和直线 $y = c$，$y = d$ 及 y 轴所围成的曲边梯形绕 y 轴旋转一周而成，所得旋转体的体积为

$$V_y = \pi \int_c^d \left[\varphi(y) \right]^2 \mathrm{d}y.$$

例 5 连接坐标原点 O 及点 $A(h, r)$ 的直线 OA、直线 $x = h$ 及 x 轴围成一个直角三角形. 将它绕 x 轴旋转构成一个底面半径为 r、高为 h 的圆锥体. 计算这圆锥体的体积.

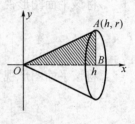

图 5-13

解 如图 5-13 所示，取圆锥顶点为原点，其中心轴为 x 轴建立坐标系. 圆锥体可看成是由直角三角形 ABO 绕 x 轴旋转而成，直线 OA 的方程为

$$y = \frac{r}{h}x \quad (0 \leqslant x \leqslant h),$$

代入（1），得圆锥体体积为

$$V = \int_0^h \pi \left(\frac{r}{h}x \right)^2 \mathrm{d}x = \frac{\pi r^2}{h^2} \cdot \frac{x^3}{3} \bigg|_0^h = \frac{1}{3}\pi r^2 h.$$

例 5 求由曲线 $y = x^2$ 与直线 $x = 1$ 以及 x 轴所围成的图形分别绕 x 轴、y 轴旋转所成立体的体积.

解 绕 x 轴旋转所成立体，如图 5-14 所示. 所求立体的体积 V_1 为

$$V_1 = \int_0^1 \pi x^4 \mathrm{d}x = \pi \cdot \frac{1}{5}x^5 \bigg|_0^1 = \frac{1}{5}\pi.$$

绕 y 轴旋转所成的立体，如图 5-15 所示. 所求立体的体积 V_2 为

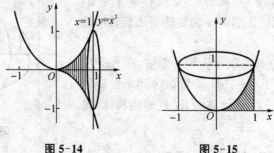

图 5-14   图 5-15

$$V_2 = \pi \cdot 1^2 - \int_0^1 \pi (\sqrt{y})^2 \mathrm{d}y = \pi - \pi \cdot \frac{1}{2} y^2 \Big|_0^1 = \frac{1}{2}\pi.$$

例 6　求曲线 $y = \sin x (0 \leqslant x \leqslant \pi)$ 绕 x 轴旋转一周所得的旋转体体积 V_x（图 5-16）.

解　$V_x = \pi \int_a^b [f(x)]^2 \mathrm{d}x = \pi \int_0^\pi (\sin x)^2 \mathrm{d}x = \frac{\pi}{2} \int_0^\pi (1 - \cos 2x) \mathrm{d}x$

$\qquad = \frac{\pi}{2} \Big[x - \frac{\sin 2x}{2} \Big] \Big|_0^\pi = \frac{\pi^2}{2}.$

例 7　求由抛物线 $y = \sqrt{x}$ 与直线 $y = 0, y = 1$ 和 y 轴围成的平面图形,绕 y 轴旋转而成的旋转体的体积 V_y.

解　抛物线方程改写为 $x = y^2, y \in [0, 1]$. 可得所求旋转体的体积（图 5-17）为

$$V_y = \pi \int_0^1 [(y)^2]^2 \mathrm{d}y = \int_0^1 y^4 \mathrm{d}y = \frac{\pi}{5} y^5 \Big|_0^1 = \frac{\pi}{5}.$$

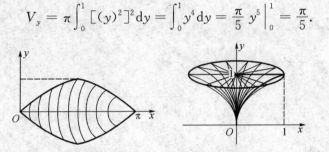

图 5-16　　　　　图 5-17

练习

1. 求由曲线 $y = \mathrm{e}^x$，$y = 1$，$y = \mathrm{e}$ 所围图形绕 y 轴旋转而成的旋转体的体积.
2. 求由直线 $y = x$，$x = 3$ 及 x 轴所围图形分别绕 x, y 轴旋转而成的旋转体的体积.

3. 平面曲线的弧长

表示为直角坐标方程的曲线的长度计算公式称切线连续变化的曲线为光滑曲线. 若光滑曲线 C 由直角坐标方程 $y = f(x)$，$a \leqslant x \leqslant b$，则导数 $f'(x)$ 在 $[a, b]$ 上连续.

如图 5-18 所示,在 $[a, b]$ 上任意取一微段 $[x, x + \mathrm{d}x]$,对应的曲线微段为 AB，C 在点 A 处的切线也有对应微段 AP. 以 AP 替代 AB,注意切线改变量是微分,即得曲线长度微元 $\mathrm{d}s$ 的计算公式

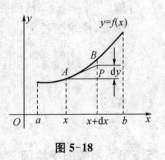

图 5-18

$$ds = \sqrt{(\mathrm{d}x)^2 + (\mathrm{d}y)^2}.$$

得到的公式称为弧微分公式. 以 C 的方程 $y = f(x)$ 代入, 得

$$\mathrm{d}s = \sqrt{1 + \left[f'(x)\right]^2}\,\mathrm{d}x.$$

据微元法, 即得直角坐标方程表示的曲线长度的一般计算公式

$$s = \int_a^b \mathrm{d}s = \int_a^b \sqrt{1 + \left[f'(x)\right]^2}\,\mathrm{d}x.$$

若光滑曲线 C 由方程 $x = g(y)\; c \leqslant y \leqslant d$ 给出, 则 $g'(y)$ 在 $[c, d]$ 上连续, 同样可得曲线 C 的弧长计算公式为

$$S = \int_c^d \sqrt{1 + \left[g'(y)\right]^2}\,\mathrm{d}y.$$

例8 求曲线 $y = \dfrac{1}{4}x^2 - \dfrac{1}{2}\ln x\,(1 \leqslant x \leqslant \mathrm{e})$ 的弧长 s.

解 $y' = \dfrac{1}{2}x - \dfrac{1}{2x} = \dfrac{1}{2}\left(x - \dfrac{1}{x}\right),$

$$\mathrm{d}s = \sqrt{1 + \left[f'(x)\right]^2}\,\mathrm{d}x = \sqrt{1 + \frac{1}{4}\left(x - \frac{1}{x}\right)^2}\,\mathrm{d}x = \frac{1}{2}\left(x + \frac{1}{x}\right)\mathrm{d}x,$$

所求弧长为

$$s = \int_a^b \mathrm{d}s = \frac{1}{2}\int_1^e \left(x + \frac{1}{x}\right)\mathrm{d}x = \frac{1}{2}\left[\frac{1}{2}x^2 + \ln x\right]\Big|_1^e = \frac{1}{4}(\mathrm{e}^2 + 1).$$

例9 计算曲线 $y = \dfrac{2}{3}x^{\frac{2}{3}}$ 上相应于 x 从 a 到 b 的一段弧的长度.

解 $y' = x^{\frac{1}{2}},$ 从而弧长元素 $\mathrm{d}s = \sqrt{1 + y'^2}\,\mathrm{d}x = \sqrt{1 + x}\,\mathrm{d}x.$
因此, 所求弧长为

$$s = \int_a^b \sqrt{1 + x}\,\mathrm{d}x = \left[\frac{2}{3}(1 + x)^{\frac{3}{2}}\right]_a^b = \frac{2}{3}\left[(1 + b)^{\frac{3}{2}} - (1 + a)^{\frac{3}{2}}\right].$$

练习
计算抛物线 $y^2 = 4x$ 从顶点 $(0, 0)$ 到这曲线上的另一点 $(1, 2)$ 的弧长.

5.3.3 函数的平均值

对于有限多个数 $y_1, y_2, \cdots, y_n$ 是容易计算它们的平均值的:

$$y_{ave} = \frac{y_1 + y_2 + \cdots + y_n}{n}.$$

在实际应用中,有时还要考虑一个连续函数 $f(x)$ 在区间 $[a,b]$ 上所取得"一切值"的平均值. 例如求交流电在一个周期的平均功率等问题.

我们规定连续函数在区间 $[a,b]$ 上的平均值为

$$\bar{y} = \frac{1}{b-a}\int_a^b f(x)\mathrm{d}x.$$

它的几何解释是:以 $[a,b]$ 为底,$y=f(x)$ 为曲边的曲边梯形面积,等于高为 $\bar{y}$ 的同底矩形的面积.

例 10　计算函数 $f(x)=1+x^2$ 在区间 $[-1,2]$ 上的平均值.

解　令 $a=-1$,$b=2$,可得

$$f_{ave} = \frac{1}{b-a}\int_a^b f(x)\mathrm{d}x = \frac{1}{2-(-1)}\int_{-1}^2 (1+x^2)\mathrm{d}x$$

$$= \frac{1}{3}\left[x+\frac{x^3}{3}\right]_{-1}^2 = 2.$$

例 11　计算从 0 秒到 T 秒这段时间内自由落体的平均速度.

解　因为自由落体的速度 $v=gt$,所以要计算的平均速度为

$$\bar{v} = \frac{1}{T-0}\int_0^T gt\,\mathrm{d}t = \frac{g}{T}\left[\frac{1}{2}t^2\right]_0^T = \frac{1}{2}gT.$$

例 12　在电阻为 R 的纯电阻电路中,计算正弦交流电 $i(t)=I_m\sin\omega t$ 在一个周期内的平均功率.

解　因为电路中的电压为 $u=iR=I_mR\sin\omega t$,

所以功率　　$P = ui = I_mR\sin\omega t \cdot I_m\sin\omega t = I_m^2 R\sin^2\omega t$,

因为交流电的周期为 $T=\dfrac{2\pi}{\omega}$,所以在一个周期 $\left[0,\dfrac{2\pi}{\omega}\right]$ 内的平均功率为

$$\bar{P} = \frac{1}{\frac{2\pi}{\omega}-0}\int_0^{\frac{2\pi}{\omega}} I_m^2 R\sin^2\omega t\,\mathrm{d}t = \frac{I_m^2 R\omega}{2\pi}\int_0^{\frac{2\pi}{\omega}}\frac{1-\cos 2\omega t}{2}\mathrm{d}t$$

$$= \frac{I_m^2 R\omega}{4\pi}\left[t-\frac{1}{2\omega}\sin 2\omega t\right]_0^{\frac{2\pi}{\omega}} = \frac{I_m^2 R}{2} = \frac{I_m U_m}{2}\ (\text{其中 } U_m = I_mR).$$

由例 12 知,纯电阻电路中正弦交流电的平均功率等于电流、电压峰值乘积的一半.

练习

1. 求函数 $y = \sin x$ 在区间 $[0, \pi]$ 上的平均值.

2. 有一根长度为 a 的细棒,其上任意点 x 处的密度 $\rho = x^2 + 1$,若细棒的一端与坐标原点重合,求细棒的平均密度.

5.3.4 积分在物理上的应用举例

(1) 变力作功

由物理学知道,物体在常力 F 的作用下,沿力的方向作直线运动,当物体发生了位移 S 时,力 F 对物体所作的功是 $W = FS$. 但在实际问题中,物体在发生位移的过程中所受到的力常常是变化的,这就需要考虑变力作功的问题. 由于所求的功是一个整体量,且对于区间具有可加性,所以可以用微元法来求这个量.

设物体在变力 $F = f(x)$ 的作用下,沿 x 轴由点 a 移动到点 b,如图 5-19 所示,且变力方向与 x 轴方向一致. 取 x 为积分变量,$x \in [a, b]$. 在区间 $[a, b]$ 上任取一小区间 $[x, x + \mathrm{d}x]$,该区间上各点处的力可以用点 x 处的力 $F(x)$ 近似代替. 因此功的微元为

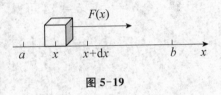

图 5-19

$\mathrm{d}W = F(x)\mathrm{d}x$,因此,从 a 到 b 这一段位移上变力 $F(x)$ 所作的功为 $W = \int_a^b F(x)\mathrm{d}x$.

例 13 弹簧在拉伸过程中,所需要的力与弹簧的伸长量成正比,即 $F = kx$ (k 为比例系数).已知弹簧拉长 0.01 m 时,需力 10 N,要使弹簧伸长 0.05 m,计算外力所做的功.

解 由题设,$x = 0.01$ m 时,$F = 10$ N. 代入 $F = kx$,得 $k = 1\,000$ N/m. 从而变力为 $F = 1\,000x$,由上述公式所求的功为

$$W = \int_0^{0.05} 1\,000x\mathrm{d}x = 500x^2 \Big|_0^{0.05} = 1.25(\mathrm{J}).$$

(2) 液体的压力

由物理学知道,在液面下深度为 h 处的压强为 $p = \rho g h$,其中 ρ 是液体的密度,g 是重力加速度. 如果有一面积为 A 的薄板水平地置于深度为 h 处,那么薄板一侧所受的液体压力为

$$F = pA.$$

但在实际问题中,往往要计算薄板竖直放置在液体中(如前面问题 2 中的闸门)时,其一侧所受到的压力. 由于压强 p 随液体的深度而变化,所以薄板一侧所

受的液体压力就不能用上述方法计算,但可以用定积分的微元法来加以解决.

设薄板形状是曲边梯形,为了计算方便,建立如图 5-20 所示的坐标系,曲边方程为 $y = f(x)$. 取液体深度 x 为积分变量,$x \in [a, b]$,在 $[a, b]$ 上取一小区间 $[x, x + \mathrm{d}x]$,该区间上小曲边平板所受的压力可近似地看作长为 y,宽为 $\mathrm{d}x$ 的小矩形水平地放在距液体表面深度为 x 的位置上时,一侧所受的压力.

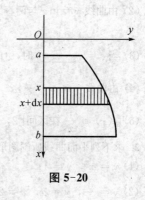

图 5-20

因此所求的压力微元为

$$\mathrm{d}F = \rho g h f(x) \mathrm{d}x.$$

于是,整个平板一侧所受压力为

$$F = \int_a^b \rho g h f(x) \mathrm{d}x.$$

例 13 修建一道梯形闸门,它的两条底边各长 6 m 和 4 m,高为 6 m,较长的底边与水面平齐,要计算闸门一侧所受水的压力.

解 根据题设条件. 建立如图 5-21 所示的坐标系,AB 的方程为 $y = -\dfrac{1}{6}x + 3$. 取 x 为积分变

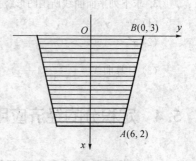

图 5-21

量,$x \in [0, 6]$,在 $x \in [0, 6]$ 上任一小区间 $[x, x + \mathrm{d}x]$ 的压力微元为

$$\mathrm{d}F = 2\rho g x y \mathrm{d}x = 2 \times 9.8 \times 10^3 x\left(-\frac{1}{6}x + 3\right)\mathrm{d}x,$$

从而所求的压力为

$$F = \int_0^6 9.8 \times 10^3 \left(-\frac{1}{3}x^2 + 6x\right)\mathrm{d}x$$

$$= 9.8 \times 10^3 \left[-\frac{1}{9}x^3 + 3x^2\right]_0^6$$

$$\approx 8.23 \times 10^5 \, \mathrm{N}.$$

习 题 5-3

1. 填空题.

(1) 位于曲线 $y = x\mathrm{e}^{-x}$ $(0 \leqslant x < +\infty)$ 下方,x 轴上方的无界图形的面积是 _____.

（2）由曲线 $y=\ln x$ 与两直线 $y=e+1-x$ 及 $y=0$ 围成的平面图形的面积 $S=$ _____.

（3）当 $c=$ _____ 时,由曲线 $y=x^2$ 和 $y=cx^3$ 所围成图形的面积为 $\dfrac{2}{3}$.

（4）由曲线 $y=x+\dfrac{1}{x}$, $x=2$, $y=2$ 所围成的图形的面积 $S=$ _____.

（5）$f(x)=\dfrac{1}{x}$ 在区间 $[2,4]$ 的平均值是 _____.

2. 求下列平面曲线所围图形的面积.

（1）$y=x^2$, $y=1$;

（2）$y=\dfrac{1}{x}$, $y=x$, $x=2$;

（3）$y=x^3$, $y=x$.

3. 求下列平面曲线所围图形绕指定轴旋转而成的旋转体的体积.

（1）$2x-y+4=0$, $x=0$, $y=0$ 绕 x 轴;

（2）$x^2=4y(x>0)$, $y=1$, $x=0$ 分别绕 x, y 轴;

（3）计算曲线 $y=\dfrac{\sqrt{x}}{3}(3-x)$ 在区间 $[1,3]$ 上的弧长.

5.4 定积分的经济应用

5.4.1 定积分在求原经济函数及其最值问题上的应用

已知边际经济变量,求总量函数或总量函数在某个范围内的值时,可应用定积分进行计算.

设经济应用函数 $u(x)$ 的边际函数为 $u'(x)$,则有

$$u(x)=u(0)+\int_0^x u'(x)\mathrm{d}x.$$

例1 已知生产 q 单位某产品的边际成本 $C'(q)=5+0.02q$（万元/单位）,固定成本为 100 万元,求成本函数.

解 总成本 $C(q)$ 是固定成本 C_0 与可变成本 $C_1(q)$ 之和,显然可变成本

$$C_1(q)=\int_0^q(5+0.02q)\mathrm{d}q=0.01q^2+5q,$$

从而 $\qquad C(q)=C_0+C_1(q)=100+0.01q^2+5q.$

例2 设某产品在时刻 t 总产量的变化率 $f(t)=100+12t-0.6t^2$（kg/h）,求从 $t=2$ 到 $t=4$ 这两小时的总产量.

解　设总产量为 $Q(t)$，由已知条件 $Q'(t) = f(t)$，则知总产量 $Q(t)$ 是 $f(t)$ 的一个原函数，所以有

$$Q = \int_2^4 f(t)\mathrm{d}t = \int_2^4 (100 + 12t - 0.6t^2)\mathrm{d}t$$

$$= \left[100t + 6t^2 - 0.2t^3 \right]_2^4 = 260.8.$$

即所求的总产量为 260.8。

例 3　已知某石油公司的边际收入为

$$R'(t) = 9 - t^{\frac{1}{3}}\ (亿元/年),$$

而相应的边际成本为

$$C'(t) = 1 + 3t^{\frac{1}{3}}\ (亿元/年).$$

其中时间 t 以年为单位，试判定该石油公司应连续开发多少年，并在停止开发时，该石油公司获得的总利润为多少？

解　当 $R'(t) = C'(t)$ 时，时间为最佳终止时间。即

$$9 - t^{\frac{1}{3}} = 1 + 3t^{\frac{1}{3}},$$

求得 $t = 8$ 年。

而边际利润 $L'(t) = R'(t) - C'(t)$，所以，连续开发 8 年的总利润为

$$L(8) = \int_0^8 [R'(t) - C'(t)]\mathrm{d}t$$

$$= \int_0^8 [9 - t^{\frac{1}{3}} - 1 - 3t^{\frac{1}{3}}]\mathrm{d}t = 16\ (亿元).$$

例 4　假设当鱼塘中有 $x\ \mathrm{kg}$ 鱼时，每千克鱼的捕捞成本是 $\dfrac{2\,000}{10 + x}$ 元，已知鱼塘中现有鱼 $10\,000\ \mathrm{kg}$，问从鱼塘中再捕捞 $6\,000\ \mathrm{kg}$ 鱼需花费多少成本？

解　设已知捕捞了 x 公斤鱼，此时鱼塘中有 $10\,000 - x$ 公斤鱼，再捕捞 Δx 公斤鱼的成本为

$$\Delta C = \frac{2\,000}{10 + (10\,000 - x)}\Delta x,$$

所以，捕捞 $6\,000$ 公斤鱼的成本为

$$C = \int_0^{6\,000} \frac{2\,000}{10 + (10\,000 - x)} \mathrm{d}x = -2\,000 \int_0^{6\,000} \frac{\mathrm{d}(10\,010 - x)}{10\,010 - x}$$

$$= -2\,000 \ln(10\,010 - x) \Big|_0^{6\,000} = 2\,000 \ln \frac{10\,010}{4\,010}$$

$$\approx 1\,829.59 \,(元).$$

例 5 某出口公司每月销售额是 1 000 000 美元,平均利润是销售额的 10%. 根据公司以往的经验,广告宣传期间月销售额的变化率近似地服从增长曲线 $1 \times 10^6 \times \mathrm{e}^{0.02t}$($t$ 以月为单位),公司现在需要决定是否举行一次类似的总成本为 1.3×10^5 美元的广告活动. 按惯例,对于超过 1×10^6 美元的广告活动,如果新增销售额产生的利润超过广告投资的 10%,则决定做广告. 试问该公司按惯例是否应该做此广告?

解 由公式知,12 个月后总销售额是当 $t = 12$ 时的定积分,即

$$总销售额 = \int_0^{12} 1\,000\,000 \mathrm{e}^{0.02t} \mathrm{d}t = \frac{1\,000\,000 \mathrm{e}^{0.02t}}{0.02} \Big|_0^{12}$$

$$= 50\,000\,000 | \mathrm{e}^{0.24} - 1 | \approx 1\,356\,000 \,(美元).$$

公司的利润是销售额的 10%,所以新增销售额产生的利润是

$$0.10 \times (13\,560\,000 - 12\,000\,000) = 156\,000 \,(美元).$$

156 000 美元利润是由花费 130 000 美元的广告费而取得的,因此,广告所产生的实际利润是 156 000 - 130 000 = 26 000(美元),这表明赢利大于广告成本的 10%,故公司应该做此广告.

例 6 设生产 x 个产品的边际成本 $C = 100 + 2x$,其固定成本为 $c_0 = 1\,000$ 元,产品单价规定为 500 元. 假设生产出的产品能完全销售,问生产量为多少时利润最大? 并求出最大利润.

解 总成本函数为 $c(x) = \int_0^x (100 + 2t) \mathrm{d}t + c(0)$

$$= 100x + x^2 + 1\,000.$$

总收益函数为 $R(x) = 500x$.

总利润函数为 $L(x) = R(x) - C(x) = 400x - x^2 - 1\,000$

$$L'(x) = 400 - 2x.$$

令 $L'(x) = 0$,得 $x = 200$,因为 $L''(200) < 0$.

所以,生产量为 200 单位时,利润最大. 最大利润为

$$L(200) = 400 \times 200 - 200^2 - 1\,000 = 39\,000 \,(元).$$

例 7　某企业生产 x 吨产品时的边际成本为 $c'(x) = \dfrac{1}{50}x + 30$（元/吨），且固定成本为 900 元，试求产量为多少时平均成本最低？

解　首先求出成本函数

$$c(x) = \int_0^x c'(x)\,\mathrm{d}x + c_0 = \int_0^x \left(\frac{1}{50}x + 30\right)\mathrm{d}x + 900$$

$$= \frac{1}{100}x^2 + 30x + 900.$$

得平均成本函数为

$$\bar{c}(x) = \frac{c(x)}{x} = \frac{1}{100}x + 30 + \frac{900}{x}.$$

求一阶导数

$$\bar{c}'(x) = \frac{1}{100} - \frac{900}{x^2}.$$

令 $\bar{c}' = 0$，解得 $x_1 = 300(x_2 = -300$ 舍去$)$.

因此，$\bar{c}'(x)$ 仅有一个驻点 $x_1 = 300$，再由实际问题本身可知 $\bar{c}'(x)$ 有最小值，故当产量为 300 吨时，平均成本最低.

例 8　某煤矿投资 2 000 万元建成，在时刻 t 的追加成本和增加收益分别为 $C'(t)6 + 2t^{\frac{2}{3}}$，$R'(t) = 18 - t^{\frac{2}{3}}$（百万元/年）.

试确定该矿何时停止生产可获得最大利润？最大利益是多少？

解　有极值存在的必要条件，即 $L'(t) = R'(t) - C'(t) = 0$，即

$$18 - t^{\frac{2}{3}} - (6 + 2t^{\frac{2}{3}}) = 0.$$

可解得 $t = 8$，$R''(t) - C''(t) = -\dfrac{2}{3}t^{\frac{1}{3}} - \dfrac{4}{3}t^{\frac{2}{3}}$，$R''(8) - C''(8) < 0$.

故 $t = 8$ 时是最佳终止时间，此时的利润为

$$L = \int_0^8 [R'(r) - C'(t)]\mathrm{d}t - 20 = \int_0^8 [(18 - t^{\frac{2}{3}}) - (6 + 2t^{\frac{2}{3}})]\mathrm{d}t - 20$$

$$= \left(12t - \frac{9}{5}t^{\frac{5}{3}}\right)\Big|_0^8 - 20 = 38.4 - 20 = 18.4.$$

因此最大利润为 18.4 百万元.

练习

1. 生产某产品的边际成本函数为 $c'(x) = 3x^2 - 14x + 100$，固定成本 $C(0) = 10\,000$，求出

生产 x 个产品的总成本函数.

2. 设某产品总产量对时间 t 的变化率 $Q'(t)=40+12t$(件/天),求从第 5 天到第 10 天内的总产量.

5.4.2 定积分在消费者剩余或生产者剩余中的应用

在市场经济中,生产并销售某一商品的数量可由这一商品的供给曲线与需求曲线来描述(图 5-22). 需求量与供给量都是价格的函数,用横坐标表示价格,纵坐标表示需求量或供给量. 在市场经济下,价格和数量在不断调整,最后趋向平衡价格和平衡数量,分别用 P_0 和 Q_0 表示,也即供给曲线与需求曲线的交点 E.

在图 5-22 中,P'_0 是供给曲线在价格坐标轴上的截距,也就是当价格为 P'_0 时,供给量是零,只有价格高于 P'_0 时,才有供给量. 而 P_1 是需求曲线的截距,当价格为 P_1 时需求量是零,只有价格低于 P_1 时,才有需求. Q_1 则表示当商品免费赠送时的最大需求.

在市场经济中,有时一些消费者愿意对某种商品付出比市场价格 P_0 更高的价格,由此他们所得到的好处称为消费者剩余(CS). 由图 5-22 可以看出:

$$CS = \int_{P_0}^{P_1} f(p)\,\mathrm{d}p. \qquad ①$$

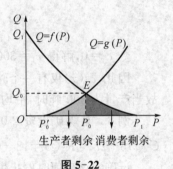

图 5-22

同理,对生产者来说,有时也有一些生产者愿意以比市场价格 P_0 低的价格出售他们的商品,由此他们所得到的好处称为生产者剩余(PS),如图 5-22 所示,有

$$PS = \int_{P'_0}^{P_0} f(p)\,\mathrm{d}p. \qquad ②$$

例 9 设需求函数 $Q=8-\dfrac{p}{3}$,供给函数 $Q=\dfrac{p}{2}-\dfrac{9}{2}$,求消费者剩余和生产者剩余.

解 首先求出均衡价格与供需量,$\begin{cases} Q=8-\dfrac{p}{3}, \\ Q=\dfrac{p}{2}-\dfrac{9}{2}. \end{cases}$

得 $p_0=15$,$Q_0=3$.

令 $8-\dfrac{p}{3}=0$,得 $P_1=24$,令 $\dfrac{p}{2}-\dfrac{9}{2}=0$,得 $P'_0=9$,代入式①②得

$$CS = \int_{15}^{24}\left(8 - \frac{p}{3}\right)\mathrm{d}p = \left(8p - \frac{p^2}{6}\right)\Big|_{15}^{24} = \frac{27}{2},$$

$$PS = \int_{9}^{15}\left(\frac{p}{2} - \frac{9}{2}\right)\mathrm{d}p = \left(\frac{p^2}{4} - \frac{9p}{2}\right)\Big|_{9}^{15} = 9.$$

5.4.3　定积分在国民收入中的应用

现在,我们讨论国民收入分配不平等的问题. 观察图 5-23 中的劳伦茨(MOLorenz)曲线.

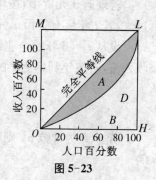

图 5-23

横轴 OH 表示人口(按收入由低到高分组)的累计百分比,纵轴 OM 表示收入的累计百分比. 当收入完全平等时,人口累计百分比等于收入累计百分比,劳伦茨曲线为通过原点、倾角为 45°的直线;当收入完全不平等时,极少部分(例如 1%)的人口却占有几乎全部(100%)的收入,劳伦茨曲线为折线 OHL. 实际上,一般国家的收入分配,既不会是完全平等,也不会是完全不平等,而是在两者之间,即劳伦茨曲线是图 5-23 中的凹曲线 ODL.

易见劳伦茨曲线与完全平等线的偏离程度的大小(即图 5-23 示阴影面积),决定了该国国民收入分配不平等的程度.

为方便计算,取横轴 OH 为 x 轴,纵轴 OM 为 y 轴,再假定该国某一时期国民收入分配的劳伦茨曲线可近似表示为 $y = f(x)$, 则

$$A = \int_0^1 [x - f(x)]\mathrm{d}x = \frac{1}{2}x^2\Big|_0^1 - \int_0^1 f(x)\mathrm{d}x = \frac{1}{2} - \int_0^1 f(x)\mathrm{d}x.$$

即　不平等面积 A = 最大不平等面积,

$$(A + B) - B = 12 - \int_0^1 f(x)\mathrm{d}x.$$

系数 $\dfrac{A}{A+B}$ 表示一个国家国民收入在国民之间分配的不平等程度,经济学上,称为基尼(Gini)系数,记作 G.

$$G = \frac{A}{A+B} = \left(\frac{1}{2} - \int_0^1 f(x)\mathrm{d}x\right)\Big/\left(\frac{1}{2}\right) = 1 - 2\int_0^1 f(x)\mathrm{d}x.$$

显然, $G = 0$ 时,是完全平等情形; $G = 1$ 时,是完全不平等情形.

例 10　某国某年国民收入在国民之间分配的劳伦茨曲线可近似地由 $y = x^2$, $x \in [0, 1]$ 表示,试求该国的基尼系数.

解 如图 5-23 所示,有 $A = \dfrac{1}{2} - \displaystyle\int_0^1 f(x)\mathrm{d}\,x = \dfrac{1}{2} - \int_0^1 x^2\mathrm{d}\,x$

$$= \dfrac{1}{2} - \dfrac{1}{3}x^3\Big|_0^1 = \dfrac{1}{2} - \dfrac{1}{3} = \dfrac{1}{6}.$$

故所求基尼系数 $\dfrac{A}{A+B} = \dfrac{1/6}{1/2} = \dfrac{1}{3} = 0.33.$

5.4.4 定积分在计算收入流的现值与终值中的应用

若现有 a 元货币,按年利率为 r 作连续复利计算,则 t 年后的价值为 $a\mathrm{e}^{rt}$ 元. 反过来,若 t 年后有货币 a 元,则按连续复利计算,资本现值为 $a\mathrm{e}^{-rt}$ 元.

设从 $t=0$ 开始企业连续获得收入,在 t 时刻企业获得收入为 $f(t)$,称 $f(t)$ 为收入流,若按年利率为 r 的连续复利计算,该企业在 $[0,T]$ 内的总收入的现值为

$$F = \int_0^T f(t)\mathrm{e}^{-rt}\mathrm{d}t.$$

若 $f(t)$ 为常数 a,则称之为均匀收入流,此时在第 T 年收入的终值为

$$F = \int_0^T a\mathrm{e}^{r(T-t)}\mathrm{d}\,t = \dfrac{a}{r}(\mathrm{e}^{rT} - 1).$$

而在 $t=0$ 时刻的资本现值为

$$F_0 = \int_0^T a\mathrm{e}^{-rt}\mathrm{d}\,t = \dfrac{a}{r}(1 - \mathrm{e}^{-rT}).$$

反之如果已知企业的总收入的现值为 F,由 $\dfrac{a}{r}(1-\mathrm{e}^{-rT}) = F$ 得

$$T = \dfrac{1}{r}\ln\dfrac{a}{a - Fr},$$

即收回投资的时间为 $T = \dfrac{1}{r}\ln\dfrac{a}{a - Fr}.$

例如,若对某企业投资 $F = 800$(万元),年利率为 5%,设在 20 年中的均匀收入率为 $a = 200$(万元/年),则有投资回收期为

$$T = \dfrac{1}{0.05}\ln\dfrac{200}{200 - 800\times0.05} = 20\ln 1.25 \approx 4.46\,(\text{年}).$$

由此可知,该投资在 20 年内可得纯利润为 1 728.2 万元,投资回收期约为 4.46 年.

例 11 一位居民准备购买一座别墅,现价为 300 万元. 如以分期付款的形式

购买,经测算每年需付 21 万元,20 年付清. 银行的存款利率为 4%,按连续复利计息,请你帮这位购房者作一决策:采用一次性付款划算,还是分期付款划算?

解　若分期付款,付款总额的现值为

$$F_0 = \int_0^{20} 21\mathrm{e}^{-0.04t}\,\mathrm{d}t = \frac{21}{0.04}(1-\mathrm{e}^{-0.8}) \approx 289.1\,(万元).$$

付款总额现值小于 300 万元,所以分期付款划算.

例 12　有一特大型的水电投资项目,投资总成本为 10^6 万元,竣工后每年可得收入 6.5×10^4(万元),若年利率为 5%,计算连续复利,求投资回收期.

解　项目竣工后 T 年总收入的现值为

$$F_0(T) = \int_0^T 6.5\times10^4\mathrm{e}^{-0.05t}\mathrm{d}t = 1.3\times10^6(1-\mathrm{e}^{-0.05T})\,(万元),$$

当总收入的现值等于投资总成本时,收回投资. 即

$$1.3\times10^6(1-\mathrm{e}^{-0.05T}) = 10^6,$$

解得

$$T = \frac{1}{0.05}\ln\frac{13}{3} \approx 29.33\,(年).$$

例 13　一对夫妇准备为孩子存款积攒学费,目前银行的存款的年利率为 5%,以连续复利计算,若他们打算 10 年后攒够 5 万元,计算这对夫妇每年应等额地为其孩子存入多少钱?

解　设这对夫妇每年应等额地为其孩子存入 A 元(即存款流为 $f(t)=A$),使得 10 年后存款总额的将来值达到 5 万元,由公式得

$$\int_0^{10} A\mathrm{e}^{0.02(10-t)}\mathrm{d}t = 50\,000,$$

又　　　　$$\int_0^{10} A\mathrm{e}^{0.02(10-t)}\mathrm{d}t = \frac{A\mathrm{e}^{0.2}-1}{0.02},$$

得 $A = \dfrac{50\,000\times0.02}{\mathrm{e}^{0.2}-1} \approx 4\,517\,(元).$

即这对夫妇每年应等额地存入 4 517 元,10 年后才能为孩子攒够 5 万元的学费.

例 14　有一个大型投资项目,投资成本为 $A=1\,000$(万元),投资年利率为 5%,每年的均匀收入率为 $a=2\,000$(万元),求该投资为无限期时的纯收入的贴现值(或称为投资的资本价值).

解 由已知条件收入率为 $a = 2\,000$（万元），年利率 $r = 5\%$，故无限期的投资的总收入的贴现

$$y = \int_0^{+\infty} a\mathrm{e}^{-rt}\,\mathrm{d}t = \int_0^{+\infty} 2\,000\mathrm{e}^{-0.05t}\,\mathrm{d}t = \lim_{b \to +\infty} \int_0^b 2\,000\mathrm{e}^{-0.05t}\,\mathrm{d}t$$

$$= \lim_{b \to +\infty} \frac{2\,000}{0.05}\left[1 - \mathrm{e}^{-0.05b}\right] = 2\,000 \times \frac{1}{0.05}$$

$$= 40\,000 \text{（万元）}.$$

从而投资为无限期时的纯收入贴现值为

$$R = y - A = 40\,000 - 10\,000 = 30\,000 \text{（万元）} = 3 \text{ 亿元}.$$

练习

1. 某房现售价 15 万元，分期付款购买，10 年付清，每月付款数相同，年利率为 4.05%. 按连续复利计算，每月应该付款多少元？

2. 在研究地区的投资问题时，发现净投资（资本形成率）流量（亿元）是时间 t（年）的函数 $f(t) = 9\sqrt{t}$，试求：

(1) 9 年后的资本积累及平均投资量；

(2) 若初始资本为 50 亿元，问 9 年后该地区的资本总和是多少？

习 题 5-4

1. 某产品的生产是连续进行的，总产量 Q 是时间 t 的函数，如果总产量的变化率为

$$Q'(t) = \frac{324}{t^2}\mathrm{e}^{-\frac{9}{t}} \quad \text{（单位：吨/日）.}$$

求投产后从 $t = 3$ 到 $t = 30$ 这 27 天的总产量.

2. 某产品每天生产 q 单位的固定成本为 20 元，边际成本函数为 $C'(q) = 0.4q + 2$（元/单位）. 求总成本函数 $C(q)$. 如果该产品的销售单价为 18 元，且产品可以全部售出，求总利润函数 $L(q)$. 问每天生产多少单位时才能获得最大利润？

3. 已知边际收入为 $R'(q) = 3 - 0.2q$，q 为销售量. 求总收入函数 $R(q)$，并确定最高收入的大小.

4. 已知某商品每周生产 q 个单位时，总成本变化率为 $C'(q) = 0.4q - 12$（元/单位），固定成本 500.

(1) 求总成本 $C(q)$；

(2) 如果这种商品的销售单价是 20 元，求总利润 $L(q)$，并问每周生产多少单位时才能获得最大利润？

5. 某投资项目的成本为 100 万元，在 10 年中每年可收益 25 万元，投资率为 5%，试求这 10 年中该项目投资的纯收入的贴现值.

复习题 5

一、填空题.

1. $\int_1^e \dfrac{\mathrm{d}\,x}{x(2+\ln^2 x)} = $ _____.

2. $\int_{-\frac{\pi}{2}}^{\frac{\pi}{2}} (x^{2011}+\sin^2 x)\cos^2 x = $ _____.

3. 设 $f(x)$ 连续,且满足方程 $2f(x) = 2012x^{2011} + x\int_0^1 f(t)\mathrm{d}t$,则 $f(x) = $ _____.

4. 由曲线 $y = \dfrac{1}{2}x^2$ 与 $x = 4y^2$ 所围成的图形绕 x 轴旋转而成的旋转体体积 $V = $ _____.

5. $\int_0^1 \dfrac{x^3+x}{1+x^4}\mathrm{d}\,x = $ _____.

6. 设 $f(x)$ 有一个原函数 $\dfrac{\sin x}{x}$,则 $\int_{\frac{\pi}{2}}^{\pi} xf'(x)\mathrm{d}\,x = $ _____.

7. 由曲线 $y = 2x - \dfrac{1}{2}x^2$ 与直线 $y = a$ 及 y 轴在第一象限所围平面图形的面积是仅由曲线 $y = 2x - \dfrac{1}{2}x^2$ 及直线 $y = a$ 所围图形面积的 $\dfrac{1}{2}$ 倍,则 $a = $ _____.

二、计算下列定积分.

1. $\int_0^1 x^{100}\mathrm{d}x$,   **2.** $\int_1^4 \sqrt{x}\mathrm{d}x$,   **3.** $\int_0^1 \mathrm{e}^x \mathrm{d}x$,   **4.** $\int_0^1 100^x \mathrm{d}x$,

5. $\int_0^{\frac{\pi}{2}} \sin x\mathrm{d}x$,   **6.** $\int_0^1 x\mathrm{e}^{x^2}\mathrm{d}x$,   **7.** $\int_0^{\frac{\pi}{2}} \sin(2x+\pi)\mathrm{d}x$,

8. $\int_0^{\pi} \cos\left(\dfrac{x}{4}+\dfrac{\pi}{4}\right)\mathrm{d}x$,   **9.** $\int_1^e \dfrac{\ln x}{2x}\mathrm{d}x$,   **10.** $\int_0^1 \dfrac{\mathrm{d}x}{100+x^2}$,

11. $\int_0^2 |1-x|\mathrm{d}x$,   **12.** $\int_{-2}^1 x^2|x|\mathrm{d}x$,   **13.** $\int_0^{2\pi} |\sin x|\mathrm{d}x$.

三、应用题.

1. 设边际成本函数 $C'(Q) = 2\mathrm{e}^{0.1Q}$,固定成本 $C(0) = 50$,求总成本函数 $C(Q)$.

2. 设某产品的边际收益函数为 $R'(Q) = 10(10-Q)\mathrm{e}^{-\frac{Q}{10}}$,其中 Q 为产量(销售量),$R = R(Q)$ 为总收益,求该产品的总收益函数.

3. 某产品生产 Q 个单位时,固定成本为 20 元,边际成本函数为

$$C'(Q) = 0.4Q + 2.$$

(1) 求成本函数 $C(Q)$;

(2) 如果这种产品销售价为 18 元/单位,且产品可以完全售出,求利润函数 $L(Q)$;

(3) 生产多少个单位产品时,才能获得最大利润?

4. 若某产品生产 Q 个单位时，总收益的变化率（即边际收益）为

$$R'(x) = 200 - \frac{x}{100}(x \geqslant 0).$$

(1) 求生产该产品 50 个单位时的总收益；

(2) 如果已经生产了 100 个单位，求再生产 100 个单位时，总收益的增加量.

5. 已知某类产品总产量 Q 在时刻 t 的变化率为 $Q'(t) = 250 + 32t - 0.6t^2 (\text{kg/h})$. 求从 $t = 2$ 到 $t = 4$ 这两小时之间的产量.

6. 过坐标原点作曲线 $y = e^x$ 的切线 l，切线 l 与曲线 $y = e^x$ 及 y 轴围成的平面图形标记为 G. 求：

(1) 切线 l 的方程；

(2) G 的面积；

(3) G 绕 x 轴旋转而成的旋转体体积.

7. 用 G 表示由曲线 $y = \ln x$ 及直线 $x + y = 1$，$y = 1$ 围成的平面图形.

(1) 求 G 的面积；

(2) 求 G 绕 y 轴旋转一周而成的旋转体的体积.

8. 有一个大型投资项目，投资成本为 $A = 10\,000$（万元），投资年利率为 5%，每年的均匀收入率为 $a = 2\,000$（万元），求该投资为无限期的纯收入的贴现值（或称为投资的资本价值）.

9. 设某产品的总产量 $Q(t)$ 的变化率为 $Q'(t) = \dfrac{60}{t^2}e^{-\frac{2}{t}}$（万吨/年），求：

(1) 投产后多少年可使平均年产量达到最大值？并求出此最大值；

(2) 在达到平均年产量最大值后，再生产 2 年，这 2 年的平均年产量是多少？

10. 某工厂生产某产品 Q（百台）的边际成本为 $C'(Q) = 2$（万元/百台），设固定成本为 0，边际收益为 $R'(Q) = 7 - 2Q$（万元/百台）. 求：

(1) 生产量为多少时，总利润 $L = L(Q)$ 最大？最大总利润是多少？

(2) 在利润最大的生产量的基础上又生产了 50 台，总利润减少多少？

11. 已知某产品的固定成本为 1 万元，边际收益和边际成本分别为（单位：万元/百台）

$$R'(Q) = 8 - Q, \qquad C'(Q) = 4 + \frac{Q}{4}.$$

(1) 求产量由 1 百台增加到 5 百台时，总收益增加了多少？

(2) 求产量由 2 百台增加到 5 百台时，总成本增加了多少？

(3) 求产量为多少时，总利润最大；

(4) 求总利润最大时的总收益、总成本和总利润.

12. 某公司按利率 10%（连续复利）贷款 100 万元购买某种设备，该设备使用 10 年后报废，公司每年可收入 b 万元.

(1) b 为何值时，公司不会亏本？

(2) 当 $b = 20$ 万元时，求内部利率（应满足的方程）；

(3) 当 $b = 20$ 万元时，求收益的资本价值.

13. 某地区居民购买冰箱的消费支出 $W(x)$ 的变化率是居民总收入 x 的函数，$W'(x) = \dfrac{1}{200\sqrt{x}}$，当居民收入由 4 亿元增加至 9 亿元时，购买冰箱的消费支出增加多少？

14. 已知生产某产品的边际成本 $C'(x) = 3x^2 - 18x + 30$，问当产量 x 由 12 单位减少到 3 单位时，总成本减少多少？

15. 已知某商场销售电视的边际利润为 $L'(x) = 250 - \dfrac{x}{10}(x \geqslant 20)$，试求：

（1）售出 40 台电视的总利润.

（2）售出 60 台，前 30 台与后 30 台的平均利润各是多少？

习 题 答 案

第 1 章

习题 1-1

1. 不同;　相同;　　不同;　　相同.

2. (1) $D=[2, 4]$;　　(2) $D=(-1, 1)$;　　(3) $D=[3, +\infty)$;

(4) $D=[-4, -3]\bigcup[2, 3]$.

3. (1) $y=\sqrt{u}$, $u=3x-1$;

(2) $y=u^5$, $u=1+\lg x$;

(3) $y=\mathrm{e}^u$, $u=-x$;

(4) $y=\ln u$, $u=1-x$;

(5) $y=\ln u$, $u=\sqrt{v}$, $v=1+x$;

(6) $y=\arccos u$, $u=1-x^2$;

(7) $y=\mathrm{e}^u$, $u=\sqrt{v}$, $v=x+1$;

(8) $y=u^3$, $u=\sin v$, $v=2x^2+3$;

(9) $y=\ln u, u=\sin v, v=w^2, w=2x+1$;

(10) $y=u^2$, $u=\arctan v$, $v=\dfrac{2x}{1-x^2}$.

4. $R=p.\ q=q\left(40-\dfrac{1}{5}q\right)=40q-\dfrac{1}{5}q^2$.

5. 总利润为 $L(20)=140$(万元).

习题 1-2

1. (1) 4;　(2) 4;　(3) 0;　(4) 4.

2. $\lim\limits_{x\to 0}f(x)=1, \lim\limits_{x\to 0}\varphi(x)$ 不存在.

3. $\lim\limits_{x\to 1^-}f(x)=4, \lim\limits_{x\to 1^+}f(x)=4; \lim\limits_{x\to 1}f(x)=4.$

4. (1) 0;　(2) $-\infty$;　(3) ∞.

5. 不存在,也不为 ∞.

习题 1-3

1. (1) 无穷小;　　(2) 无穷小;　　(3) 无穷小;　　(4) 无穷大.

2. x^2-x^3.

3. 当 $x\to 3$ 时函数是无穷大;当 $x\to\infty$ 时函数是无穷小.

4. (1) ∞;　　　(2) 0;　　　　(3) 0;　　　　(4) 0.

习题 1-4

1. (1) 2;　(2) 0;　(3) $\dfrac{5}{3}$;　(4) ∞;　(5) $\dfrac{2}{3}$;　(6) 3.

2. (1) $\dfrac{2^{30}\cdot 3^{20}}{5^{50}}$;　　(2) $-\dfrac{1}{2}$;　　(3) ∞;　　(4) 0;　　(5) $-\dfrac{9}{125}$;　　(6) 0;　　(7) $-\dfrac{1}{2}$;

(8) $-\dfrac{1}{2}$;　　(9) $3x^2$;　　(10) $\dfrac{3}{4}$.

3. (1) 0； (2) ∞； (3) $\dfrac{1}{3}$.

习题 1-5

1. (1) $\dfrac{3}{2}$； (2) 2； (3) $\dfrac{1}{2}$； (4) $e^{-\frac{1}{2}}$； (5) e^2.

2. (1) π； (2) $\cos a$； (3) $\dfrac{1}{2}$； (4) 2； (5) 0； (6) $\dfrac{2}{3}$； (7) $\dfrac{1}{2}$， (8) e^8；

(9) $e^{-\frac{2}{3}}$； (10) e^{-2}； (11) e^5； (12) e.

3. (1) $\dfrac{25}{2}$； (2) $3\sqrt{2}$； (3) 4； (4) $\dfrac{1}{3}$.

习题 1-7

1. 1.75；-1.25.

2. (1) 函数在 $x=0$ 不连续. (2) 函数在 $x=0$ 连续. (3) 函数在 $x=0$ 连续.

3. $f(x)$ 在点 $x=\dfrac{1}{2}$ 和 $x=2$ 的连续，点 $x=1$ 是 $f(x)$ 的第一类间断点 $f(x)$ 的连续区间为 $[0,\ 1)\bigcup(1,\ +\infty)$.

4. $c=2$.

复习题 1

一、**1.** A. **2.** D. **3.** C. **4.** A. **5.** C. **6.** C. **7.** A. **8.** C. **9.** D. **10.** C.

二、**1.** 2. **2.** 1. **3.** 0. **4.** 5. **5.** e^{-2}. **6.** $x=1$、2. **7.** $(-\infty,\ +\infty)$ $[0,\ +\infty)$.

8. $(-\infty,\ +\infty)$ $\{-1,\ 0,\ 1\}$.

9. 在某一极限过程中，以 0 为极限的变量，称为该极限过程中的无穷小量.

10. ①函数 $y=f(x)$ 在点 x_0 处有定义；②$x\to x_0$ 时极限 $\lim\limits_{x\to x_0}f(x)$ 存在；③极限值与函数

值相等，即 $\lim\limits_{x\to x_0}f(x)=f(x_0)$.

三、**1.** $\dfrac{1}{2}$. **2.** $\dfrac{1}{2}$. **3.** 0. **4.** -1. **5.** 1. **6.** e^2. **7.** $\dfrac{1}{6}$. **8.** $\dfrac{1}{6}$.

9. $-\dfrac{1}{2}$. **10.** 3. **11.** $e^{\frac{1}{k}}$. **12.** e^{-1}. **13.** e^k. **14.** e^2. **15.** 1. **16.** $\ln 3$.

17. (1) 不存在； (2) 存在. **18.** 函数在 $x=0$ 处连续.

19. 间断，函数在 $x=1$ 处无定义且左右极限不存在，第二类间断点.

20. 证明：设 $f(x)=2x^3-3x^2+2x-3$，则在 $[1,\ 2]$ 上连续，$f(1)=-2<0,f(2)=5>0$ 根据零点定理，必存在一点 $\xi\in(1,\ 2)$ 使 $f(\xi)=0$，则 $x=\xi$ 就是方程的根.

第 2 章

习题 2-1

1. (1) -6； (2) 6； (3) -4. **2.** (1) $6x$； (2) $\dfrac{1}{2\sqrt{x}}$. **3.** $y-6x+9=0$.

4. $(6,\ 36)$；$\left(\dfrac{3}{2},\ \dfrac{9}{4}\right)$. **7.** $a=2,\ b=-2$.

习题 2-2

1. (1) $y' = 6x - 1$;　　　　　(2) $y' = 4x + \dfrac{5}{2} x^{\frac{3}{2}}$;

(3) $y' = 2x - \dfrac{5}{2} x^{-\frac{7}{2}} - 3x^{-4}$;　(4) $y' = \dfrac{1}{\sqrt{x}} + \dfrac{1}{x^2}$;

(5) $y' = 3\sqrt{x} - \dfrac{3}{2\sqrt{x}} - \dfrac{2}{\sqrt{x^3}}$;　(6) $y' = -\dfrac{1}{2\sqrt{x^3}} - \dfrac{1}{2\sqrt{x}}$;

(7) $y' = \dfrac{1}{2x} \log_5 e$;　　　(8) $y' = x - \dfrac{4}{x^3}$;

(9) $y' = \dfrac{2}{(1-x)^2}$;　　　(10) $y' = 20x + 65$;

(11) $y' = xe^x(2+x)$;　　　(12) $y' = \dfrac{3^x(x^3 \ln 3 + \ln 3 - 3x^2) + 3x^2}{(x^3+1)^2}$;

(13) $y' = \dfrac{\sin x - x\ln x\cos x}{x\sin^2 x}$.

2. (1) $(\pi+2)\dfrac{\sqrt{2}}{8}$;　(2) $\dfrac{8}{(\pi+2)^2}$.

3. $y = 2x$;　$y = -2x + 4$.

习题 2-3

1. (1) $y' = 2x\cos(x^2+1)$;　　　(2) $y' = \dfrac{1}{\sqrt{2x+3}}$

(3) $y' = -e^{-x}$;　　　　　(4) $y' = \dfrac{2x+1}{x^2+x+1}$;

(5) $y' = \dfrac{5}{1+25x^2}$;　　　(6) $y' = \dfrac{3(\arcsin x)^2}{\sqrt{1-x^2}}$;

(7) $y' = \dfrac{x-1}{\sqrt{x^2-2x+5}}$;　　(8) $y' = \dfrac{4x}{3+2x^2} \log_3 e$;

(9) $y' = -e^{-x}(\cos 3x + 3\sin 3x)$;　(10) $y' = 2\sin x\cos 3x$;

(11) $y' = -\dfrac{3}{4}\cos\dfrac{x}{2}\sin x$;　(12) $y' = xe^{-2x}(2\sin 3x - 2x\sin 3x + 3x\cos 3x)$.

习题 2-4

1. (1) $\dfrac{2x-y}{x+2y}$;　(2) $-\dfrac{\sqrt{y}}{\sqrt{x}}$;　(3) $y' = \dfrac{-e^y - ye^x}{xe^y + e^x}$;　(4) $y' = \dfrac{2xy - x^2}{y^2 - x^2}$.

2. (1) $y' = (\cos x)^{\sin x} \left(\cos x\ln\cos x - \dfrac{\sin^2 x}{\cos x} \right)$;

(2) $y' = \sqrt{\dfrac{1-x}{1+x}} \cdot \dfrac{1-x-x^2}{1-x^2}$;

(3) $y' = \dfrac{\sqrt{x+2}(3-x)}{(2x+1)^5} \left[\dfrac{1}{2(x+2)} - \dfrac{1}{3-x} - \dfrac{10}{2x+1} \right]$;

(4) $y' = \dfrac{x^2}{1-x}\sqrt[3]{\dfrac{5-x}{(3+x)^2}} \left(\dfrac{2}{x} + \dfrac{1}{1-x} - \dfrac{1}{3(5-x)} - \dfrac{2}{3(3+x)} \right)$;

(5) $y' = 2x^{\sqrt{x}}\left(\dfrac{\ln x}{2\sqrt{x}} + \dfrac{1}{\sqrt{x}}\right)$;

(6) $y' = (\sin x)^{\ln x}\left(\dfrac{1}{x}\ln\sin x + \cot x \ln x\right)$;

3. $y - 2 = \dfrac{2}{3}(x-1)$.

4. $x + y - 8 = 0; x - y = 0$.

5. (1) $y'' = \dfrac{-2(1+x^2)}{(1-x^2)^2}$;　(2) $y'' = 2\arctan x + \dfrac{2x}{1+x^2}$;　(3) $y^{(4)} = \dfrac{6}{x}$.

习题 2-5

1. (1) $\Delta y = \mathrm{d}y = 0.06$;　(2) $\Delta y = -0.2975$; $\mathrm{d}y = -0.3$.

2. (1) $\mathrm{d}y\big|_{x=0} = \mathrm{d}x$, $\mathrm{d}y\big|_{x=1} = \dfrac{1}{4}\mathrm{d}x$;　(2) $\mathrm{d}y\big|_{x=0} = \mathrm{d}x$, $\mathrm{d}y\big|_{x=\frac{\pi}{4}} = \mathrm{e}^{\frac{\sqrt{2}}{2}}\dfrac{\sqrt{2}}{2}\mathrm{d}x$.

3. (1) $\mathrm{d}y = (4x^3+5)\mathrm{d}x$;　　　(2) $\mathrm{d}y = \left(-\dfrac{1}{x^2} + \dfrac{1}{\sqrt{x}}\right)\mathrm{d}x$;

(3) $\mathrm{d}y = 3\cos 3x\,\mathrm{e}^{\sin 3x}\mathrm{d}x$;　(4) $\mathrm{d}y = 2(\mathrm{e}^{2x} - \mathrm{e}^{-2x})\mathrm{d}x$;

(5) $\mathrm{d}y = \dfrac{4x^3}{1+x^4}\mathrm{d}x$;　　　(6) $\mathrm{d}y = (-\mathrm{e}^{-x} - \sin(3-x))\mathrm{d}x$.

4. (1) 2.7455;　(2) -0.02;　(3) 10.0333;　(4) 1.01667.

5. $0.06\pi \mathrm{m}^3$.　　**6.** $\left|\dfrac{\mathrm{d}R}{R}\right| \leqslant \dfrac{1}{300}$.

复习题 2

一、**1.** B.　**2.** A.　**3.** A.　**4.** B.　**5.** B.　**6.** D.　**7.** B.　**8.** D.　**9.** B.　**10.** C.

二、**1.** $0.01, 00001$.　**2.** $0, 18$.　**3.** $\dfrac{1}{4\sqrt{2}}, \dfrac{1}{8\sqrt{3}}$.　**4.** $0, \dfrac{3}{4(1-t)}$.　**5.** $1, 1, 2$.

6. $(\sin 2x + 2x\cos 2x)\mathrm{d}x$, $\dfrac{2\ln(1-x)}{x-1}\mathrm{d}x$.　**7.** $\dfrac{3}{2}x^2 + c, -\dfrac{1}{2}\cos 2x + c, -\dfrac{1}{2}\mathrm{e}^{-2x} + c$.

8. $y'(0) = -\mathrm{e}^1, y''(0) = \mathrm{e}^{-2}$.　　**9.** 0 或 $\dfrac{2}{3}$.　　　**10.** 0.

三、**1.** (1) $y' = 6x$;　　　　　　　　(2) $y' = 6x(x^2-1)^2$;

(3) $y' = 3x^2\log_3 x + \dfrac{x^2}{\ln 3}$;　　(4) $y' = \dfrac{x\sec^2 x - \tan x}{x^2}$;

(5) $y' = \dfrac{1-\cos x - x\sin x}{(1-\cos x)^2}$;　(6) $y' = \dfrac{x^2 - 4x - 1}{(x^2+x+1)^2}$.

2. (1) $\mathrm{d}y = \left(-\dfrac{1}{x^2} + \dfrac{\sqrt{x}}{x}\right)\mathrm{d}x$;　(2) $\mathrm{d}y = (\sin 2x + 2x\cos 2x)\mathrm{d}x$;

(3) $\mathrm{d}y = 2x(1+x)\mathrm{e}^{2x}\mathrm{d}x$;　　(4) $\mathrm{d}y = \dfrac{-2x}{1+x^4}\mathrm{d}x$.

3. 略.　**4.** 略.　**5.** 略.

6. $a = 6, b = -9$.

7. $v = 50$.

8. 切线方程是 $y - y_0 = 3x_0^2(x - x_0)$.

法线方程为 $y - y_0 = -\dfrac{1}{3x_0^2}(x - x_0)$. ($x_0 \neq 0$)

9. $(1, 0)$.

10. 0.985.

11. (1) $f''(x) = \dfrac{1}{x}$;

(2) $f'(x) = 4x(3 - 2x^2)e^{-x^2}$;

(3) $f^{(5)}(x) = 24(x+1)^{-5}$;

(4) $f^{(10)}(x) = (x^3 + 30x^2 + 270x + 720)e^x$.

12. 它的绝对误差 $4.3\pi\ \text{cm}^2$，其相对误差 0.93%.

13. $\dfrac{\pi}{2} - \arctan\dfrac{2}{5}$.

第 3 章

习题 3-1

1. (1) 9.5; (2) 22.

2. (1) $C'(x) = 5 + 4x$, $R'(x) = 200 + 2x$, $L'(x) = 195 - 2x$, (2) 145.

3. (1) $R(Q) = PQ = 10Q - \dfrac{1}{5}Q^2$, $\bar{R}(Q) = 10 - \dfrac{1}{5}Q$, $R'(Q) = 10 - \dfrac{2}{5}Q$;

(2) $R(20) = 120$, $\bar{R}(20) = 6$, $R'(20) = 2$.

4. $Q'(10) = -0.432$,

其经济意义为：巧克力糖价格由原 10 元价再增加 1 元. 每周需求量将减少 0.432 公斤.

5. (1) $R'(Q) = 104 - 0.8Q$; (2) 64; (3) $\dfrac{3}{8}$.

6. (1) $\eta(p) = \dfrac{p}{5}$.

(2) $\eta(3) = 0.6 < 1$, 说明当 $p = 3$ 时，需求变动的幅度小于价格变动的幅度，即 $p = 3$ 时，价格上涨 1%，需求减少 0.6%.

$\eta(5) = 1$, 说明当 $p = 5$ 时，价格与需求变动的幅度相同.

$\eta(6) = 1.2 > 1$, 说明当 $p = 6$ 时，需求变动的幅度大于价格变动的幅度，即 $p = 6$ 时，价格上涨 1%，需求减少 1.2%.

7. (1) $Q'(6) = -24$,

说明当价格为 6 时，再提高(下降)一个单位价格，需求将减少(增加)24 个单位商品量.

(2) $\eta(6) = 1.85$,

说明价格上升(下降)1%，则需求减少(增加)1.85%.

(3) $\dfrac{ER}{EP}\Big|_{P=6} = 0.846$,

说明当价格价格下降 2%,总收益增加 $(0.846×2)\%$,即 1.692%.

8. $10<p<20$.

习题 3-2

1. (1) $[-1,3]$ 单调减少；$(-\infty,-1]$,$[3,+\infty)$ 单调增加；

(2) $(-\infty,-2)$,$(-1,1)$ 单调减少,$(-2,-1)$,$(1,+\infty)$ 单调增加；

(3) $(0,+\infty)$ 单调增加,$(-1,0)$ 单调减少；

(4) $(-\infty,-2)$,$(0,+\infty)$ 单调增加,$(-2,-1)$,$(-1,0)$ 单调减少；

(5) $(-\infty,-1)$,$(0,1)$ 单调减少,$(-1,0)$,$(1,+\infty)$ 单调增加；

(6) $(0,+\infty)$ 单调增加,$(-\infty,0)$ 单调减少；

(7) $(-\infty,+\infty)$ 单调减少；

(8) $(-\infty,-1)$ 单调减少；$(-1,+\infty)$ 单调增加；

(9) $(0,2)$ 单调减少,$(2,+\infty)$ 单调增加；

(10) $(0,1)$ 单调增加.

2. (1) 极大值 $y(0)=0$,极小值 $y(1)=-1$；

(2) 极小值 $y(-1)=-5$；

(3) 极小值 $y(\mathrm{e}^{-\frac{1}{2}})=-\dfrac{1}{2\mathrm{e}}$；

(4) 极大值 $y(2)=4\mathrm{e}^{-2}$,极小值 $y(0)=0$.

3. (1) 极小值 $y(2)=-5$；　　(2) 极小值 $y(0)=0$；　　　　(3) 无极值；

(4) 极大值 $y(1)=1$,极小值 $y(-1)=-1$；

(5) 极大值 $y\left(\dfrac{12}{5}\right)=\dfrac{1}{24}$；　　(6) 极大值 $y(2)=3$.

4. (1) 极大值 $y(-1)=0$,极小值 $y(3)=-32$；

(2) 极大值 $y\left(\dfrac{7}{3}\right)=\dfrac{4}{27}$,极小值 $y(3)=0$；

(3) 极小值 $y\left(-\dfrac{1}{2}\ln 2\right)=2\sqrt{2}$；

(4) 极大值 $y(1)=y(-1)=1$,极小值 $y(0)=0$.

习题 3-3

1. (1) 最小值 $y\big|_{x=0}=0$,最大值 $y\big|_{x=4}=8$；

(2) 最小值 $y\big|_{x=2}=2$,最大值 $y\big|_{x=10}=66$；

(3) 最大值 $y\big|_{x=0.01}=1\,000.001$,最小值 $y\big|_{x=1}=2$；

(4) 最小值 $y\big|_{x=0}=1$,最大值 $y\big|_{x=4}=\dfrac{3}{5}$

2. 当小正方形的边长为 $\dfrac{1}{3}(10-2\sqrt{7})$ 时,盒子的容积最大.

3. 取 $\dfrac{24\pi}{4+\pi}$ 厘米的一段作圆,$\dfrac{96}{4+\pi}$ 厘米的一段作正方形.

4. $q=140$.　　　　**5.** $p=25$.　　　　**6.** $q=250$.　　　　**7.** $q=20$.

8. 底半径为 $\sqrt[3]{\dfrac{150}{\pi}}$ 米，高为底半径的两倍. **9.** $x=0$.

习题 3-4

1. (1) $x=b$, $y=c$;　　(2) $x=2$, $y=0$.

2. (1) 拐点 $\left(\dfrac{5}{3}, -\dfrac{250}{27}\right)$, $\left(-\infty, \dfrac{5}{3}\right)$ 下凹, $\left(\dfrac{5}{3}, +\infty\right)$ 上凹;

　　(2) 拐点 $(0,0)$, $(-\infty, 0)$ 下凹, $(0, +\infty)$ 上凹;

　　(3) 拐点 $\left(\dfrac{2}{3}, \dfrac{16}{27}\right)$, $\left(-\infty, \dfrac{2}{3}\right)$ 上凹, $\left(\dfrac{2}{3}, +\infty\right)$ 下凹;

　　(4) 拐点 $(1, \ln 2)$, $(-1, \ln 2)$. 区间 $(-1, 1)$ 上凹, $(-\infty, -1)$, $(1, +\infty)$ 下凹.

3. 略.

复习题 3

一、**1.** B. **2.** A. **3.** C. **4.** C. **5.** C. **6.** C. **7.** D. **8.** C. **9.** C. **10.** A.

11. C. **12.** A.

二、**1.** $(0, +\infty)$. **2.** 3. **3.** 0. **4.** $\left(-\dfrac{1}{2}, 20\dfrac{1}{2}\right)$. **5.** 4. **6.** 0. **7.** 1.

8. 3. **9.** $y=0$. **10.** $\dfrac{1}{2}$. **11.** $y=1$. **12.** 1. **13.** $-\dfrac{3}{2}$; $\dfrac{9}{2}$. **14.** $(-\infty, -1)$.

15. $(1, 0)$. **16.** $(-\infty, -1) \bigcup (0, 1)$. **17.** $\left(-\infty, -\dfrac{2}{3}\right) \bigcup (0, +\infty)$. **18.** $(0, 0)$.

19. $x=0$, $y=0$. **20.** $(0, 2)$.

三、**21.** $\dfrac{5}{9}$. **22.** $-\dfrac{5}{4}$. **23.** $-\dfrac{1}{2}$. **24.** $-\dfrac{1}{2}$. **25.** $\dfrac{1}{2}$. **26.** $\dfrac{1}{2}$. **27.** 1.

四、**1.** $y=2x^2-\ln x$, 　单调减区间 $\left(0, \dfrac{1}{2}\right)$, 　单调增区间 $\left(\dfrac{1}{2}, +\infty\right)$.

2. $y=x\sqrt{4x-x^2}$, 　单调减区间 $(3, 4)$, 　单调增区间 $(0, 3)$.

3. $y=(x-1)(x+1)^3$, 　单调减区间 $\left(-\infty, \dfrac{1}{2}\right)$, 　单调增区间 $\left(\dfrac{1}{2}, +\infty\right)$.

五、**1.** 极大值 $y(-1)=17$, 　　极小值 $y(3)=-47$.

2. 极小值 $y(0)=0$.

六、**1.** 长 10 米, 　宽 15 米.

2. 长 18 米, 　宽 12 米.

3. $r=h=\dfrac{l}{\pi+4}$.

第 4 章

习题 4-1

1. (1) $\dfrac{1}{3}x^3 - \dfrac{3}{2}x^2 + 2x + C$; 　　(2) $12\arctan x + C$;

(3) $\arctan x + \arcsin x + C$;   (4) $2x - \dfrac{5\left(\dfrac{2}{3}\right)^{x}}{\ln 2 - \ln 3} + C.$

2. $y = \dfrac{1}{3}x^{3} + 1.$

3. (1) $-\dfrac{2}{3}x^{-\frac{3}{2}} + C$;   (2) $-\dfrac{4}{x} + \dfrac{4}{3}x + \dfrac{1}{27}x^{3} + C$;

(3) $\mathrm{e}^{x+1} + C$;   (4) $\sin x + \cos x + C$;

(5) $-\cot x - x + C$;   (6) $x - \arctan x + C.$

(7) $\dfrac{1}{4}x^{4} + \dfrac{1}{\ln 3}3^{x} + C$;   (8) $\dfrac{1}{2}x^{2} - x + 2\sqrt{x} - \ln|x| + C$;

(9) $x - \mathrm{e}^{x} + C$;   (10) $-\dfrac{1}{x} - \arctan x + C$;

(11) $\sin x + \cos x + C$;   (12) $\dfrac{1}{2}x - \dfrac{1}{2}\sin x + C.$

4. (1) $\sec x + C$;   (2) $\tan x + \sec x + C$;

(3) $2\arctan x + \ln|x| + C$;   (4) $\dfrac{1}{2}\tan x + C.$

5. $f(x) = x^{3} - 6x^{2} - 15x + 2.$

习题 4-2

1. (1) $-\dfrac{1}{7}$;   (2) $\dfrac{1}{9}$;   (3) -2;   (4) $-\dfrac{3}{2}$;   (5) $-\dfrac{1}{5}$;   (6) $\dfrac{1}{3}$;

(7) -1;   (8) $-1.$

2. (1) $-\dfrac{1}{2}\ln|1 - 2x| + C$;   (2) $-\dfrac{1}{18}(1 - 3x)^{6} + C$;

(3) $\arcsin \dfrac{x}{\sqrt{2}} + C$;   (4) $-\dfrac{1}{2}\ln(1 - x^{2}) + C$;

(5) $\mathrm{e}^{\mathrm{e}^{x}} + C$;   (6) $\dfrac{1}{\cos x} + C.$

3. (1) $-\dfrac{1}{2}(2 - 3x)^{\frac{2}{3}} + C$;   (2) $-\dfrac{1}{3}\mathrm{e}^{1-3x} + C$;

(3) $-\dfrac{1}{3}\cot 3x + C$;   (4) $-\dfrac{1}{2}\ln[\cos(2x - 5)] + C$;

(5) $\arcsin(\ln x) + C$;   (6) $\arctan \mathrm{e}^{x} + C$;

(7) $\dfrac{1}{6}\tan^{6}x + C$;   (8) $\dfrac{1}{2}\arctan(\sin^{2}x) + C$;

(9) $\cos \dfrac{1}{x} + C$;   (10) $\cos x + \sec x + C$;

(11) $\dfrac{3}{2}(\sin x - \cos x)^{\frac{2}{3}} + C$;   (12) $-\dfrac{10^{2\arccos x}}{2\ln 10} + C$;

(13) $2\arctan \sqrt{x} + C$;   (14) $-\dfrac{1}{x\ln x} + C.$

习题 4-3

1. (1) $\frac{1}{2}xe^{2x}-\frac{1}{4}e^{2x}+C$;　(2) $\frac{x^3}{3}\ln x-\frac{x^3}{9}+C$;

(3) $\frac{x}{2}\sin 2x-\frac{1}{4}\cos 2x+C$;　(4) $(x^2-1)\sin x+2x\cos x-2\sin x+C$.

2. (1) $-\frac{1}{4}x\cos 2x+\frac{1}{8}\sin 2x+C$;　(2) $x\ln^2 x-2x\ln x+2x+C$;

(3) $-e^{-x}(x^2+2x+2)+C$;　(4) $-\frac{1}{x}(1+\ln x)+C$.

习题 4-4

1. $Q(t)=\frac{1}{10}t^2+t$.

2. $C(q)=\frac{1}{2}q^{\frac{1}{2}}+\frac{1}{2\,000}q+10$,　$R(q)=100q-0.005q^2$.

3. $L(q)=\frac{3}{2}q^2-3q-4$.

复 习 题 4

一、**1.** D.　**2.** D.　**3.** D.　**4.** B.　**5.** A.

二、**1.** $(1-x)e^{-x}$.　**2.** $\frac{1}{6}\left[f(x^3)\right]^2+C$.

三、**1.** $\frac{1}{4}\ln|x|-\frac{1}{4}\ln|x-2|-\frac{1}{2(x-2)}+c$.　**2.** $\frac{\sqrt{4x^2-1}}{x}+c$.

3. $2(\sqrt{x}\sin\sqrt{x}+\cos\sqrt{x})+c$.　**4.** $\frac{\sqrt{2}}{2}\ln\left|\sqrt{2}\sec x+\sqrt{2\sec^2 x-1}\right|+c$.

5. $2\ln|x+1|+3\ln|x-2|+c$.　**6.** $-\frac{1}{2}\ln|2\sin^2 x-1|+c$.

7. $-\frac{1}{x^2\ln x}+c$.　**8.** $\frac{4}{3}(\tan x)\frac{3}{4}+c$.

9. $-\frac{1}{x}\arcsin x+\ln\left|\frac{1-\sqrt{1-x^2}}{x}\right|+c$.

10. $\arctan(\sin x)+\frac{1}{2\sqrt{2}}\ln\left(\frac{\sqrt{2}+\cos x}{\sqrt{2}-\cos x}\right)+c$.

11. $\frac{1}{2}(\sin x-\cos x)-\frac{1}{2\sqrt{2}}\ln\left|\sec\left(x-\frac{\pi}{4}\right)+\tan\left(x-\frac{\pi}{4}\right)\right|+c$.

12. $\frac{1}{2}\left(x-\frac{1}{2}\sin 2x\right)-\frac{1}{3}\sin^3 x+c$.

13. $\frac{1}{2}\left[\tan x+\frac{1}{\sqrt{2}}\arctan(\sqrt{2}\tan x)\right]+c$.

14. $\frac{\ln x}{1-x}-\ln x+\ln|1-x)+c|$

15. $2[\sqrt{1-x}\arcsin\sqrt{x}-\sqrt{x}]+c$.

16. $\frac{1}{2}\arctan\frac{e^x}{2}-\frac{1}{4}\ln x+\frac{1}{8}\ln(e^{2x}+4)+c.$

17. $2\sqrt{1+x}\arctan\sqrt{x}-2\ln\sqrt{x}+\sqrt{+x})+c.$

18. $\frac{\sqrt{2}}{2}\arctan(\sqrt{2}\tan x)+\arctan(\sin x)+\frac{1}{2\sqrt{2}}\ln\left|\frac{\cos x-\sqrt{2}}{\cos x+\sqrt{2}}\right|+c.$

19. $x\arctan x-\frac{1}{2}\ln(1+x^2)-\frac{1}{2}(\arctan x)2+c.$

20. $\frac{1}{2}\ln^2(1+x^2)+c.$

21. $\frac{1}{2}\tan^2 x+\ln|\cos x|+c.$

22. $\ln\left|\sqrt{1+e^{2x}}-e^{-x}\right|+c.$

23. $-x\cot x+\ln|\sin x|+\frac{x}{\sin x}-\ln|\csc x-\cot x|+c.$

24. $-\frac{1}{96}(x-1)^{-96}-\frac{3}{97}(x-1)^{-97}-\frac{3}{98}(x-1)^{-98}-\frac{1}{9}(x-1)^{-99}+c.$

25. $e^{2x}\tan x+c.$

26. $-\frac{\arctan x}{x}-\frac{1}{2}(\arctan x)^2+\frac{1}{2}\ln\frac{x^2}{1+x^2}+c.$

27. $-\frac{1}{2}e^{-2x}\arctan x-\frac{1}{2}e^{-x}-\frac{1}{2}\arctan e^x+c.$

28. $-2\arcsin\sqrt{x}-\sqrt{1-x}+2\sqrt{x}+c.$

29. $2\ln x-\ln^2 x+c.$

第5章

习题 5-1

1. (1) $\lim\limits_{\lambda\to 0}\sum\limits_{i=1}^{n}f(\xi_i)\Delta x_i$; (2) $\frac{1}{4}\pi e^2$, 9, 0; (3) 0; (4) $b-a$; (5) $b-a$; (6)5.

2. B; A; A; D; B. **3.** $\int_{-1}^{2}(x^2+1)\mathrm{d}x.$ **4.** (1) $\frac{26}{3}$; (2) $-\frac{10}{3}$.

5. 略.

习题 5-2

1. (1) 0; (2) $\frac{\pi^3}{324}$; (3) $\frac{2}{3}(\sqrt{8}-1)$; (4) $\ln(1+e)-\ln 2$;

(5) $-e^{-a}A$; (6) 0; (7) 7; (8) $\pi-2$.

2. (1) C; (2) C; (3) D; (4) C; (5) C; (6) A; (7) A; (8) C; (9) A.

3. (1) 4; (2) $-\frac{40}{3}$; (3) $\frac{21}{8}$; (4) $1+\frac{\pi}{4}$; (5) $\frac{\pi}{4}-\frac{2}{3}$; (6) $\frac{51}{512}$;

(7) $1-\frac{2}{e}$; (8) $2-\frac{2}{e}$; (9) $\frac{\pi^3}{3}+\frac{\pi}{2}$; (10) $\frac{1}{2}-\frac{\sqrt{3}\pi}{12}$; (11) 0; (12) 8.

习题 5-3

1. (1) 1； (2) $\dfrac{4}{3}$； (3) $\dfrac{1}{2}$； (4) $\ln 2 - \dfrac{1}{2}$； (5) $\dfrac{1}{2}\ln 2$；

2. (1) $\dfrac{4}{3}$； (2) $\dfrac{3}{2} - \ln 2$； (3) $\dfrac{1}{2}$；

3. (1) $V_x = \dfrac{32\pi}{3}$； (2) $V_x = \dfrac{8\pi}{5}$，$V_y = 2\pi$； (3) $2\sqrt{3} - \dfrac{4}{3}$.

习题 5-4

1. 24.9 吨.

2. $C(q) = 0.2q^2 + 2q + 20$； $L(q) = -0.2q^2 + 16q - 20$；$q = 40$ 时利润最大.

3. $R(q) = 3q - \dfrac{1}{10}q^2$，22.5. **4.** 80. **5.** 96.734.

复习题 5

一、(1) $2 - \dfrac{\pi}{2}$； (2) $\dfrac{\pi}{8}$； (3) $1006x^{2011} + \dfrac{1}{2}x$； (4) $\dfrac{3}{40}\pi$； (5) $\dfrac{\ln 2}{4} + \dfrac{\pi}{8}$；

(6) $\dfrac{4}{\pi} - 1$； (7) $\dfrac{4}{3}$.

二、(1) $\dfrac{1}{101}$. (2) $\dfrac{14}{3}$. (3) $e-1$. (4) $\dfrac{99}{\ln 100}$. (5) 1. (6) $\dfrac{e-1}{2}$. (7) -1.

(8) $4 - 2\sqrt{2}$. (9) $\dfrac{1}{4}$. (10) $\dfrac{1}{10}\arctan\dfrac{1}{10}$. (11) 1. (12) $\dfrac{17}{4}$. (13) 4.

三、**1.** $C(Q) = 20e^{0.1Q} + 30$.

2. $R(Q) = 100Qe^{-0.1Q}$.

3. (1) $C(Q) = \dfrac{1}{5}Q^2 + 2Q + 20$； (2) $L(Q) = -\dfrac{1}{5}Q^2 + 16Q - 20$； (3) 40.

4. (1) 9987.5； (2) 19850. **5.** 680.8.

6. (1) $y = ex$； (2) $\dfrac{e}{2} - 1$； (3) $\dfrac{\pi}{6}e^2 - \dfrac{\pi}{2}$.

7. (1) $e - \dfrac{3}{2}$； (2) $\left(\dfrac{1}{2}e^2 - \dfrac{5}{6}\right)\pi$.

8. $R = 30\,000$.

9. (1) 即 $t = 2$，平均年产量达到最大值，$\overline{Q(t)}_{\max} = 15e^{-1}$.

 (2) $Q = 7.5e^{-0.5} - 15e^{-1}$.

10. (1) 最大总利润 $L(2.5) = 6.25$； (2) $\Delta L = 0.25$.

11. (1) 20； (2) 14.625； (3) 产量为 $Q = 3.2$ 百台时,总利润最大,$R(3.2) = 20.48$,

 $C(3.2) = 15.08$，$L(3.2) = 5.4$.

12. (1) $b = \dfrac{10}{1 - e^{-1}}$； (2) $5\rho = 1 - e^{-10\rho}$； (3) $100 - 200e^{-1}$.

13. $\dfrac{1}{100}$ 亿元. **14.** -756. **15.** (1) 9 920； (2) 248.5,245.5.